博碩文化

U0086618

博碩文化

博碩文化

博碩文化

24 小時 不打烊的雲端服務

專家教你用

王偉任(Weithenn) 著

Windows Server 2012 R2 Hyper-V3 叢集雲端架構實戰

高級篇

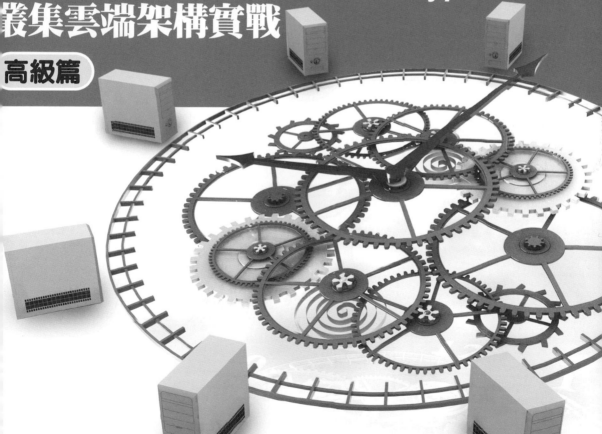

24 小時不打烊的雲端服務 專家教你用
Windows Server 2012 R2 Hyper-V3
高級篇：叢集雲端架構實戰

作　　者：王偉任 (Weithenn)
企劃主編：Simon
責任編輯：高珮珊
行銷企劃：黃譯儀

發 行 人：詹亢戎
董 事 長：蔡金崑
顧　　問：鍾英明
總 經 理：古成泉

出　　版：博碩文化股份有限公司
地　　址：221 新北市汐止區新台五路一段 112 號 10 樓 A 棟
　　　　　電話 (02) 2696-2869　傳真 (02) 2696-2867

郵撥帳號：17484299　戶名：博碩文化股份有限公司
博碩網站：http://www.drmaster.com.tw
讀者服務信箱：DrService@drmaster.com.tw
讀者服務專線：(02) 2696-2869 分機 216、238
（週一至週五 09:30 ～ 12:00；13:30 ～ 17:00）

版　　次：2015 年 4 月初版一刷

建議零售價：新台幣 580 元
博碩書號：PG21441
Ｉ Ｓ Ｂ Ｎ：978-986-434-000-2（平裝）
律師顧問：永衡法律事務所 吳佳憓 律師

本書如有破損或裝訂錯誤，請寄回本公司更換

國家圖書館出版品預行編目資料

24小時不打烊的雲端服務：專家教你用Windows
Server 2012 R2 Hyper-V3高級篇. 叢集雲端架
構實戰 / 王偉任著. -- 初版. -- 新北市：博碩文化,
2015.04
　面；　公分
ISBN 978-986-434-000-2 (平裝)

1.作業系統　2.虛擬實境

312.53　　　　　　　　　　　　　104002943

Printed in Taiwan

博 碩 粉 絲 團　(02) 2696-2869 分機 216、238

歡迎團體訂購，另有優惠，請洽服務專線

推薦序 用虛擬化技術提昇資料中心的價值

　　隨著虛擬化技術的成熟，當虛擬化成為企業內部資料中心內必備的一環時，符合公司 IT 需求的虛擬化策略規劃，將比技術規格細部上的追求來得更重要，特別是有效的管理，且能與現有的 IT 環境整合。

　　企業內部資料中心的演進，約略可分為四個階段：

1. **集中化**：這是大多數內部資料中心的初始型態，公司成立專責的部門，將各單位所採購的伺服器集中管理，設有專責的 IT 人員，負責管理系統與網路。這個階段的管理重點是「安全」，包括軟體與硬體的安全管理。

2. **標準化**：由於各單位原來所採購的設備各不相同，在伺服器設備屆臨使用年限時，或是發生軟硬體突發狀況時，更新及回復的成本將會高過原先的預期。於是 IT 開始著手設立軟體與硬體的標準，規格化成特定的硬體規格與軟體組態。這個階段的管理重點是「成本」，藉由統一採購與標準安裝，以降低採購與維護的成本，或可稱為總體持有成本（TOC）。

3. **自助化**：當採購需求集中之後，各單位必須配合 IT 集中採購，使新服務上線失去彈性，對於備品的準備也有一定的難度。於是，IT 必須開始提早預估需求，與供應商簽定供應合約。需求單位經由 IT 所提供的流程與申請表單，IT 要以最短的時間確保軟硬體成長整備。這個階段的管理重點是「電子表單」，藉由管理自助表單及需求分析以大幅縮短前置時間。

4. **費用化**：從需求管理到上線之後，IT 如果可以提供各部門主管使用量的報表，資料中心將協助公司將 IT 資產費用化，以方便各單位評估成本效益，避免盲目的 IT 投資。這個階段的管理重點是「報表」，將 IT 的投資轉換成 IT 費用。

虛擬化導入的最佳時機是在第二階段標準化的後期，我們面對的問題不是一台或是兩台機器的虛擬化，而是同時佈建多台伺服器的虛擬化，並考慮到網路虛擬化及硬碟儲存虛擬化。如果資料中心還沒開始標準化前，直接導入虛擬化，將會帶來管理上的災難，而走不下去。到了第三階段，則是導入私有雲或混合雲的最佳時機，而第四階段費用化，雖是大多數雲端的基本服務，但關鍵工作在公司內部政策的調適。

　　本書的一開始就先切入 Domain Controller 的設定上，就是著眼於大規模的虛擬化，藉由 DC 的控制能力，讓多台伺服器結合成伺服器群，互相協調、共同承載多台虛擬機器。對於初次接觸虛擬化技術的讀者，雖是不小的門檻，但從企業資料中心的角度來看，這是絕對必要的步驟。跟著本書的腳步，將能一窺資料中心的未來。

台灣微軟 營運暨行銷事業群

副總經理　周旺暾

推薦序

　　雲端應該要移除限制，而非產生限制。運用適合您企業的雲端解決方案，提高效率與速度，並將省下的時間投注於更重要的工作上。有了 Microsoft，雲端等於彈性、選擇與價值。微軟的作法可讓您在自己的資料中心、合作夥伴的資料中心和 Microsoft 保護的資料中心內使用各種雲端組合。微軟傾注了相當大的工程時間來設計雲端解決方案，讓您能夠運用現有的投資、隨時隨地存取雲端，並且使用原有資料中心的控制方式，管理所有雲端資產的應用程式與服務。透過 Windows Server、Microsoft Azure 和 System Center，您可以用符合企業的方式使用雲端。

　　透過 Windows Server 2012 R2，您可以使用健全的功能來大規模執行最重要的工作負載。您將可運用各式各樣符合成本效益、高效能的儲存體選項以及簡化的多租用戶 IT 服務傳遞方式，快速地實現價值。您可以在內部部署和雲端環境中建置、部署、運作和監視應用程式。同時讓使用者能夠在自己選擇的裝置上安全地存取公司資源。

　　王偉任多年來專精在虛擬化及 Windows Server 各項技術，同時他也是國內取得 Windows Hyper-V MVP 微軟最有價值專家及多項虛擬化技術認證之虛擬化技術領域的頭號專家。「熱誠學習分享，點滴不懈累積」是王偉任能不斷晉升的最佳動力。由他所精心撰寫針對 Windows Server 2012 Hyper-V 3.0 R2 實戰篇之最新技術提供完整豐富詳盡，範例精簡實用之內容，此作在上市之初即獲熱烈回響。最新著作 Hyper-V 3.0 R2 進階篇再接再厲將 Windows Server 2012 R2 Hyper-V 3.0 R2 中最為 IT 人員最迫切想學習之進階議題，像容錯移轉叢集、計畫性、非計畫性停機及異地備援解決方案等內容作一最詳細之解說，內容詳實清楚，精彩可期。

誠摯的邀請各位閱讀這本豐富實用的大作，並與我一同分享 Windows Server 2012 R2 的 Hyper-V 3.0 R2 最新進階技術與服務。相信讀者有了這本武功秘笈，保證讓您在最短的時間內必能快速打通讀者的任督二脈，融會貫通，引領您邁向虛擬化之武術殿堂的最高境界。

台灣微軟 雲端及企業平台事業部
營運暨行銷事業群 資深協理　李玉秀

推薦序

　　首先，我要感謝偉任完成這本「Hyper-V 3.0 R2 進階篇」。自從 Windows Server 2012 R2 Hyper-V 3.0 上市之後，不但功能更趨完整，而且因為 Hyper-V 預設就已經內建在 Windows Server 當中，客戶只要購買 Windows Server 2012 R2 就可以直接使用 Hyper-V。Hyper-V 在台灣的市佔率也持續不斷攀升，越來越多客戶使用 Hyper-V 作為虛擬化的首選。

　　再者，Windows Server 2003 即將於今年 7 月 14 日終止支援，一旦終止支援時間一到，微軟將不再對 Windows Server 2003 提供支援和資訊安全更新，意味者 Windows Server 2003 客戶將可能會面臨潛在的資訊安全與技術支援問題。但往好處想，Windows Server 2003 卻是 IT 以此為契機進行 IT 改革和創新的大好時機。例如，利用虛擬化技術將老舊伺服器進行整併，藉此達成節能減碳、減少機房地板空間使用。同時將微軟應用如 SQL Server、Exchange、SharePoint 等等移轉到 Hyper-V 上，仍然是在所有虛擬化中效能最好的選擇。不單只是微軟應用，其他如 Oracle、SAP 等等非微軟的常見企業關鍵應用程式，執行在 Hyper-V 上的效能依然是名列前茅。

　　因此，如何好好學習 Hyper-V 的技術來更有效支援企業業務的成長，將是絕大多數 IT 系統管理人員不可或缺的技能，而此本「Hyper-V 3.0 R2 進階篇」將會是培養專業技能不可或缺的書籍，相信一定會讀者帶來相當大的幫助。同時我也鼓勵讀者可以將 Hyper-V 的技能與應用更進一步延伸，例如結合 System Center 2012 從虛擬化進階到私有雲以及跨平台管理應用、或是結合 Microsoft Azure 打造混合雲環境，建構 Hyper-V 雲端備份或災難備援機制，這些都是接下來可以學習的目標。

偉任是相當具有技術熱忱、也非常熟稔 Hyper-V 虛擬化的專家，相信這本「Hyper-V 3.0 R2 進階篇」一定能為求知若渴的讀者帶來更多真正實質的幫助！

台灣微軟 Windows Server 產品行銷經理
簡志偉

推薦序

基於降低成本、提升效率、簡化管理等考量，企業應用虛擬化技術的比例越來越高。在此趨勢下，IT 專業人員應如何正確規劃並導入虛擬化技術，妥善管理實體與虛擬混合的運算環境，讓有限資源能發揮最大效益，這是企業 IT 部門必須審慎思考的課題。

Windows Server 2012 R2 搭配 Hyper-V 3.0 虛擬化技術，將虛擬化運算平台提升至雲端層級，徹底實踐企業在私有雲、公有雲與混合雲環境間的自由轉換，在此同時也保有 IT 專業人員使用的自主權限，這絕對是企業建置雲端服務的最佳平台 - Microsoft Cloud OS，其主要功能就如同傳統的 OS，是在管理應用程式和硬體，只不過是基於雲端計算的範圍和規模。Cloud OS 的基礎是 Windows Server 和 Microsoft Azure，輔以微軟相當廣泛的技術解決方案，如 SQL Server、System Center 和 Visual Studio。微軟提供了統一的平台，讓應用程式和資料可以跨越你的資料中心、服務商的資料中心，以及微軟公有雲。這些其實都是在 IT 管理觀念和執行上很大的進步。

讓我們回到虛擬化技術議題，相信讀者都了解虛擬化並非一蹴可幾，除了事前的規劃，事後的管理更是不容小覷，如果處理的不好，虛擬化可能反而是讓 IT 架構變得更複雜且難以管理，進而花更高成本補救。因應企業不同職務成員，如規劃人員、建置人員、測試人員、使用者等，所需要的虛擬化教育訓練也不盡相同，為此企業可透過微軟研討會、教育訓練中心，以及我們目前正如火如荼在推廣的 MVA 微軟虛擬學院 (Microsoft Virtual Academy，http://mva.ms) 來補強，在此也特別推薦本書作者王偉任老師的線上課程「虛擬化平台最佳選擇 - Windows Server 2012 R2 Hyper-V 新功能展示 (http://aka.ms/hyperv-new-features)」，將詳細說明線上調整 (擴充 / 縮小) VM 虛擬主機磁碟空間、儲存資源 IOPS QoS、加強的工作階段模式等 Windows Server 2012 R2 Hyper-V 特色功能。

本書作者王偉任先生，多年來致力於虛擬化技術建置管理研究，至今已是國內首屈一指的 Windows Hyper-V MVP 微軟最有價值專家，而本書接續去年上市便獲熱烈迴響的「專家教你用 Windows Server 2012 R2 Hyper-V 3.0 初級篇 - 虛擬化環境實戰」，將繼續深入探討像是容錯移轉、計畫性和非計畫性停機，以及異地備援解決方案，絕對是身為 IT 專業人員或是有心想學習虛擬化技術進階議題的您千萬不能錯過的一本好書！在此誠摯推薦，期許各位讀者能夠透過本書成功精進您的技術能力。

台灣微軟 技術社群行銷經理
邱奕文

推薦序

　　我認識的偉任是個技術狂熱份子，對虛擬化技術也不例外，只要有新的技術或版本問世，他會迫不及待地想了解、做實驗，然後利用書本、部落格或是演講將自己所得的經驗傳達給其他 IT 技術人，非常樂於分享。

　　這本「Hyper-V 3.0 R2 實戰 - 進階篇」一步一步地教你如何建構虛擬化平台的叢集環境，就算原本對這方面陌生、不熟悉，也能依據書中的步驟建置出完整的高可用性環境。

　　書中還詳細地說明 Hyper-V Replica 的應用，讓企業除了有高可用性的環境，還擁有異地備援的方案。

　　此書內容豐富、實用，不浪費時間摸索，快速了解 Hyper-V 3.0 R2 的新功能，這本好書推薦給大家！

趙驚人

推薦序

實作完上回的 Hyper-V 虛擬化實戰 – 初級篇，您是否有著意猶未盡的感覺呢？緊接著 Weithenn 的 Hyper-V 3 虛擬化實戰 – 進階篇，趕在 2015 年初跟大家見面了！這本書承襲了作者以往具備的高水準，依然是目前為止探索 Microsoft Hyper-V 的最佳指南。

當 Weithenn 邀請我為這本續篇撰序的時候，我毫不猶豫一口答應了。俗話說：路遙知馬力。長久以來他已經證明了自己一點一滴所累積的實力。以往我們提及到他，印象中是固定的書籍產出、專欄寫作，以及在個人經營的高人氣部落格分享 IT 知識。還有就是他結合兩家之長，擁有 VMware vExpert 與 Microsoft MVP 身分，這些相信忠實讀者早就不陌生。除此之外，我們可以再進一步檢視他對於目標的發展及深化：

根據側面觀察的結果，我認為 Weithenn 本身在各方面就具有擔任講師的良好條件，經過這幾年的授課磨練，終於他在 2014 年登上了 Microsoft Techdays 講台，主持了數場關於 Microsoft 虛擬化的議題。另一方面，Weithenn 也從事了一些翻譯著作，以第三人角度將原作者作品予以轉化，呈現給台灣讀者閱讀，亦可藉此厚植經驗、吸取不同的創作思考。相信這些經驗也能提供他在寫作中，打造出更為寬廣的格局，產生更優質的作品嘉惠讀者。

我常覺得每個人的成就，皆是來自於對該事物的熱情。有句話說：時間花在哪裡，成就便會在哪裡。如果你對於你感興趣的領域懷有巨大的 Passion，就不會感覺到辛苦，也不會害怕挫折。

Weithenn 是一個很好的範例，他很清楚自己的目標，將所有的時間投入其中，並得到回報。所以現在開始，探索你感興趣的領域：開卷、專注、務實、精進。過程或許單調，心情難免煩躁，但請持續懷抱著熱情，堅持朝著目標向前。有一天我們會發現，目標早已在不知不覺中到達，甚至超越原來所設想的境界。

作者　熊信彰 1/31 ˙2015

作者序

改版，對於許多讀者來說，或許有人覺得只是封面更換內文取代（2012 → 2012 R2）如此而已。但其實認識我的朋友便知我的寫作風格並非如此，事實上在 2012 該書中我將未叢集及叢集架構，所有的觀念及實作都集合在一本書當中。雖然，只要一本書便可以讓讀者進行所有實作，然而在攜帶方便度上卻造成困擾（因為實在太厚太重了）。

聽取朋友及讀者的建議之後，再 2012 R2 改版書籍中便決定將未叢集的架構改為「初級篇」，而容錯移轉叢集架構部份則改為「高級篇」，拆成二本書籍讓大家便於攜帶。當然，在改版內容中的實作內容仍維持我一貫的堅持，所有實作畫面重抓並確保 SOP 流程的正確性之外，也將所有運作架構圖以 Visio 方式重新畫過，以期達到一圖解千文的妙用。同時，在 2012 R2 新版本中除了某些實作流程不同之外（舉例來說，在 2012 時欲新增 MPIO 裝置，必須先連接 iSCSI Target 才能新增，但在 2012 R2 時則可直接新增），對於實用新功能也一併介紹給讀者知悉。透過這些改進與調整方式，就是希望讀者能體會到我對於書籍寫作的用心之處，也希望這樣的方式您能夠喜歡。

最後，一本書能夠完成要感謝許多人的指導及支持，首先要感謝我的老婆姿芩 感謝妳在背後默默支持使我能無後顧之憂盡情寫作，虛擬化技術啟蒙恩師 Johnny，以及博碩文化 古成泉 總編輯、陳錦輝 副總編輯、高珮珊 主編及所有團隊人員，對於本書相關內容的建議及指導，使得本書得以完美誕生與讀者見面。

王偉任

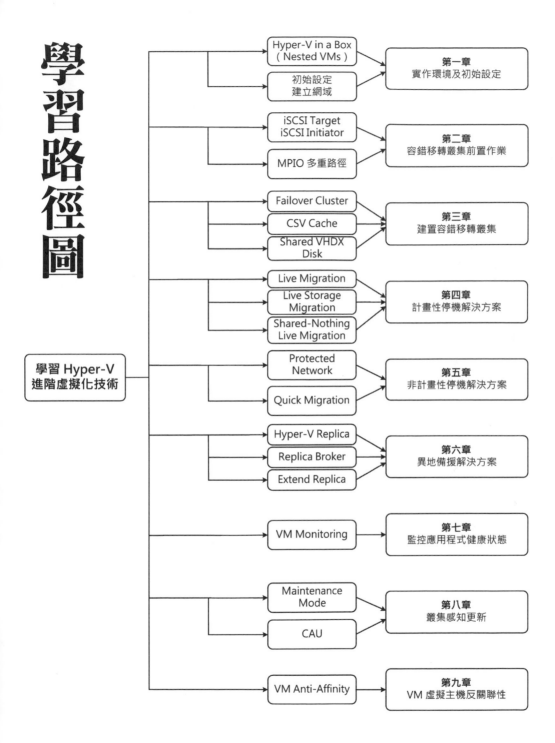

學習路徑圖

學習 Hyper-V
進階虛擬化技術

Hyper-V in a Box
（ Nested VMs ）

初始設定
建立網域

第一章
實作環境及初始設定

iSCSI Target
iSCSI Initiator

MPIO 多重路徑

第二章
容錯移轉叢集前置作業

Failover Cluster

CSV Cache

Shared VHDX
Disk

第三章
建置容錯移轉叢集

Live Migration

Live Storage
Migration

Shared-Nothing
Live Migration

第四章
計畫性停機解決方案

Protected
Network

Quick Migration

第五章
非計畫性停機解決方案

Hyper-V Replica

Replica Broker

Extend Replica

第六章
異地備援解決方案

VM Monitoring

第七章
監控應用程式健康狀態

Maintenance
Mode

CAU

第八章
叢集感知更新

VM Anti-Affinity

第九章
VM 虛擬主機反關聯性

目錄

CHAPTER 1　實作環境及初始設定

CHAPTER 2　容錯移轉叢集前置作業

CHAPTER 3　建置容錯移轉叢集

CHAPTER 4　計畫性停機解決方案

CHAPTER 5　非計畫性停機解決方案

CHAPTER 6　異地備援解決方案

CHAPTER 7　監控應用程式健康狀態

CHAPTER 8　叢集感知更新

CHAPTER 9　VM 虛擬主機反關聯性

CHAPTER 1

實作環境及
初始設定

1-1 實作環境

在初級篇當中可知，雖然在新版 Hyper-V 3.0 R2 虛擬化環境內，並不需要建置容錯移轉叢集（Non Failover Cluster）環境，仍然可以達成多種 VM 虛擬主機遷移的目的。但是，未建置容錯移轉叢集的虛擬化環境高可用性機制其實並未完備，舉例來說，未建置容錯移轉叢集的虛擬化環境中，並不支援「**快速遷移 (Quick Migration)**」機制，也就是當 Hyper-V 實體主機發生災難時，未建置容錯移轉叢集的虛擬化環境中，並沒有相對應的機制能夠將其上運作的 VM 虛擬主機，自動化遷移到其它存活的 Hyper-V 主機當中。

因此，若您希望所建置的 Hyper-V 虛擬化環境具備完整的高度可用性時，那麼您還是必須要建置「**容錯移轉叢集 (Failover Cluster)**」環境才行。

在開始進入後續各項進階實作以前，讓我們先了解一下相關資訊如：實作環境架構圖、伺服器角色、IP 位址、網路環境…等，由於建置容錯移轉叢集環境設定上較為複雜，因此 Node1、Node2 我們將採用具備圖形化介面的 Windows Server 2012 R2 以便操作及解說，當然如果您已經非常熟悉 Hyper-V Server 2012 R2 相關設定的話，同樣也可以用來擔任 Node1、Node2 主機，進行本書中所有實作項目也是沒有問題的。

角色名稱	作業系統	網路卡數量	IP 位址	網路環境
DC	Windows Server 2012 R2	2	10.10.75.10	VMnet8（NAT）
iSCSI	Windows Server 2012 R2	4	2	10.10.75.20	VMnet8（NAT）
			1	192.168.75.20	VMnet2
			1	192.168.76.20	VMnet3
Hyper-V Cluster		-	10.10.75.30	-
Node 1	Windows Server 2012 R2	8	2	10.10.75.31	VMnet8（NAT）
			2	-	VMnet8（NAT）
			2	172.20.75.31	VMnet1
			1	192.168.75.31	VMnet2
			1	192.168.76.31	VMnet3
Node 2	Windows Server 2012 R2	8	2	10.10.75.32	VMnet8（NAT）
			2	-	VMnet8（NAT）
			2	172.20.75.32	VMnet1
			1	192.168.75.32	VMnet2
			1	192.168.76.32	VMnet3

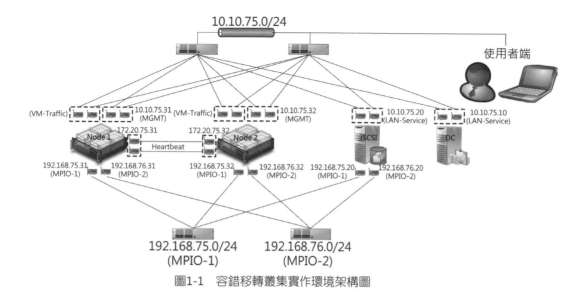

圖1-1　容錯移轉叢集實作環境架構圖

1-1-1 設定 VMware Player 網路環境

本書實作環境中總共會用到「**四個網段**」其中只有一段是 NAT，而另外三段都是 Host-Only，分別是：

◆ **10.10.75.x（NAT）**：VM 虛擬主機對外提供服務，以及 Hyper-V 主機管理流量及遷移流量。

◆ **172.20.75.x（Host-Only）**：容錯移轉叢集心跳偵測服務，以及 Hyper-V 主機備援用途遷移流量。

◆ **192.168.75.x（Host-Only）**：iSCSI 多重路徑存取流量之一，也就是 MPIO-1。

◆ **192.168.76.x（Host-Only）**：iSCSI 多重路徑存取流量之一，也就是 MPIO-2。

四個網段已經都啟動 DHCP 服務來發放「IP 位址（.201 ~ .250）」，以方便我們判斷 DC、iSCSI、Node 1、Node 2 主機，配置的網路卡所連接到的網段是否正如同我們所規劃般運作。

　　在建立 VMware Player 虛擬主機以前，您可以在此次的實作主機 Windows 8.1 當中，開啟 VMware Player 的網路功能設定工具 Virtual Network Editior，以確認屆時負責 即時遷移（Live Migration）、儲存即時遷移（Live Storage Migration）、 無共用儲存即時遷移（Shared-Nothing Live Migration）... 等遷移流量網路功能設定是否正確，請先確認在「**NAT（VMnet8）**」環境中 IP 網段（10.10.75.0/24）、DHCP 發放位址（10.10.75.201～250）、Gateway（10.10.75.254）設定是否正確。

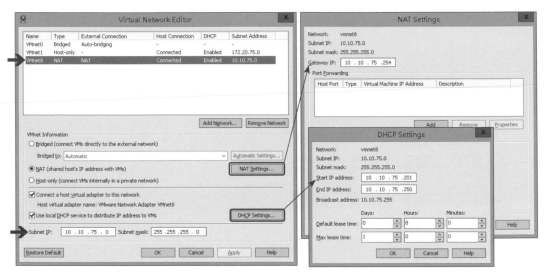

圖1-2　10.10.75.0/24 網段、DHCP 發放位址、Gateway 設定

　　以及負責容錯移轉叢集心跳偵測服務，還有 Hyper-V 主機備援用途遷移流量的「**Host-Only（VMnet1）**」環境，其 IP 網段（172.20.75.0/24）、DHCP 發放位址（172.20.75.201～250）設定是否正確。

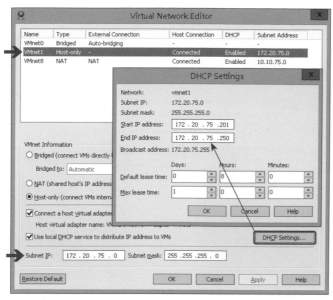

圖1-3　172.20.75.0/24 網段、DHCP 發放位址

最後，還有負責 iSCSI 多重路徑存取流量的 MPIO-1「**Host-Only（VMnet2）**」環境，其 IP 網段（192.168.**75**.0/24）、DHCP 發放位址（192.168.**75**.201～250）設定是否正確。

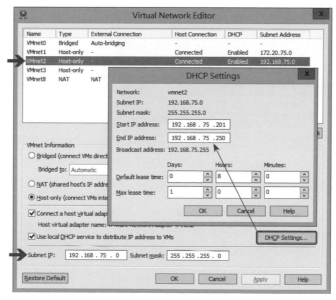

圖1-4　192.168.75.0/24 網段、DHCP 發放位址

以及另一個 iSCSI 多重路徑存取流量的 MPIO-2「**Host-Only（VMnet3）**」環境，其 IP 網段（192.168.**76**.0/24）、DHCP 發放位址（192.168.**76**.201～250）設定是否正確。

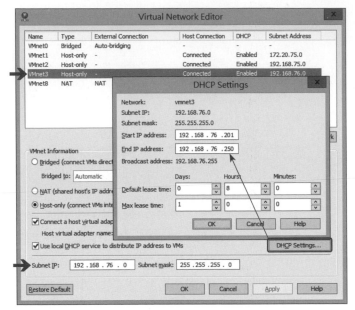

圖1-5　192.168.76.0/24 網段、DHCP 發放位址

1-1-2　VMware Player 建立虛擬主機

▌步驟一、建立 DC 虛擬主機

本書實作環境中，採用最新版本 VMware Player 6.0.4 (Build 2249910)。請建立新的 VMware Player VM 虛擬主機，並確認 VMware Player 虛擬網路環境設定無誤後，建立第一台虛擬主機擔任屆時的 DC 角色，請開啟 VMware Player 之後點選「Create a New Virtual Machine」項目，以開啟新增虛擬主機精靈。

強烈建議您不要使用之前練習過的虛擬主機，應該要建立全新且乾淨的容錯移轉叢集 Lab 環境，以避免後續實作時發生不可預期的錯誤。

圖1-6 建立新的 VM 虛擬主機

步驟二、選擇稍後安裝作業系統

在安裝來源選項中,請選擇「I will install the operating system later」項目,按下「Next」鈕繼續新增虛擬主機程序。

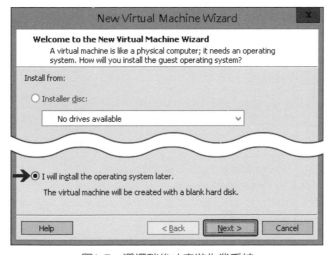

圖1-7 選擇稍後才安裝作業系統

▍步驟三、選擇作業系統類型

在虛擬主機作業系統類型（Guest operating system）區塊中請選擇「Microsoft Windows」項目，而版本（Version）區塊中請於下拉式選單內選擇「Windows Server 2012」項目，按下「Next」鈕繼續新增虛擬主機程序。

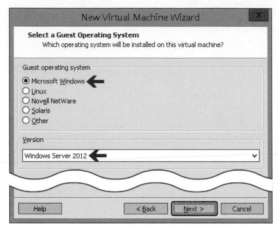

圖1-8　選擇要安裝的作業系統類型及版本

▍步驟四、設定虛擬主機名稱

此步驟為設定稍後建立的虛擬主機名稱，本書實作環境中虛擬主機名稱設定為「**DC**」，而虛擬主機檔案則存放至「C:\Lab\VM\DC」路徑，確認無誤後請按下「Next」鈕繼續新增虛擬主機程序。

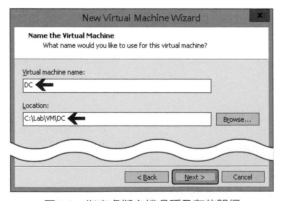

圖1-9　指定虛擬主機名稱及存放路徑

步驟五、設定虛擬主機硬碟大小

設定新增的虛擬主機及硬碟大小，採用預設值「60 GB」及「Split virtual disk into multiple files」即可，請按下「Next」鈕繼續新增虛擬主機程序。

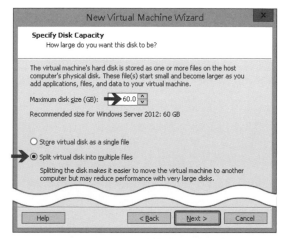

圖1-10　設定虛擬主機硬碟大小

步驟六、確定新增虛擬主機

此頁面將顯示前面步驟的組態設定值，確認無誤後按下「Finish」鈕便會建立虛擬主機。

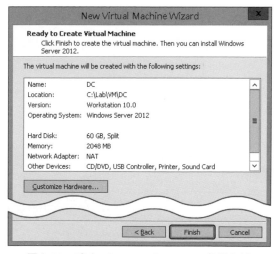

圖1-11　建立 VMware Player VM 虛擬主機

步驟七、修改虛擬主機硬體

當 DC 虛擬主機建立完成後請先別急著啟動它，我們先將虛擬主機的虛擬硬體進行調整後再啟動，請於 VMware Player 畫面中先點擊「DC」虛擬主機，再點擊「Edit virtual machine settings」項目進行虛擬硬體調整。

本書實作環境所採用的 PC 實體主機，其 CPU 為多核心且記憶體共有 32 GB，因此我們可以將每一台虛擬主機的記憶體值調高以加快運作效能（請依您的主機效能進行調整），請將 DC 主機的記憶體調整為「**4,096 MB**」而 Processors 數量調整為「**2**」，並且將不需要使用到的虛擬週邊裝置如「USB Controller、Sound Card、Printer」移除以節省主機資源，最後新增一片網路卡。

DC 虛擬主機總共擁有「**二片網路卡**」且類型都是 NAT，並記得在 CD/DVD 光碟機選項載入 Windows Server 2012 R2 ISO 映像檔以便稍後進行安裝，確認無誤後按下「OK」鈕確認修改。

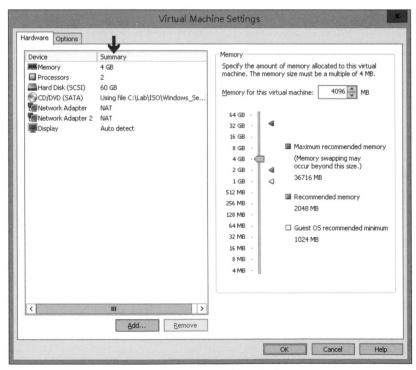

圖1-12　DC 主機虛擬硬體設定

建立 iSCSI 虛擬主機

如同剛才的虛擬主機建立步驟，請建立一台名稱為 **iSCSI** 的虛擬主機，屆時此台主機負責 iSCSI Target（共用儲存設備）的任務，Node 1、Node 2 主機所建立的 VM 虛擬主機，其 VHD/VHDX 虛擬硬碟皆會存放於此，此台 iSCSI 主機除了作業系統的硬碟之外，記得新增「**一顆 101 GB 及一顆 201GB 硬碟**」，分別用來存放 VM 虛擬主機以及 VM 範本檔案，並且具備 **四** 張網路卡（NAT、Host-Only）以及載入 Windows Server 2012 R2 ISO 映像檔，此 iSCSI 主機的虛擬硬體相關資訊如下：

◆ **Memory**：4,096 MB

◆ **Processors**：2

◆ **Hard Disk**：60 GB、101 GB、201 GB

◆ **Network Adapter**：NAT *2、Host-only *2（VMnet2、VMnet3）

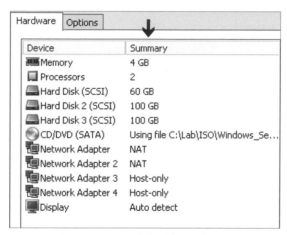

圖1-13　iSCSI 主機虛擬硬體設定

預設的情況下，若未指定所要採用的 Host-only 網路時，將會自動採用 VMnet1（172.20.75.0/24）網路環境，但是我們規劃 iSCSI 主機用於 MPIO 傳輸流量的網段為 VMnet2（192.168.75.0/24）、VMnet3（192.168.76.0/24），所以接著說明該如何修改以便指定所要採用的 Host-only 網路。

請切換到 iSCSI 主機存放路徑「C:\Lab\VM\iSCSI」後，點選 iSCSI.vmx 虛擬主機設定檔，使用內建的筆記本程式開啟，準備修改虛擬主機設定檔內容。

名稱	修改日期	類型	大小
iSCSI.vmdk	2014/12/8 下午 0...	VMware 虛擬磁...	2 KB
iSCSI.vmsd	2014/12/8 下午 0...	VMSD 檔案	0 KB
iSCSI.vmx	2014/12/8 下午 0...	VMware 虛擬机...	2 KB
iSCSI.vmx	使用 VMware Player 打开	/8 下午 0...	VMXF 檔案	1 KB
iSCSI-s00	Add to HFS	/8 下午 0...	VMware 虛擬磁...	320 KB
iSCSI-s00	開啟檔案(H)　　▶	🖥 VMware Player	320 KB
iSCSI-s00	還原舊版(V)　　➤	📄 記事本	320 KB
iSCSI-s00	傳送到(N)　　　▶	選擇預設程式(C)...	320 KB
iSCSI-s00	剪下(T)	/8 下午 0...	VMware 虛擬磁...	320 KB

圖1-14　準備修改 iSCSI 虛擬主機設定檔內容

在虛擬主機設定檔當中網路卡的順序是由「ethernet0」開始計算，因此我們要修改的第三、四片網卡為「**ethernet2、ethernet3**」，可以看到 ethernet2. connectionType、ethernet3.connectionType 欄位值為「**hostonly**」。

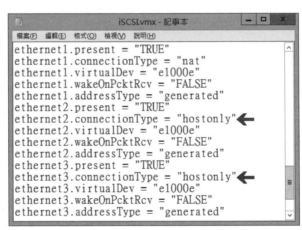

```
ethernet1.present = "TRUE"
ethernet1.connectionType = "nat"
ethernet1.virtualDev = "e1000e"
ethernet1.wakeOnPcktRcv = "FALSE"
ethernet1.addressType = "generated"
ethernet2.present = "TRUE"
ethernet2.connectionType = "hostonly"  ◀
ethernet2.virtualDev = "e1000e"
ethernet2.wakeOnPcktRcv = "FALSE"
ethernet2.addressType = "generated"
ethernet3.present = "TRUE"
ethernet3.connectionType = "hostonly"  ◀
ethernet3.virtualDev = "e1000e"
ethernet3.wakeOnPcktRcv = "FALSE"
ethernet3.addressType = "generated"
```

圖1-15　iSCSI 虛擬主機設定檔內容修改「前」

請將欄位值由原本的「hostonly」修改為「**custom**」，並且新增「**ethernet2. vnet = "VMnet2"、ethernet3.vnet = "VMnet3"**」參數值後存檔離開。

修改前

```
ethernet2.connectionType = "hostonly"
ethernet3.connectionType = "hostonly"
```

修改後

```
ethernet2.connectionType = "custom"
ethernet2.vnet = "VMnet2"
ethernet3.connectionType = "custom"
ethernet3.vnet = "VMnet3"
```

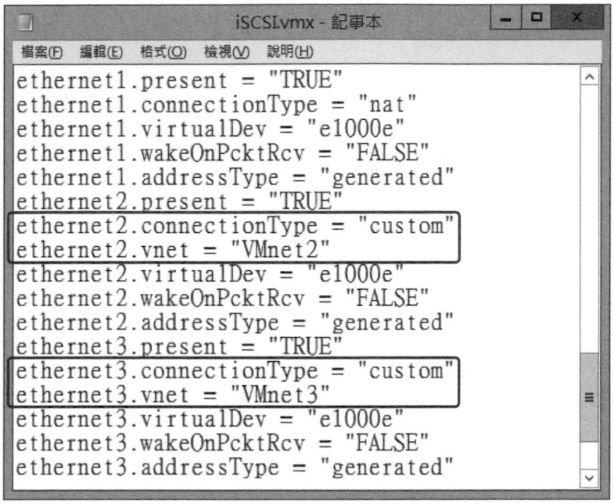

圖1-16 虛擬主機設定檔內容修改「後」

再次查看 iSCSI 主機虛擬硬體資訊時，便會發現第三、四片網路卡已經由剛才的 Host-only 虛擬網路環境，轉變為我們所指定的「**Custom（VMnet2）、Custom（VMnet3）**」虛擬網路環境。

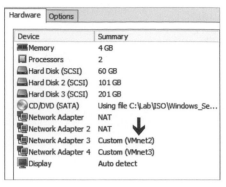

圖1-17　更新後的 iSCSI 主機虛擬硬體資訊

建立 Node 1、Node 2 虛擬主機

　　同樣的虛擬主機建立步驟，請建立名稱為 **Node 1** 及 **Node 2** 的虛擬主機，屆時這二台主機將擔任 Hypervisor 虛擬化平台的角色，除了配置 **八** 張網路卡（NAT、Host-Only）及載入 Windows Server 2012 R2 ISO 映像檔之外，在 CPU 選項 Virtualization engine 區塊中請勾選「**Virtualize Intel VT-x/EPT or AMD-V/RVI**」項目，以便將實體主機的虛擬化技術交付給 Node 1、Node 2 主機，虛擬硬體相關資訊如下：

◆ **Memory**：4,096 MB

◆ **Processors**：2（勾選 Virtualize Intel VT-x/EPT or AMD-V/RVI 項目）

◆ **Hard Disk**：60 GB

◆ **Network Adapter**：NAT *4、Host-only *4（VMnet1、VMnet2、VMnet3）

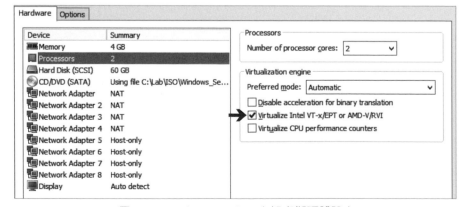

圖1-18　Node 1、Node 2 主機虛擬硬體設定

Node 1、Node 2 主機在虛擬硬體設定中，除了要勾選 Virtualize Intel VT-x/EPT or AMD-V/RVI 項目之外，還必須修改「.vmx 設定檔」內容才能正確的運作，否則後續 Windows Server 2012 R2 需要安裝 Hyper-V 伺服器角色時，將會因為實體主機無法正確交付虛擬化能力，導致無法新增 Hyper-V 伺服器角色，同時也需要修改網路環境設定。

請切換到 Node 1 虛擬主機「C:\Lab\VM\Node 1」路徑，以筆記本開啟 **Node 1.vmx** 虛擬主機設定檔。請於 .vmx 設定檔內容最底部，加上二行參數設定「**hypervisor.cpuid.v0 = "FALSE"**」、「**mce.enable = "TRUE"**」，屆時便可以正確的將 PC 實體主機虛擬化能力交付給 Node 1 虛擬主機。

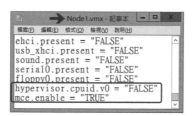

圖1-19　為 Node 1 主機設定檔，加上虛擬化能力交付參數設定

 事實上，剛才勾選 Processors 中的 Virtualize Intel VT-x/EPT or AMD-V/RVI 項目，等同於加上「**vhv.enable = "TRUE"**」參數內容。

接著，也請為第七、八片網路卡指定網路環境，由原本的「hostonly」修改為「**custom**」，並且新增「**ethernet6.vnet = "VMnet2"**、**ethernet7.vnet = "VMnet3"**」參數值後存檔離開即可。

圖1-20　修改後的 Node 1 虛擬主機設定檔

　　再次查看 Node 1 主機虛擬硬體資訊時，便會發現第七、八片網路卡已經由剛才的 Host-only 虛擬網路環境，轉變為所指定的「Custom（VMnet2）、Custom（VMnet3）」虛擬網路環境。

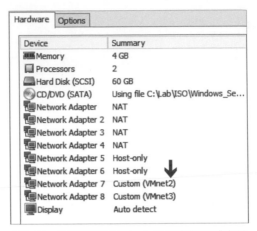

圖1-21　更新後的 Node 1 主機虛擬硬體資訊

　　同樣的也請建立 Node 2 虛擬主機，並記得勾選 Virtualize Intel VT-x/EPT or AMD-V/RVI 項目。然後，修改 **Node 2** 主機虛擬主機設定檔內容，以便將 PC 實體主機虛擬化能力交付給 Node 2 虛擬主機。

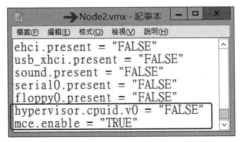

圖1-22　為 Node 2 主機設定檔加上參數設定

　　接著，也請修改第七、八片網路卡內容由原本的「hostonly」修改為「**custom**」，並新增「**ethernet6.vnet = "VMnet2"、ethernet7.vnet = "VMnet3"**」參數值後存檔離開即可。

圖1-23　修改後的 Node 2 虛擬主機設定檔

　　再次查看 Node 2 主機虛擬硬體資訊時，便會發現第七、八片網路卡已經由剛才的 Host-only 虛擬網路環境，轉變為我們所指定的「Custom（VMnet2）、Custom（VMnet3）」虛擬網路環境。

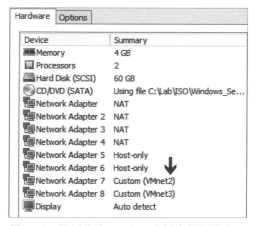

圖1-24　更新後的 Node 2 主機虛擬硬體資訊

1-1-3 安裝作業系統

安裝 Windows Server 2012 R2 作業系統

　　將 DC、iSCSI、Node 1、Node 2 虛擬主機建立完畢後，接著就可以進行作業系統的安裝程序，請在 VMware Player 視窗中點選虛擬主機後，選擇「Play virtual machine」項目進行「開機（Power On）」的動作，接著便會看到 Windows Server 2012 R2 作業系統的安裝程式開機畫面。

> 別忘了，我們是一台 PC 實體主機運作大量虛擬主機的層層虛擬化環境。所以 PC 實體主機可以考慮採用 SSD 或建立 RAID-0，或者是實體主機安裝多顆硬碟將虛擬主機分開存放，以避免工作負載的瓶頸都卡在實體主機 Disk I/O 上。

　　此實作環境當中，我們皆為虛擬主機安裝「Windows Server 2012 R2 Datacenter（Server 含 GUI）」，也就是採用 Windows Server 2012 R2 資料中心版本（完整伺服器）的運作模式。此外，因為在初級篇第四章節當中，已經詳細說明整個 Windows Server 2012 R2 的安裝程序，因此便不再贅述。

> 採用 Windows Server 2012 R2 標準版（Standard），來進行本書所有實戰內容也是沒問題的。

圖1-25　安裝 Windows Server 2012 R2 作業系統

1-2 系統初始設定

順利為實作環境當中的 DC、iSCSI、Node 1、Node 2 虛擬主機,將 Windows Server 2012 R2 作業系統安裝完畢後,在開始進階設定以前我們先進行作業系統的基礎初始設定,例如 Windows Server 2012 R2 預設輸入法的調整、變更電腦名稱、安裝 VMware Tools…等,以加速虛擬主機效能以及操作時的流暢度。

目前 DC、iSCSI、Node 1、Node 2 主機因為都還沒有安裝 VMware Tools,所以您會發現一旦點擊到虛擬主機後,滑鼠便無法脫離 VMware Player Console 視窗,必須要按下「**Ctrl + Shift**」組合鍵才能釋放滑鼠,稍後將會說明如何安裝 VMware Tools 解決此問題。

1-2-1 調整預設輸入法模式

Windows Server 2012 R2 正體中文版本,預設情況下會採用「微軟注音」輸入法,但是與我們習慣的「中文(繁體)- 美式鍵盤」可以直接輸入英文不同,您必須要先按一下 **Shift** 鍵才會切換成注音輸入法中的英數模式,雖然輸入法是一件很小的事情但是卻大大的影響整體的操作流暢度,那麼有沒有辦法可以調整成「預設就使用英數模式」呢?

請移動滑鼠至左下角開始圖示按下右鍵,或以「Windows Key + X」組合鍵呼叫出開始選單,接著依序點選「控制台 > 變更輸入法 > 中文(台灣)選項 > 微軟注音 選項」,在預設輸入模式下拉式選單中選擇為「**英數模式**」項目後,按下「確定 > 儲存」鈕即可完成設定。

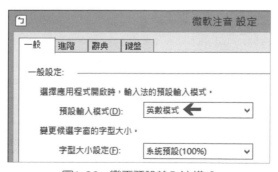

圖1-26 變更預設輸入法模式

上述設定方式在 Windows Server 2012 版本時，即可有效解決預設輸入法的問題。但是，在 Windows Server 2012 R2 版本中，您將會發現開啟命令提示字元及 PowerShell 時，預設仍為中文輸入模式。

請依序點選「控制台 > 變更輸入法 > 新增語言」，在彈出的新增語言視窗中移動至第 9 筆區塊中，點選「**英文**」方塊，然後按下「開啟」鈕。

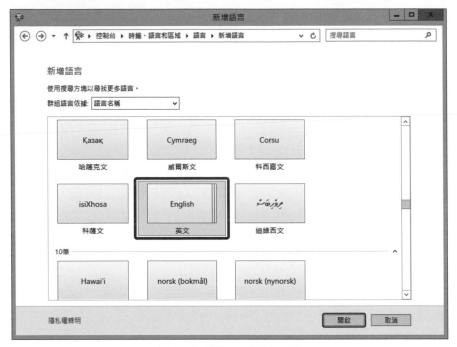

圖1-27　準備新增英文語系

因為即使是英文語系，仍有許多種不同語言的差異，請點選「**英文（美國）**」方塊後，按下「新增」鈕確認新增英文語系。

圖1-28　新增英文（美國）語系

　　回到語言視窗中，您會看到預設的「中文（台灣）」以及剛才新增的「英文（美國）」語系。請點選視窗左上角的「**進階設定**」項目，在進階設定視窗中，請於覆寫預設輸入法下拉式選單內選擇「**英文（美國）-US**」項目後，按下「儲存」鈕確認覆寫預設輸入法。

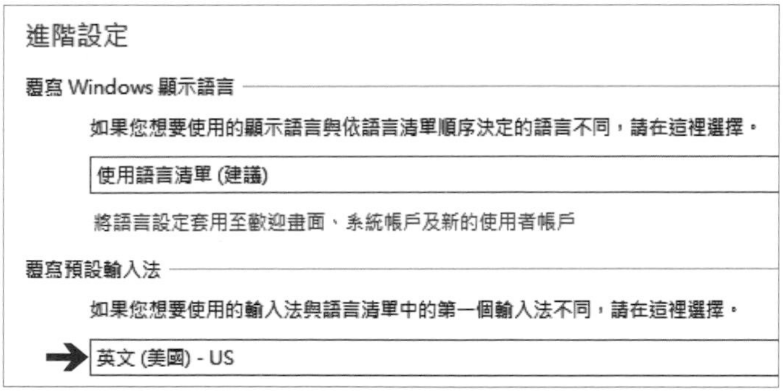

圖1-29　設定預設輸入法為英文（美國）語系

回到語言視窗中，點選控制台首頁項目回到控制台之後，請點選「變更日期、時間或數字格式」項目。在彈出的地區視窗中，請切換至「系統管理」頁籤，然後點選歡迎畫面及新的使用者帳戶區塊中「複製設定」鈕，在彈出的歡迎畫面及新的使用者帳戶設定視窗中，請勾選「**歡迎畫面及系統帳戶**」及「**新的使用者帳戶**」二個選項後，按下「確定」鈕。

圖1-30　將輸入法設定複製到歡迎畫面及使用者帳戶

 如此一來，當 DC 主機成為網域控制站，以及後續 iSCSI、Node 1、Node 2 主機 **加入網域** 之後，使用網域管理員帳戶登入系統時，便不需要再次進行新增語系以及指定預設輸入法的動作。

完成輸入法預設模式設定後，必須要重新啟動主機才會套用生效，不過請先不用急著重新啟動主機，稍後當我們變更好主機的電腦名稱，並且安裝 VMware Tools 後再一起重新啟動即可。

本書因為都在 Console 畫面直接操作，所以上述輸入法設定即可處理完成。在實務環境中應該都會採用遠端桌面連線的方式，來管理 Windows Server 2012 R2 主機，那麼必須要修改 Registry 內容，否則您會發現遠端桌面連線時，又會出現預設輸入法為中文的問題。請切換至「**HKEY_LOCAL_MACHINE\SYSTEM\CurrentControlSet\Control\Keyboard Layout**」路徑，然後新增下列機碼值：
- 名稱：IgnoreRemoteKeyboardLayout
- 類型：REG_DWORD
- 資料：1

1-2-2 變更電腦名稱

主機登入後預設便會開啟伺服器管理員，請在伺服器管理員視窗中點選「本機伺服器」項目後，在內容區塊內點選「電腦名稱」，準備變更電腦名稱以利後續操作上便於識別。

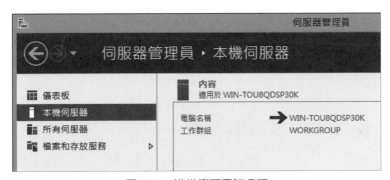

圖1-31　準備變更電腦名稱

在彈出的系統內容視窗中，請點選「電腦名稱」頁籤內的「變更」鈕，接著在電腦名稱欄位中輸入電腦名稱 **DC、iSCSI、Node 1、Node 2** 後按下「確定」鈕即可，此時系統會提醒您必須要重新啟動電腦，才能套用生效的訊息請點選「稍後重新啟動」鈕，待稍後安裝完 VMware Tools 後再一起重新啟動主機。

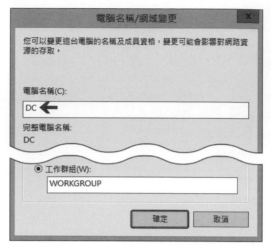

圖1-32　設定四台實作主機的電腦名稱

1-2-3　安裝 VMware Tools

　　每一種虛擬化平台，都會需要幫其上運作的虛擬主機安裝最適當的虛擬裝置驅動程式，以便能夠與虛擬化平台進行最緊密的結合，舉例來說 VMware 系列的虛擬化平台便需要幫虛擬主機安裝 VMware Tools，而 Microsoft Hyper-V 虛擬化平台便需要幫虛擬主機安裝「**整合服務（Integration Services）**」，Citrix XenServer 虛擬化平台便需要幫虛擬主機安裝 Xen Tools。

　　因此，請為 DC、iSCSI、Node 1、Node 2 主機安裝 VMware Tools，以便能夠與 VMware Player 虛擬化軟體達到最佳化運作便於後續的操作。請於 VMware Player 的 Console 畫面依序點選「Player > Manage > Install VMware Tools」項目。

　　過幾秒鐘後在 Windows Server 2012 R2 視窗右上角，將會出現光碟機自動載入 VMware Tools 的訊息，點選「執行 setup64.exe」後便會執行 VMware Tools 安裝初始化作業。

　若未自動執行載入動作，請開啟檔案總管手動點選光碟機也可以執行。

圖1-33　執行 VMware Tools 安裝初始化

當 VMware Tools 安裝初始化完成後，便會出現安裝 VMware Tools 安裝精靈視窗，請依序按「下一步 > 下一步 > 安裝 > 完成」鈕便完成安裝動作，當安裝作業完成後將會提示您必須要重新啟動主機，請按下「是」鈕將主機重新啟動。當主機重新啟動完成後便會發現執行較為順暢，且滑鼠也不會被卡在 VMware Player Console 視窗內。

圖1-34　主機安裝完 VMware Tools 後，提示重新啟動主機

1-3 網路功能及網域設定

我們已經在 VMware Player 中，設定 Host-Only (VMnet1、VMnet2、VMnet3)，以及 NAT（VMnet8）虛擬網路環境，並且都啟動 DHCP Server 功能以發放 IP 位址。因此您不用擔心 DC、iSCSI、Node 1、Node 2 主機因為有多片網路卡，而不知道哪片網路卡是連接到哪個所屬的虛擬網路環境上。

1-3-1 DC 主機網路初始設定

登入 DC 主機之後，首先為此台主機的 2 片網路卡建立網路卡小組（NIC Teaming），以達成網路高可用性，請依序點選「伺服器管理員 > 本機伺服器 > NIC 小組 > 已停用」。

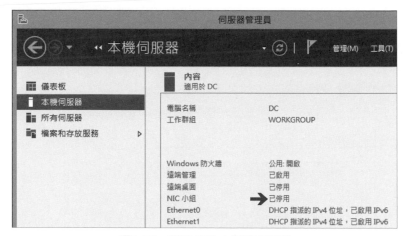

圖1-35　開啟 NIC 小組設定視窗

接著在 NIC 小組設定視窗中，在介面卡與介面設定區塊中按住 Ctrl 鍵後，選擇要加入 NIC Teaming 的成員網卡（**Ethernet0、Ethernet1**）後，於右鍵選單中點選「新增至新小組」項目。

圖1-36　選擇要加入 NIC Teaming 的成員網卡

　　在新增小組視窗中填入此 NIC Teaming 名稱「**LAN-Service**」，並且採用預設的「**交換器獨立**」小組模式及「**動態**」負載平衡模式，確認無誤後按下「確定」鈕以建立 NIC Teaming。

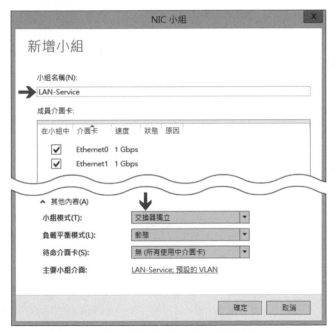

圖1-37　填入小組名稱、選擇小組模式、負載平衡模式後建立 NIC Teaming

 網路卡小組 NIC Teaming 支援交換器 **獨立/相依** 二種運作模式，而流量分佈演算法部份則支援 **位址雜湊/Hyper-V連接埠/動態** 等三種負載平衡演算法，詳細資訊請參考初級篇中第二章節 2-2-5、低延遲工作負載技術。

在建立 NIC Teaming 的過程中，於介面卡與介面區塊中首先會看到二片網路卡的狀態都是「發生錯誤，連線暫停」，接著您會看到其中一片網路卡的狀態轉變成「作用中」，最後二片網路卡的狀態都變成作用中，此時您在小組區塊中將會看到 NIC Teaming（LAN-Service）已經建立完成。

圖1-38　NIC Teaming（LAN-Service）網路卡小組建立完成

如果發現建立 NIC Teaming 隔一段時間之後，會有其中一片成員網卡，出現
「發生錯誤 該虛擬交換器缺少外部連線能力」錯誤訊息的話，請將您的 VMware
Player 更新至最新版本後再次測試看看。以本書的實作環境為例，採用 VMware
Player **6.0.1** 版本時便會出現這種問題，但更新至最新版本 VMware Player **6.0.4**
便不會發生任何問題。

回到剛才的伺服器管理員介面中，您可以看到剛才建立的網路卡小組 LAN-Service 其狀態為「DHCP 指派的 IPv4 位址，已啟用 IPv6」，請點選此連結項目以準備設定固定 IP 位址至網路卡小組 LAN-Service。

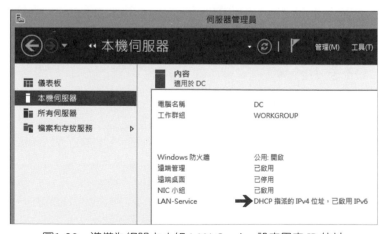

圖1-39　準備為網路卡小組 LAN-Service 設定固定 IP 位址

　　因為在建立此台 DC 主機時，所建立的二片網路卡都指向至 VMnet8（NAT）虛擬網路環境，也就是 10.10.75.0/24 網段，並啟動 DHCP Server 功能以發放 IP 位址，所以可以看到目前網路卡小組 LAN-Service 所自動取得的 IP 位址為「10.10.75.202」。

 此時，若查看 Ethernet0/Ethernet1 網路卡內容，您將會發現僅剩「**Microsoft Network Adapter 多工器通訊協定**」項目，其實當您建立 NIC Teaming 之後，後續的所有操作都應該針對 NIC Teaming 進行才對。

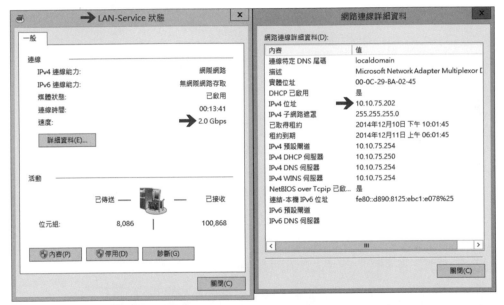

圖1-40　網路卡小組 LAN-Service 自動取得的 IP 位址

　　請為網路卡小組 LAN-Service 設定固定 IP 位址「10.10.75.10」、子網路遮罩為「255.255.255.0」、預設閘道為「10.10.75.254」、DNS 伺服器為「10.10.75.10」，確認無誤後按下「確定」鈕完成設定。

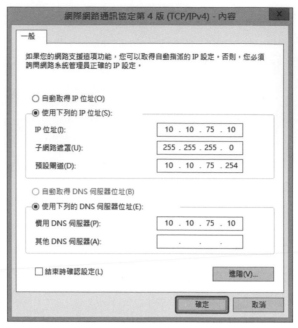

圖1-41　設定固定 IP 位址

 採用 Windows Server 2012 版本時，有時會發現固定 IP 位址設定之後並未正確套用，此時只要將網路卡停用後再啟用即可解決。

1-3-2　DC 主機建立 Active Directory 網域服務

將 DC 主機的系統以及網路基礎設定完成後，接著準備建立 Active Directory 網域服務，同時在執行以前您必須要確認建立需求：

◆ 若要建立新樹系，您必須要以該台電腦主機的本機系統管理員身分登入。

◆ 若要建立新的子網域或新的網域樹狀目錄，您必須以 Enterprise Admins 群組成員的身分登入。

◆ 若要在現有網域中安裝其他台網域控制站，您必須是 Domain Admins 群組的成員。

本書實作環境中我們將建立「**新樹系**」，並且採用此台電腦主機的本機系統管理員（Administrator）身分登入，因此建立 Active Directory 網域服務的相關條件已經符合，稍後我們便可以放心建立 Active Directory 網域服務。

但是，在開始建立 Active Directory 網域服務之前，我們先了解一下稍後「伺服器管理員（ServerManager.exe）」是如何將一台伺服器主機，從單台獨立伺服器新增角色進而「**提升（Promote）**」成為「網域控制站（Domain Controller）」的運作流程。

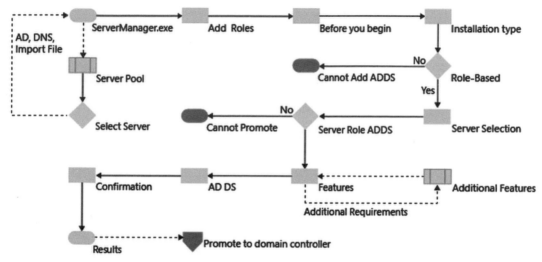

圖片來源：TechNet Library – Install a New Windows Server 2012 Active Directory Forest（http://goo.gl/4qrg8Q）

圖1-42　伺服器管理員安裝 AD DS 角色運作流程示意圖

確認建立 Active Directory 網域服務的相關條件已經符合後，請依序點選「伺服器管理員 > 儀表板 > 新增角色及功能」呼叫出新增角色及功能精靈，勾選「預設略過這個頁面」項目以減少日後安裝時的提示訊息，請按「下一步」鈕繼續新增伺服器角色程序。

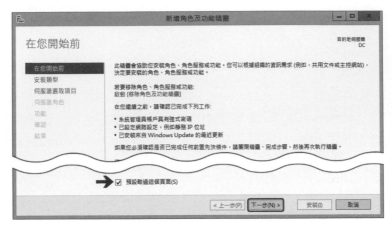

圖1-43　呼叫出新增角色及功能精靈

　　在選取安裝類型頁面中，由於所要安裝的 Active Directory 網域服務（AD DS）屬於「伺服器角色（Server Role）」，因此請選擇「角色型或功能型安裝」項目後，按「下一步」鈕繼續新增伺服器角色程序。

圖1-44　選擇角色型或功能型安裝項目

　　在選取目的地伺服器頁面中，請選擇「從伺服器集區選取伺服器」項目並確認點選 DC 主機後，按「下一步」鈕繼續新增伺服器角色程序。

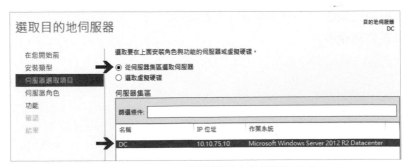

圖1-45　選擇 DC 主機準備安裝伺服器角色

請確認此時 DC 主機的 IP 位址為剛才所設定的 **10.10.75.10**，否則請將 NIC Teaming 網路卡停用後再啟用，確認得到正確的 IP 位址後再進行 AD DS 伺服器角色安裝，不然後續可能發生無法預期的錯誤。

在選取伺服器角色頁面中，請勾選「**Active Directory 網域服務**」項目此時會彈出視窗，提示您新增 Active Directory 網域服務時所需要的其它功能，請按下「**新增功能**」鈕確認稍後要一起安裝所依賴的功能，回到選取伺服器角色頁面中確認 Active Directory 網域服務項目勾選完畢後，按「下一步」鈕繼續新增伺服器角色程序。

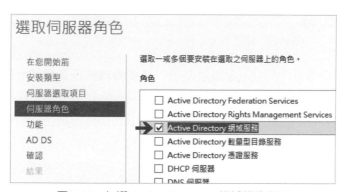

圖1-46 勾選 Active Directory 網域服務項目

在選取功能頁面中，由於剛才已經確認相關功能會進行安裝，因此無須勾選其它功能選項，請直接按「下一步」鈕繼續新增伺服器角色程序。

在 Active Directory 網域服務頁面中，說明要安裝及建立 Active Directory 網域服務的一些注意事項，例如 在一個網域中應該要至少安裝二台網域控制站，但本書環境中因為硬體資源吃緊，因此僅會建立一台網域控制站，在正式營運環境中強烈建議您要建立二台（或以上）網域控制站才對，請按「下一步」鈕繼續新增伺服器角色程序。

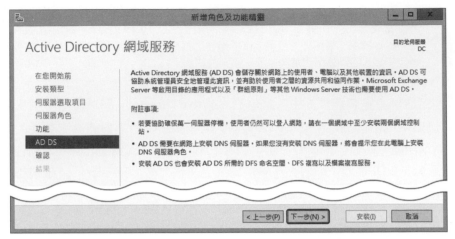

圖1-47　建立 Active Directory 網域服務注意事項

在確認安裝選項頁面中，建議您勾選「**必要時自動重新啟動目的地伺服器**」項目，此項目的功能在於當相關的伺服器功能及角色安裝完畢之後，若需要重新啟動主機才能套用生效時將會自動執行，無須手動執行重新啟動主機的動作，確認要進行 Active Directory 網域服務安裝程序請按下「安裝」鈕。

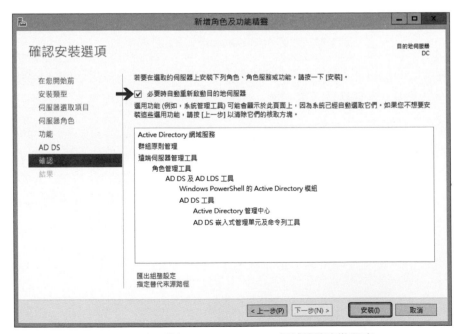

圖1-48　確認執行 Active Directory 網域服務安裝程序

接著，將自動進行 Active Directory 網域服務以及其它伺服器功能如 遠端伺服器管理工具…等安裝作業，您可以保持此視窗即時查看安裝程序的進度，或者按下「關閉」鈕便會關閉目前的視窗，但是安裝程序則在「**背景**」中繼續執行。

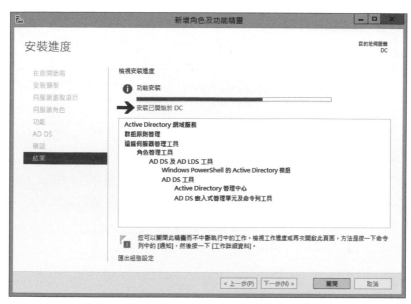

圖1-49 開始 Active Directory 網域服務安裝程序

當 Active Directory 網域服務角色安裝完畢後，系統會提示您必須要執行其它步驟，才能將此台伺服器「提升（Promote）」為網域控制站，請於安裝進度視窗中點選「**將此伺服器升級為網域控制站**」連結即可。

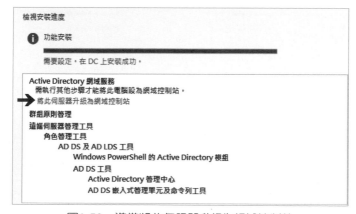

圖1-50 準備將此伺服器升級為網域控制站

此時，將開啟 Active Directory 網域服務設定精靈視窗，在選取部署作業中請選擇「**新增樹系**」選項，接著在根網域名稱欄位中輸入自訂的根網域名稱「**weithenn.org**」後，按「下一步」鈕繼續設定程序。

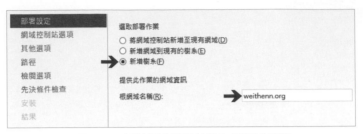

圖1-51　新增網域樹系並輸入根網域名稱

在網域控制站選項視窗中，請於輸入目錄服務還原模式（DSRM）密碼區塊中輸入二次您自訂的密碼，以供日後若有需要執行目錄服務還原模式時之用，當密碼輸入完畢後請按「下一步」鈕繼續設定程序。

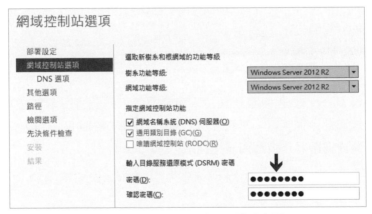

圖1-52　設定目錄服務還原模式密碼

 目錄服務還原模式密碼為 **必要** 輸入條件無法略過，若您未輸入密碼將會發現無法按下一步鈕繼續設定程序。

由於此台主機為網域中的第一台網域控制站，因此會出現找不到授權的 DNS 父系區域警告訊息，請不用擔心並按「下一步」鈕繼續設定程序。

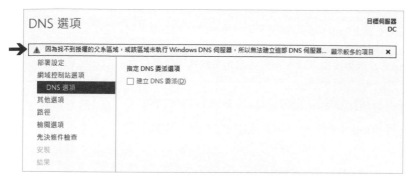

圖1-53 網域中第一台網域控制站找不到授權 DNS 父系區域

在其它選項頁面中,會依照您剛才所輸入的網域名稱自動顯示 NetBIOS 網域名稱,例如 此實作中便顯示為「**WEITHENN**」請使用此預設值即可,按「下一步」鈕繼續設定程序。

圖1-54 確認 NetBIOS 網域名稱

在路徑頁面中,可以查詢或修改 AD DS 資料庫、記錄檔、SYSVOL 資料夾的路徑,請按「下一步」鈕繼續設定程序。

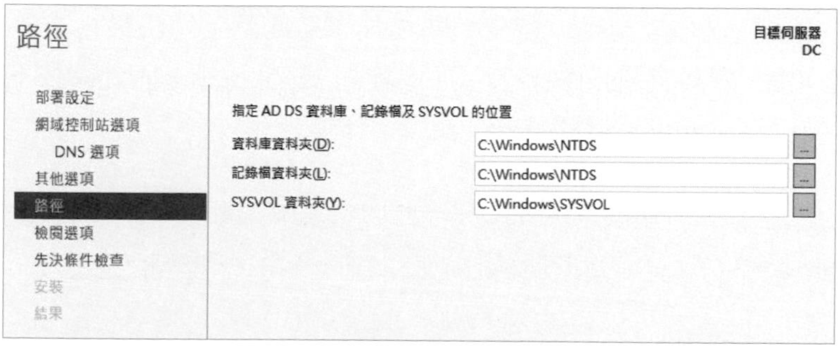

圖1-55 指定 AD DS 資料庫、記錄檔、SYSVOL 資料夾路徑

> 請 **不要** 將 AD DS 資料庫、記錄檔、SYSVOL 資料夾的存放路徑，指向存放於新
> 一代的彈性檔案系統（Resilient File System，**ReFS**）所格式化的資料磁碟區，本
> 書實作環境採用 **NTFS** 檔案系統，因此合乎建置要求。

　　在檢閱選項視窗中，您可以再次檢視一下組態設定內容是否正確，如果您希望日後使用 Windows PowerShell 來達成自動化安裝的話，您可以按下「檢視指令碼」鈕以查看這些組態設定的 PowerShell 程式碼，組態設定內容確認無誤後請按「下一步」鈕確定進行設定的動作。

圖1-56　再次檢視一下組態設定內容是否正確

　　此時系統便會開始檢查您剛才的組態設定值，以及目前的主機運作環境是否真的適合提升為網域控制站，若有相關錯誤訊息的話請解決後再次執行設定作業，此實作中相關設定及條件皆符合並通過先決條件檢查，因此請按下「安裝」鈕進行 Active Directory 網域服務安裝及設定作業。

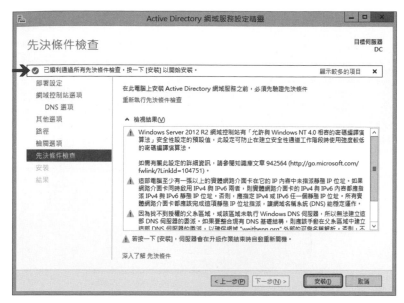

圖1-57　進行 Active Directory 網域服務安裝及設定作業

　　當 Active Directory 網域服務安裝及設定作業完成之後，因為剛才有勾選「必要時自動重新啟動目的地伺服器」項目，因此您會發現系統會自動彈出要重新啟動電腦的提示訊息。

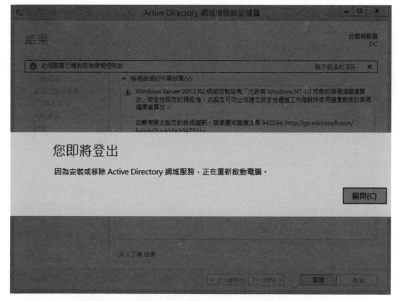

圖1-58　安裝及設定作業完成後自動重新啟動

當 DC 主機重新啟動完畢之後，便可以使用網域管理者帳戶的身分登入 DC 主機。您可以採用 **NetBIOS** 方式「WEITHENN\Administrator」登入，或者以 **DNS** 方式「weithenn.org\Administrator」進行網域管理者帳戶登入的動作。

圖1-59　以 DNS 方式採用網域管理者帳戶的身分登入 DC 主機

 登入之後，您可以再次查詢 LAN-Service 網路卡小組內容，您將會發現剛才慣用 DNS 伺服器設定為自己（10.10.75.10），但升級為網域控制站之後將自動轉變為「**127.0.0.1**」。

此外，在安裝 Active Directory 網域服務過程中會連同 DNS 服務一同安裝，並自動設定好 DNS 正向解析部份。請為 DC 主機設定 **DNS 反向解析** 部份（建立反向對應區域），否則稍後 iSCSI、Node 1、Node 2 等主機進行 nslookup 解析動作時，雖然都能正確解析網域名稱但伺服器名稱會顯示為「**UnKnown**」（未設定 DNS 反向解析的結果）。

請依序點選「伺服器管理員 > 工具 > DNS」後，在 DNS 管理員視窗中點選「反向對應區域」項目在右鍵選單中選擇「新增區域」，在新增區域精靈視窗中除了在網路識別碼的部份填入「10.10.75」之外，其餘部份皆採用預設值即可。當反向對應區域建立完成後，請點選正向對應區域中的 dc 主機 A 記錄，在內容視窗中勾選「**更新關聯的指標（PTR）記錄**」選項後按下「確定」鈕即可。

 更新 PTR 記錄後，便會「自動」建立 dc 主機的 DNS 反解記錄。

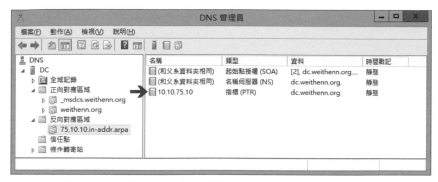

圖1-60　建立 DNS 反向對應區域，及 dc 主機 PTR 反解記錄

　　至此 Active Directory 網域服務安裝及設定作業已經完成，此台 DC 主機所擔任的服務設定暫時告一個段落，請切換至 iSCSI 主機進行相關系統及網路基礎設定，並且加入此台 DC 主機所建立的 Active Directory 網域。

1-3-3　iSCSI 主機網路及網域設定

　　登入 iSCSI 主機之後，由於我們為 iSCSI 主機安裝四片網路卡，並且分屬 VMnet8（NAT）、VMnet2（Host-Only）、VMnet3（Host-Only）三個虛擬網路環境，所以在建立 NIC Teaming 以前我們必須先確認網卡連接位置，請開啟「網路和共用中心」以判斷網路卡連接環境。

　　由於 VMnet8（NAT）網路環境有啟動 Gateway 的機制，因此我們可以很容易判斷出此實作中，iSCSI 主機的「Ethernet0、Ethernet1」接至 VMnet8（NAT），也就是 10.10.75.0/24 網路環境（網路 / 公用網路 / 網際網路），而「Ethernet2、Ethernet3」接至 Host-Only，則是 192.168.75.0/24、192.168.76.0/24 網路環境（無法辨識的網路 / 公用網路 / 無網際網路存取）。

　　此外，在 VMnet8（NAT）、VMnet2（Host-Only）、VMnet3（Host-Only）三個虛擬網路環境中，已經啟動 DHCP Server 功能，因此您也可以分別查看每一片網路卡所抓取到的 IP 位址來協助您判斷。

圖1-61　開啟網路和共用中心以判斷網路卡連接環境

　　確認 iSCSI 主機四片網路卡所連接的網路環境後，我們可以為此台主機的 2 片網路卡設定 NIC Teaming，以達成網路高可用性以及網路服務分流的目的，而另外 2 片網路卡則用於屆時的「多重路徑（Multipath I/O，MPIO）」（不需要設定 NIC Teaming）。

　　請依序點選「伺服器管理員 > 本機伺服器 > NIC 小組 > 已停用」，接著在 NIC 小組設定視窗中按住 Ctrl 鍵，選擇要加入 NIC Teaming 的成員網卡（Ethernet0、Ethernet1）後，於右鍵選單中選擇「新增至新小組」項目。接著在新增小組視窗中填入此 NIC Teaming 的小組名稱「**LAN-Service**」，並採用預設的交換器獨立小組模式以及動態負載平衡模式，確認無誤後按下「確定」鈕以建立 NIC Teaming。

圖1-62　建立 NIC Teaming（LAN-Service）

回到剛才的伺服器管理員介面中，您可以看到剛才建立的網路卡小組 LAN-Service，狀態為「DHCP 指派的 IPv4 位址，已啟用 IPv6」，請點選 LAN-Service 該連結項目以準備設定固定 IP 位址。

請為網路卡小組 LAN-Service 設定固定 IP 位址「10.10.75.20」、子網路遮罩為「255.255.255.0」、預設閘道為「10.10.75.254」，而 DNS 伺服器請指向至 DC 主機也就是「10.10.75.10」。

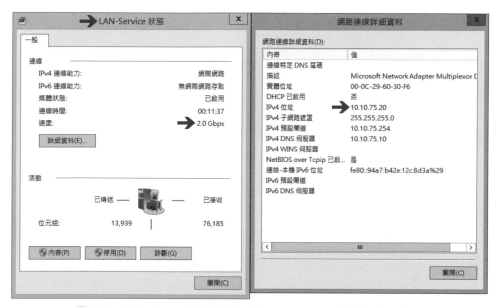

圖1-63　設定 iSCSI 主機網路卡小組 LAN-Service 採用固定 IP 位址

接著，請為第一片多重路徑 MPIO 網卡設定名稱以及固定 IP 位址。在未設定以前「**Ethernet2**」網路卡自動取得「192.168.75.201」的 IP 位址，請將網路卡名稱修改為「**MPIO-1**」，並且設定採用固定 IP 位址「192.168.**75**.20」、子網路遮罩為「255.255.255.0」。

圖1-64　MPIO-1 網卡設定固定 IP 位址

同樣的，請為第二片多重路徑 MPIO 網卡設定名稱以及固定 IP 位址。在未設定以前「**Ethernet3**」網路卡自動取得「192.168.76.201」的 IP 位址，請將網路卡名稱修改為「**MPIO-2**」，並且設定採用固定 IP 位址「192.168.**76**.20」、子網路遮罩為「255.255.255.0」。

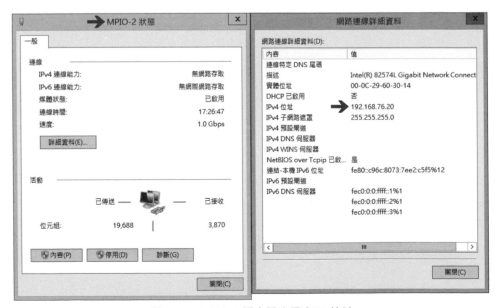

圖1-65　MPIO-2 網卡設定固定 IP 位址

iSCSI 主機加入網域

在執行加入 weithenn.org 網域的動作之前，請先執行 ping 以及 nslookup 指令，以確認 iSCSI 與 DC 主機之間能夠溝通且名稱解析無誤，確保後續加入網域的動作能順暢執行。

請開啟命令提示字元後，輸入「ping 10.10.75.10」指令確認 iSCSI 可以 ping 到 DC 主機，以及輸入「nslookup weithenn.org」指令確認 iSCSI 主機可以正確解析 weithenn.org 網域。

 DC 主機若未設定 DNS 反向解析，或沒有 DC 主機的 PTR 反向解析記錄，則執行 nslookup 指令後，您可以發現名稱解析伺服器的欄位將為 **UnKnown**。

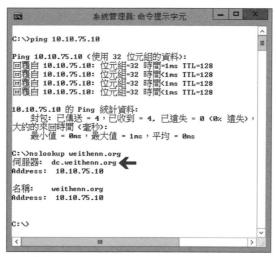

圖1-66　確認 iSCSI 與 DC 主機之間，溝通無誤且名稱解析正確

確認 iSCSI 與 DC 溝通無誤後，接著請依序點選「伺服器管理員 > 本機伺服器 > 工作群組 > WORKGROUP」便能呼叫出系統內容視窗，於系統內容視窗內切換到「電腦名稱」頁籤後，按下「變更」鈕準備執行加入網域的動作。在成員隸屬的區塊中請點選至「網域」項目，並且輸入要加入的網域名稱「**weithenn.org**」後按下「確定」鈕。

圖1-67　輸入要加入的網域名稱 weithenn.org

此時將彈出 Windows 安全性視窗，請輸入 weithenn.org 網域管理者帳號及密碼後按下「確定」鈕，當順利驗證所輸入的網域管理者帳號及密碼無誤後，便會彈出歡迎加入 weithenn.org 網域訊息，接著提示您必須要重新啟動主機以套用生效。

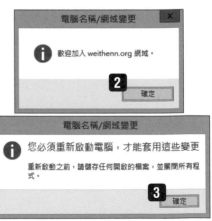

圖1-68　輸入網域管理者帳號及密碼，通過驗證程序後成功加入網域

當 iSCSI 主機重新啟動完畢之後，請選擇使用其它使用者帳號登入，接著輸入網域管理員帳戶資訊「**weithenn.org\administrator**」，以及網域管理者密碼便可以採用網域管理者帳戶的身分登入 iSCSI 主機。

圖1-69　採用網域管理者帳戶的身分登入 iSCSI 主機

　　至此 iSCSI 主機的初始安裝及設定作業已經完成並暫時告一個段落，請切換至 Node 1、Node 2 主機進行相關網路功能及加入網域設定，並且加入 DC 主機所建立的 Active Directory 網域。

1-3-4　Node 1 主機網路及網域設定

　　由於 VMnet8（NAT）網路環境有啟動 Gateway 的機制，因此我們可以很容易判斷出來此實作中「Ethernet0 ~ 3」為 10.10.75.0/24 網路環境（網際網路），而「Ethernet4 ~ 7」則為 Host-Only 網路環境（無網際網路存取）。

圖1-70　開啟網路和共用中心以判斷網路卡連接環境

　　確認 Node 1 主機八片網路卡所連接的網路環境後，我們便可以為此台主機的其中 6 片網路卡，設定三組 NIC Teaming（MGMT、VM-Traffic、Heartbeat），以達成網路高可用性以及網路服務分流的目的，而剩下的 2 片網路卡則用於屆時「多重路徑（Multipath I/O，MPIO）」（不需要設定 NIC Teaming）。

　　首先，建立屆時用於負責 Hyper-V 主機的管理流量以及遷移流量，請依序點
選「伺服器管理員 > 本機伺服器 > NIC 小組 > 已停用」，接著在 NIC 小組設定視
窗中按住 Ctrl 鍵，選擇要加入 NIC Teaming 的成員網卡（**Ethernet0、Ethernet1**）
後，按下滑鼠右鍵後於右鍵選單中選擇「新增至新小組」項目，接著在新增小組
視窗中填入此 NIC Teaming 的小組名稱「**MGMT**」，並採用預設的交換器獨立小
組模式及動態負載平衡模式，確認無誤後按下「確定」鈕以建立 NIC Teaming。

圖1-71　建立 MGMT 及遷移用途的 NIC Teaming（MGMT）

　　同樣的建立方式，建立屆時用於負責 VM 虛擬主機對外服務的網路卡小組。
請在 NIC 小組設定視窗中按住 Ctrl 鍵，選擇要加入 NIC Teaming 的成員網卡
（**Ethernet2、Ethernet3**）後，建立 NIC Teaming 小組名稱「**VM-Traffic**」。

圖1-72　建立 VM 虛擬主機網路流量的 NIC Teaming（VM-Traffic）

　　建立屆時用於負責容錯移轉叢集中，叢集節點之間心跳偵測及備用遷移
網路的網路卡小組。請在 NIC 小組設定視窗中按住 Ctrl 鍵，選擇要加入 NIC
Teaming 的成員網卡（**Ethernet4、Ethernet5**）後，建立 NIC Teaming 小組名稱
「**Heartbeat**」。

設定前,請再次確認這二片網路卡是否為 **172.20.75.x/24** 的IP位址,這才是我們
規劃用於容錯移轉叢集中心跳偵測用的網路環境。

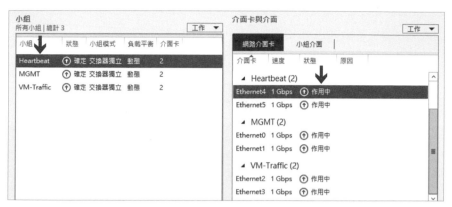

圖1-73　建立容錯移轉叢集中心跳偵測的 NIC Teaming(Heartbeat)

回到伺服器管理員介面中,您可以看到剛才建立的網路卡小組 **MGMT** 狀態
為「DHCP 指派的 IPv4 位址,已啟用 IPv6」,請點選 MGMT 連結項目以設定固
定 IP 位址。設定固定 IP 位址「**10.10.75.31**」、子網路遮罩為「255.255.255.0」、
預設閘道為「10.10.75.254」,而 DNS 伺服器請指向至 DC 主機也就是
「10.10.75.10」。

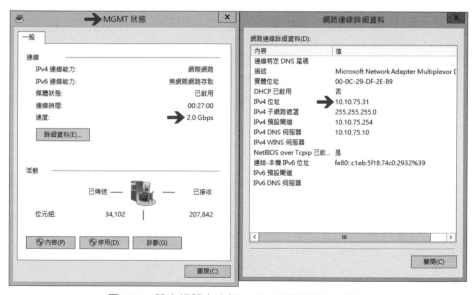

圖1-74　設定網路卡小組 MGMT 採用固定 IP 位址

網路卡小組 **VM-Traffic** 的部份，請先設定暫時的固定 IP 位址「10.10.75.131」、子網路遮罩為「255.255.255.0」。因為此網路卡小組，屆時為擔任 VM 虛擬主機專用的虛擬交換器，而虛擬交換器是**不需要 IP 位址**的。

> 這裡設定暫時 IP 位址的用意在於，若不設定暫時的固定 IP 位址，而是採用 DHCP 機制所取得的 IP 位址，可能會干擾稍後加入網域的程序。因為 DHCP 機制所配發的 DNS IP 位址為 10.10.75.**254**，而非實作環境中網域控制站 10.10.75.**10**，會造成 DNS 解析失敗而無法加入網域。

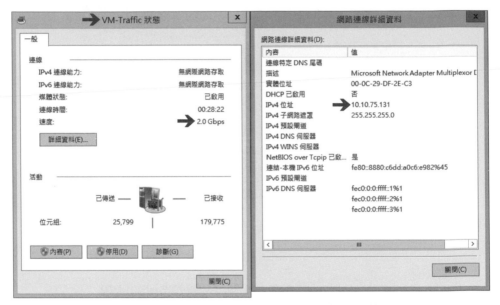

圖1-75　設定網路卡小組 VM-Traffic 採用暫時 IP 位址

　　網路卡小組 **Heartbeat** 的部份，請設定固定 IP 位址「**172.20.75.31**」、子網路遮罩為「255.255.255.0」。

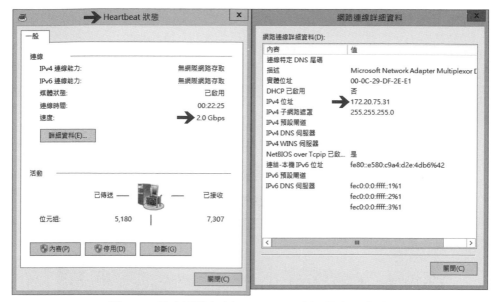

圖1-76 設定網路卡小組 Heartbeat 採用固定 IP 位址

請將第一片多重路徑 MPIO 的網路卡名稱，從原本的「**Ethernet6**」修改為「**MPIO-1**」，並且設定採用固定 IP 位址「**192.168.75.31**」、子網路遮罩為「255.255.255.0」。

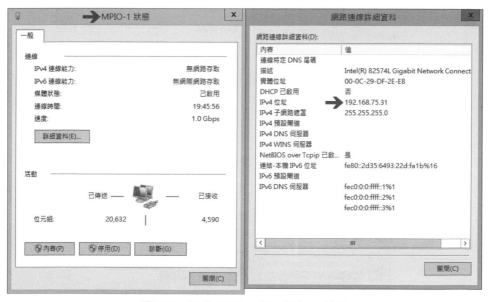

圖1-77 設定 MPIO-1 網卡固定 IP 位址

　　請將第二片多重路徑 MPIO 的網路卡名稱，從原本的「**Ethernet7**」修改為「**MPIO-2**」，並且設定採用固定 IP 位址「**192.168.76.31**」、子網路遮罩為「255.255.255.0」。

圖1-78　設定 MPIO-2 網卡固定 IP 位址

　　相關配置完成後，可以看到目前 MGMT、VM-Traffic、Heartbeat、MPIO-1、MPIO-2 分別所處的網路及存取類型。

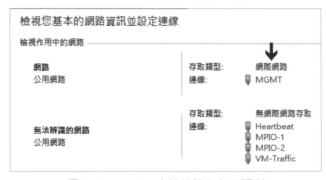

圖1-79　Node 1 主機網路及存取類型

Node 1 主機加入網域

同樣的，將 Node 1 主機加入網域之前，先確認 Node 1 與 DC 主機之間能夠溝通且名稱解析無誤，請輸入「ping 10.10.75.10」指令確認 Node 1 可以 ping 到 DC 主機，以及輸入「nslookup weithenn.org」指令確認 Node 1 主機可以正確解析 weithenn.org 網域。

圖1-80　確認 Node 1 與 DC 主機之間能夠溝通無誤

接著依序點選「伺服器管理員 > 本機伺服器 > 工作群組 > WORKGROUP」，便能呼叫出系統內容視窗，準備執行加入網域的動作。於系統內容視窗內切換到「電腦名稱」頁籤中按下「變更」鈕，在成員隸屬的區塊中請點選至「網域」項目，並且輸入要加入的網域名稱「**weithenn.org**」後按下「確定」鈕，輸入 weithenn.org 網域管理者帳號及密碼後，按下「確定」鈕即可，接著提示您必須要重新啟動主機以套用生效。

圖1-81　加入 weithenn.org 網域

當 Node 1 主機重新啟動完畢之後，請選擇使用其它使用者帳號登入接著輸入網域管理員帳戶「weithenn.org\administrator」，以及網域管理者密碼便可以採用網域管理者帳戶的身分登入 Node 1 主機。順利登入 Node 1 主機後再次查看網路資訊，您可以看到網路卡小組 MGMT、VM-Traffic 處於「**weithenn.org 網域網路**」，而 Heartbeat、MPIO-1、MPIO-2 則處於「**公用網路**」。

圖1-82　再次查看網路資訊

至此 Node 1 主機的初始安裝及設定作業已經完成設定暫時告一個段落，請切換至 Node2 主機進行相關系統及網路基礎設定，並且加入 DC 主機所建立的 Active Directory 網域。

1-3-5　Node 2 主機網路及網域設定

同樣的順利登入 Node 2 主機之後，由於 VMnet8（NAT）網路環境有啟動 Gateway 的機制，因此我們可以很容易判斷出，此實作中「Ethernet0 ～ 3」為 10.10.75.0/24 網路環境（網際網路），而「Ethernet4 ～ 7」則為 Host-Only 網路環境（無網際網路存取）。

圖1-83　開啟網路和共用中心以判斷網路卡連接環境

　　確認 Node 2 主機八片網路卡所連接的網路環境後，我們便可以為此台主機的其中 6 片網路卡，設定三組 NIC Teaming（MGMT、VM-Traffic、Heartbeat），以達成網路高可用性以及網路服務分流的目的，而剩下的 2 片網路卡則用於屆時「多重路徑（Multipath I/O，MPIO）」（不需要設定 NIC Teaming）。

　　首先，建立屆時用於負責 Hyper-V 主機的管理流量以及遷移流量，請依序點選「伺服器管理員 > 本機伺服器 > NIC 小組 > 已停用」，接著在 NIC 小組設定視窗中按住 Ctrl 鍵，選擇要加入 NIC Teaming 的成員網卡（**Ethernet0**、**Ethernet1**）後，按下滑鼠右鍵後於右鍵選單中選擇「新增至新小組」項目，接著在新增小組視窗中填入此 NIC Teaming 的小組名稱「**MGMT**」，並採用預設的交換器獨立小組模式以及動態負載平衡模式，確認無誤後按下「確定」鍵以建立 NIC Teaming。

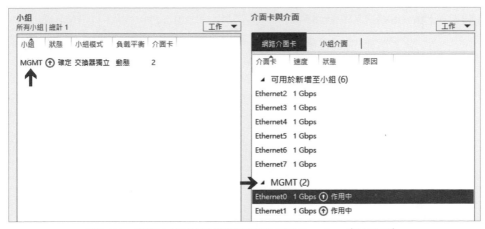

圖1-84　建立 MGMT 及遷移用途的 NIC Teaming（MGMT）

　　接著，建立屆時用於負責 VM 虛擬主機網路流量的網路卡小組。請在 NIC 小組設定視窗中按住 Ctrl 鍵，選擇要加入 NIC Teaming 的成員網卡（**Ethernet2**、**Ethernet3**）後，建立 NIC Teaming 小組名稱「**VM-Traffic**」。

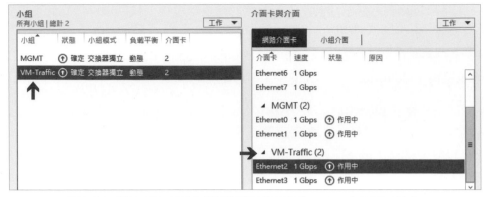

圖1-85　建立 VM 虛擬主機網路流量的 NIC Teaming（VM-Traffic）

　　建立屆時用於負責容錯移轉叢集中，節點之間心跳偵測及備用遷移網路的網路卡小組。請在 NIC 小組設定視窗中按住 Ctrl 鍵，選擇要加入 NIC Teaming 的成員網卡（**Ethernet4**、**Ethernet5**）後，建立 NIC Teaming 小組名稱「**Heartbeat**」。

 設定前，請再次確認這二片網路卡是否為 172.20.75.x/24 的 IP 位址，這才是我們規劃用於容錯移轉叢集中心跳偵測用的網路環境。

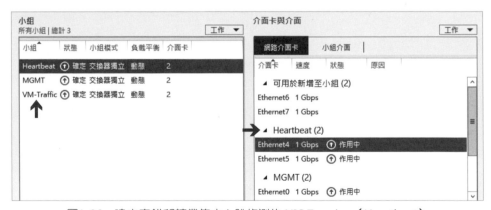

圖1-86　建立容錯移轉叢集中心跳偵測的 NIC Teaming（Heartbeat）

　　回到伺服器管理員介面中，請為 **MGMT** 網路卡小組設定固定 IP 位址，請設定固定 IP 位址「**10.10.75.32**」、子網路遮罩為「255.255.255.0」、預設閘道為「10.10.75.254」，而 DNS 伺服器請指向至 DC 主機也就是「10.10.75.10」。

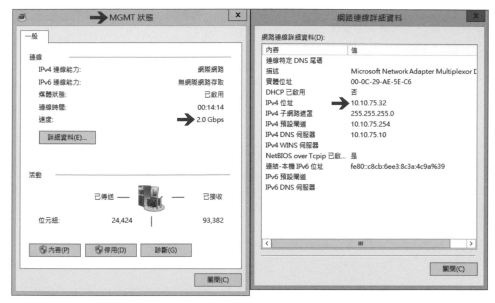

圖1-87　設定網路卡小組MGMT採用固定 IP 位址

　　網 路 卡 小 組 **VM-Traffic** 的 部 份，請 先 設 定 暫 時 的 固 定 IP 位 址「10.10.75.132」、子網路遮罩為「255.255.255.0」。因為此網路卡小組，屆時為擔任 VM 虛擬主機專用的虛擬交換器，而虛擬交換器是**不需要 IP 位址**的。

 這裡設定暫時 IP 位址的用意在於，若不設定暫時的固定 IP 位址，而是採用 DHCP 機制所取得的 IP 位址，可能會干擾稍後加入網域的程序。因為 DHCP 機制所配發的 DNS IP 位址為 10.10.75.**254**，而非實作環境中網域控制站 10.10.75.**10**，會造成 DNS 解析失敗而無法加入網域。

圖1-88　設定網路卡小組 VM-Traffic 採用暫時 IP 位址

網路卡小組 **Heartbeat** 的部份，請設定固定 IP 位址「**172.20.75.32**」、子網路遮罩為「255.255.255.0」。

圖1-89　設定網路卡小組 Heartbeat 採用固定 IP 位址

　　請將第一片多重路徑 MPIO 的網路卡名稱，從原本的「**Ethernet6**」修改為「**MPIO-1**」，並且設定採用固定 IP 位址「**192.168.75.32**」、子網路遮罩為「255.255.255.0」。

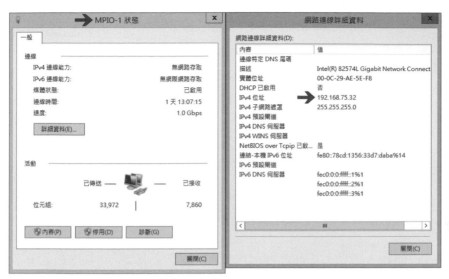

圖1-90　設定 MPIO-1 網卡固定 IP 位址

　　請將第二片多重路徑 MPIO 的網路卡名稱，從原本的「**Ethernet7**」修改為「**MPIO-2**」，並且設定採用固定 IP 位址「**192.168.76.32**」、子網路遮罩為「255.255.255.0」。

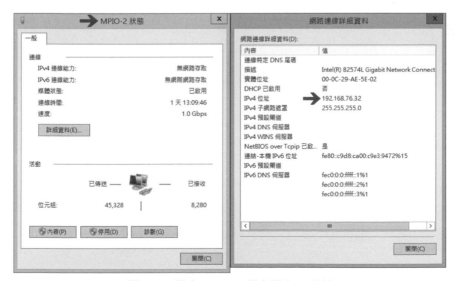

圖1-91　設定 MPIO-2 網卡固定 IP 位址

相關配置完成後，可以看到目前 MGMT、VM-Traffic、Heartbeat、MPIO-1、MPIO-2 分別所處的網路及存取類型。

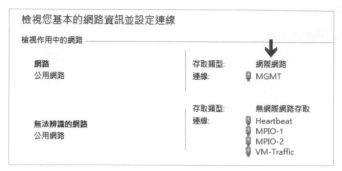

圖1-92　Node 2 主機網路及存取類型

Node 2 主機加入網域

將 Node 2 主機加入網域之前，請確認 Node 2 與 DC 主機之間能夠溝通且名稱解析無誤，請輸入「ping 10.10.75.10」指令確認 Node 2 可以 ping 到 DC 主機，以及輸入「nslookup weithenn.org」指令確認 Node 2 主機可以正確解析 weithenn.org 網域。

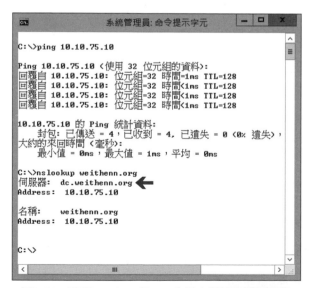

圖1-93　確認 Node 2 與 DC 主機之間能夠溝通無誤

　　接著依序點選「伺服器管理員 > 本機伺服器 > 工作群組 > WORKGROUP」，準備執行加入網域的動作。請於系統內容視窗內，切換到「電腦名稱」頁籤中按下「變更」鈕，在成員隸屬的區塊中請點選至「網域」項目，並且輸入要加入的網域名稱「**weithenn.org**」後按下「確定」鈕，輸入 weithenn.org 網域管理者帳號及密碼後按下「確定」鈕即可，接著提示您必須要重新啟動主機以套用生效。

圖1-94　加入weithenn.org網域

　　當 Node 2 主機重新啟動完畢之後，請選擇使用其它使用者帳號登入接著輸入網域管理員帳戶「weithenn.org\administrator」，以及網域管理者密碼便可以採用網域管理者帳戶的身分登入 Node 2 主機。順利登入 Node 2 主機後再次查看網路資訊，您可以看到網路卡小組 MGMT、VM-Traffic 處於「**weithenn.org 網域網路**」，而 Heartbeat、MPIO-1、MPIO-2 則處於「**公用網路**」。

圖1-95　再次查看網路資訊

至此，我們已經順利建立 weithenn.org 網域並將 DC 主機提升為網域控制站，同時也已經將 iSCSI、Node 1、Node 2 三台主機的網路環境及網路卡小組設定完畢，並加入 weithenn.org 網域當中。您可以切換到 DC 主機中開啟伺服器管理員，點選「工具」後開啟「**Active Directory 使用者和電腦**」以及「**DNS**」，分別查看在 Computers 容器當中是否有 iSCSI、Node 1、Node 2 三台主機加入（電腦帳戶），而 DNS 管理員視窗中「正向 / 反向」解析記錄內，是否也有 iSCSI、Node 1、Node 2 三台主機的記錄存在。

> 若未看到相關記錄出現，請按下工作列中的「**重新整理**」圖示即可。

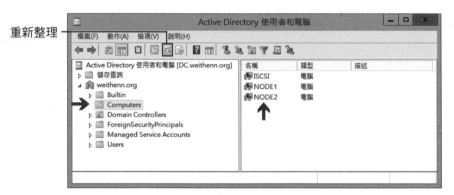

圖1-96　Active Directory 使用者和電腦中，在 Computers 容器內已有三台主機的記錄存在

圖1-97　DNS 中已有三台主機**正向**解析記錄存在

重新整理

圖1-98　DNS 中已有三台主機**反向**解析記錄存在

CHAPTER 2

容錯移轉叢集
前置作業

2-1 進階功能前置作業

2-1-1 伺服器管理員集中管理

請切換到 DC 主機後開啟伺服器管理員，點選「所有伺服器」項目後於右鍵選單中選擇「新增伺服器」項目，準備加入 iSCSI、Node 1、Node 2 主機達成遠端統一管理的目的。

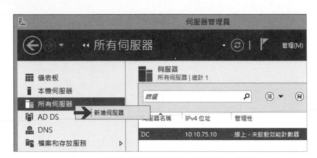

圖2-1　準備新增遠端伺服器進行納管

於新增伺服器視窗的 Active Directory 頁籤中，請於名稱欄位內輸入「**iSCSI**」的主機名稱後按下「立即尋找」鈕，您將會在下方區塊中發現順利搜尋到 iSCSI 主機名稱及作業系統資訊 Windows Server 2012 R2 Datacenter，此時請點選該 iSCSI 名稱項目後按下「右鍵圖示」，即可將 iSCSI 主機加入至已選取區塊中，然後按下「確定」鈕即可。

圖2-2　將 iSCSI 主機加入控管伺服器清單中

　　同樣的新增方式，在名稱欄位中輸入「**node**」主機名稱後再次按下立即尋找鈕，此時可以看到 Node 1、Node 2 主機同時出現，請按住 Ctrl 鍵便可以同時選取二台主機，然後按下「右鍵圖示」即可將該電腦主機加入至已選取區塊中，然後按下「確定」鈕即可。

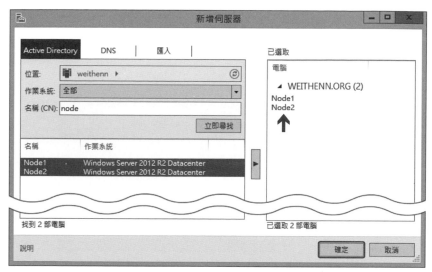

圖2-3　將 Node 1、Node 2 主機同時加入控管伺服器清單中

　　此時，我們已經順利將 iSCSI、Node 1、Node 2 等三台主機，新增至 DC 主機的所有伺服器管理清單當中，後續我們便可以在 DC 主機上輕鬆操作及遠端管理三台主機，而不需要不停切換於各台主機當中進行操作及設定作業。

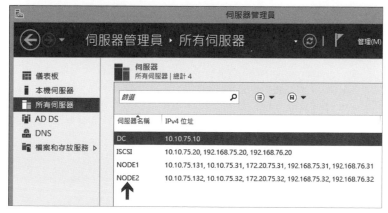

圖2-4　將 iSCSI、Node 1、Node 2 等三台主機納入統一管理

2-2　納管主機新增角色及功能

2-2-1　Node 1 主機新增 Hyper-V 伺服器角色

　　將 iSCSI、Node 1、Node 2 等三台主機納入統一管理後。首先，請為 Node 1 主機安裝 Hyper-V 伺服器角色，以便稍後 Node 1 主機可以成為運作 VM 虛擬主機的虛擬化平台，請於 DC 主機伺服器管理員中，所有伺服器的伺服器管理清單內點選 **Node 1** 主機後，按下滑鼠右鍵選擇「新增角色及功能」項目。

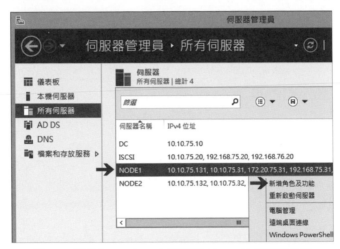

圖2-5　準備為 Node 1 主機安裝 Hyper-V 伺服器角色

　　此時將會彈出新增角色及功能精靈視窗。在選取安裝類型頁面中，視窗的右上角中看到目的地伺服器為 **Node1.weithenn.org**，而所要安裝的 Hyper-V 屬於「伺服器角色（Server Role）」，因此請選擇「角色型或功能型安裝」項目後，按「下一步」鈕繼續新增角色程序。

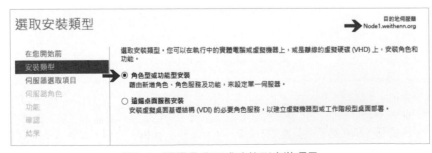

圖2-6　選擇角色型或功能型安裝項目

在選取目的地伺服器頁面中，請選擇「從伺服器集區選取伺服器」項目（預設值），在伺服器集區的顯示區塊中，您將會看到剛才所納入管理的主機清單，預設情況下已經自動點選 Node1.weithenn.org 主機，請按「下一步」鈕繼續新增角色程序。

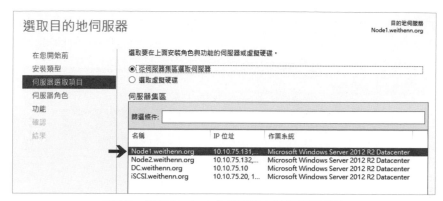

圖2-7　選擇 Node 1 主機準備安裝伺服器角色

在選取伺服器角色頁面中，當勾選「**Hyper-V**」項目之後，會自動彈出新增相依功能視窗請按「新增功能」鈕，回到伺服器角色頁面中，確認勾選後按「下一步」鈕繼續新增角色程序。

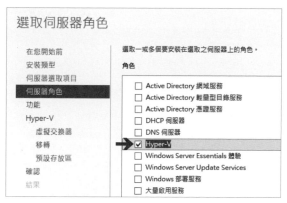

圖2-8　勾選 Hyper-V 項目

事實上，勾選 Hyper-V 項目後，系統便會檢查此台主機的相關條件，是否都合乎運作 Hyper-V 虛擬化平台需求。如果這裡出現錯誤訊息且無法安裝 Hyper-V 角色的話，請參考初級篇當中3-2-2、Hyper-V in a Box 小節，以及 4-1-3 小節中「無法安裝 Hyper-V 伺服器角色？」內容進行除錯。

在選取功能頁面中，剛才勾選 Hyper-V 伺服器角色時，已經將相關功能項目自動勾選好了，因此請直接按「下一步」鈕繼續新增角色程序即可。

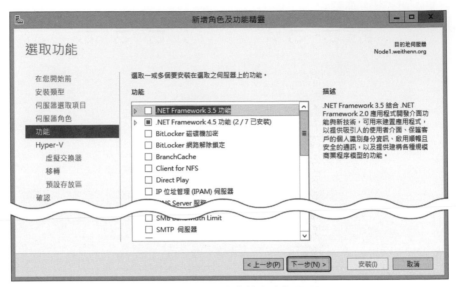

圖2-9　不需要安裝其它功能項目

因為 Hyper-V 伺服器角色不同於一般角色，因此還會詢問其它設定如 虛擬交換器⋯等資訊，請按「下一步」鈕繼續新增角色程序。

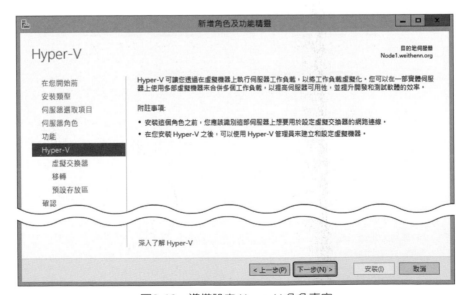

圖2-10　準備設定 Hyper-V 角色事宜

在建立虛擬交換器頁面中，勾選要成為屆時 Hyper-V 虛擬交換器的網路卡，請勾選先前規劃用於 VM 虛擬主機網路流量的網路卡小組「**VM-Traffic**」後，按「下一步」鈕繼續新增角色程序。

圖2-11　勾選用於 Hyper-V 虛擬交換器的網路卡

在虛擬機器移轉頁面中，如果是在「**未**」架設容錯移轉叢集環境，便可以進行勾選並選擇驗證通訊協定。但是，本書為架設容錯移轉叢集環境，因此請直接按「下一步」鈕繼續新增角色程序。

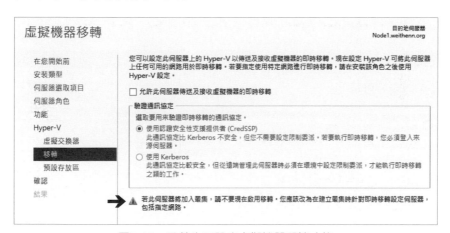

圖2-12　目前先不設定虛擬機器移轉功能

 後續將容錯移轉叢集環境建立完成後，便會詳細說明如何設定即時移轉遷移網路的部份。

在預設存放區頁面中，您可以指定屆時 VM 虛擬主機預設存放的「本機路徑」，請直接按「下一步」鈕採用預設值即可。

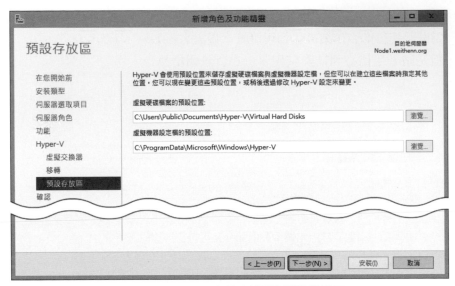

圖2-13　採用預設存放本機路徑預設值即可

在確認安裝選項頁面中，請勾選「必要時自動重新啟動目的地伺服器」項目，確認要進行 Hyper-V 角色安裝程序請按下「安裝」鈕。

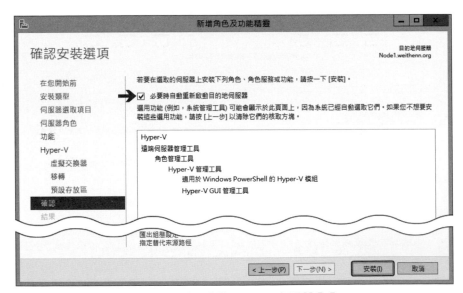

圖2-14　確認安裝 Hyper-V 伺服器角色

安裝 Hyper-V 伺服器角色，需要重新啟動主機二**次**。

　　當開始進行安裝作業後，您可以按下視窗的右下角「關閉」鈕關閉目前的視窗，但是請不用擔心因為安裝程序仍在背景繼續執行，您可以繼續執行其它操作。

圖2-15　開始進行檔案伺服器安裝程序

當 Hyper-V 角色安裝程序完畢後，Node 1 主機將會「自動重新啟動二**次**」。

圖2-16　Hyper-V 角色安裝程序完畢後重新啟動二次

Node 1 主機重新啟動後，您可以隨時在 DC 主機的伺服器管理員介面中按下「旗標圖示」，在旗標圖示中您可以看到該項新增作業的訊息，或者點選「新增角色及功能」連結，便可以重新開啟剛才的安裝進度視窗，顯示 Node 1 主機已經安裝 Hyper-V 角色成功。

圖2-17　Node 1 主機成功安裝 Hyper-V 角色

2-2-2　Node 2 主機新增 Hyper-V 伺服器角色

同樣安裝伺服器角色的方式，也請為 Node 2 主機安裝 Hyper-V 伺服器角色，並且在建立虛擬交換器頁面中，勾選要成為 Hyper-V 虛擬交換器的網路卡小組「**VM-Traffic**」後，請按「下一步」鈕繼續新增角色程序即可。

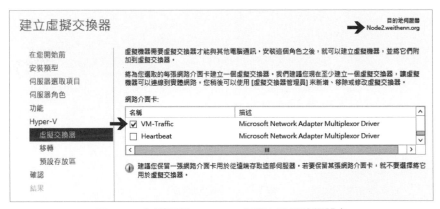

圖2-18　勾選用於 Hyper-V 虛擬交換器的網路卡

在確認安裝選項頁面中，請勾選「必要時自動重新啟動目的地伺服器」項目並按下「安裝」鈕。同樣的，當 Hyper-V 角色安裝程序完畢後，Node 2 主機將會「自動重新啟動二**次**」。

圖2-19　安裝 Hyper-V 伺服器角色將重新啟動二次

Node 2 主機重新啟動後，可以隨時在 DC 主機的伺服器管理員介面中，透過旗標圖示了解該項新增作業的資訊，或者點選「新增角色及功能」連結，便可以重新開啟剛才的安裝進度視窗，顯示 Node 2 主機已經安裝 Hyper-V 角色成功。

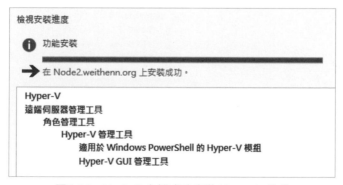

圖2-20　Node 2 主機成功安裝 Hyper-V 角色

2-2-3　iSCSI 主機新增 iSCSI 目標伺服器

接下來，請為 iSCSI 主機安裝 iSCSI 目標伺服器（iSCSI Target）角色，也就是稍後 iSCSI 主機將透過所安裝的 iSCSI 目標伺服器後，搖身一變成為 **iSCSI Target** 擔任共用儲存設備的角色。

　　請於 DC 主機伺服器管理員中，所有伺服器的管理清單內點選 iSCSI 主機後，按下滑鼠右鍵選擇「新增角色及功能」項目。由於所要安裝的 iSCSI 目標伺服器屬於「伺服器角色（Server Role）」，因此請選擇「角色型或功能型安裝」項目後按「下一步」鈕繼續新增角色程序。

　　在選取目的地伺服器頁面中，請選擇「從伺服器集區選取伺服器」項目，而在伺服器集區中會看到納入管理的主機清單，預設情況下將自動點選 iSCSI. weithenn.org 主機，請按「下一步」鈕繼續新增角色程序。

　　在選取伺服器角色頁面中，請勾選位於「檔案和存放服務 > 檔案和 iSCSI 服務」下的「**iSCSI 目標伺服器**」項目，此時將會彈出新增相依角色視窗請按「新增功能」鈕，再按「下一步」鈕繼續新增角色程序。

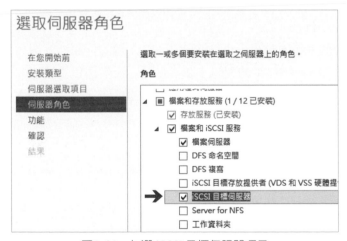

圖2-21　勾選 iSCSI 目標伺服器項目

　　在選取功能頁面中因為不需要安裝任何伺服器功能項目，因此請按「下一步」鈕繼續新增角色程序。在確認安裝選項頁面中，您可以勾選或不勾選「必要時自動重新啟動目的地伺服器」項目，接著按下「安裝」鈕確定安裝 iSCSI 目標伺服器角色。

 因為安裝 iSCSI 目標伺服器角色，並不需要重新啟動主機，因此是否勾選自動重新啟動項目並不影響動作。

圖2-22　安裝 iSCSI 目標伺服器角色

圖2-23　安裝 iSCSI 目標伺服器伺服器角色成功

2-3 格式化 iSCSI 主機磁碟

當 iSCSI 主機安裝好 iSCSI 目標伺服器角色之後，請幫 iSCSI 主機額外安裝的二顆硬碟進行上線、初始化、格式化…等動作。

請於 DC 主機伺服器管理員視窗中，依序點選「檔案和存放服務 > 磁碟區 > 磁碟」項目，您將會看到 DC、iSCSI、Node 1、Node 2 等四台主機，而在 iSCSI 主機中您可以看到除了原本的 60 GB 硬碟安裝作業系統之外，還有先前所規劃的 **101 GB、201 GB** 硬碟其狀態為「**離線**」，除此之外磁碟分割狀態為「**未知**」且唯讀欄位的狀態也「打勾」。

2-3-1 離線硬碟上線

請先為 **101 GB** 硬碟進行「**上線**」作業，也就是準備執行硬碟初始化的前置
動作，請點選該硬碟後於右鍵選單中選擇「上線」項目。

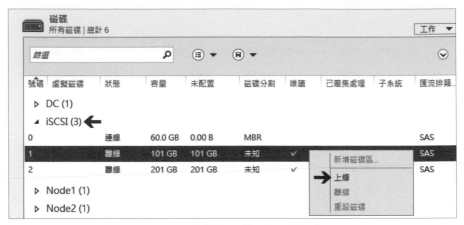

圖2-24 對離線硬碟進行上線作業

此時將會出現磁碟上線警告訊息，提示您如果此硬碟已經有其它伺服器掛
載使用中（例如，該硬碟已設定 Pass-through），那麼強制執行磁碟上線作業可能
會導致原有的資料遺失，不過這顆硬碟並沒有其它用途，所以可以放心的按下
「**是**」鈕繼續執行，當磁碟上線作業完成之後，您會看到該硬碟狀態欄位轉變為
「**連線**」，而唯讀欄位本來有打勾圖示也「**消失**」了。

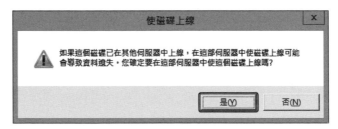

圖2-25 磁碟上線警告訊息

2-3-2 硬碟初始化

將離線硬碟上線作業完成後，接著針對該硬碟再次於右鍵選單中選擇「**初始化**」項目。

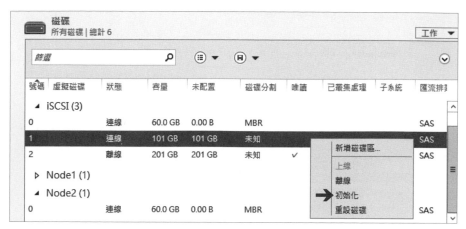

圖2-26 準備為該硬碟執行初始化作業

此時將會出現磁碟初始化警告訊息，提示您將會刪除該磁碟中所有資料並初始化為 **GPT** 格式的磁碟，若您希望將該磁碟初始化為傳統 MBR 格式，則請切換至 iSCSI 主機使用磁碟管理員進行操作，請按下「是」鈕執行磁碟初始化的動作。

 若採用傳統 **MBR**（Master Boot Record）格式，則 **不** 支援 2 TB 以上磁碟空間。若採用新一代的 **GPT**（GUID Partition Table）格式，則支援 **超過 2 TB** 磁碟空間。（詳細資訊請參考 Microsoft KB 2581408）

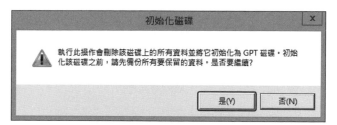

圖2-27 磁碟初始化警告訊息

當磁碟初始化作業完成之後，您會看到該顆硬碟的磁碟分割欄位狀態由未知轉變為「**GPT**」。

圖2-28　磁碟分割欄位狀態由未知轉變為 GPT

2-3-3　新增磁碟區

當完成硬碟初始化動作之後，便可以針對該顆硬碟再次於右鍵選單中選擇「**新增磁碟區**」項目。

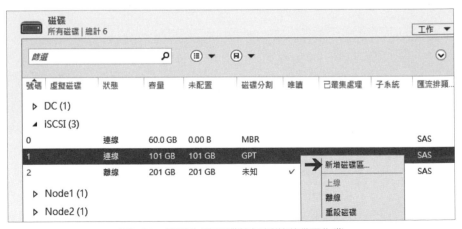

圖2-29　準備為該硬碟執行新增磁碟區作業

　　此時將會彈出新增磁碟區精靈視窗，您可以勾選「不要再顯示這個畫面」項目，以便後續處理硬碟時能略過此畫面，請按「下一步」鈕繼續新增磁碟區程序。

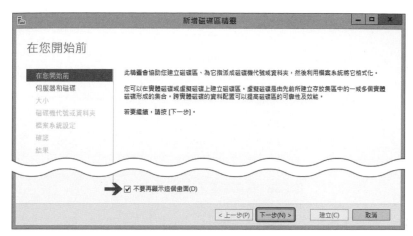

圖2-30　新增磁碟區精靈視窗

　　在選取伺服器和磁碟頁面中，首先在伺服器區塊中您會看到受管理的四台伺服器，預設情況下會自動選取 iSCSI 主機，而在磁碟區塊中會顯示已經經過 **上線、初始化** 處理流程的硬碟，因為只有一顆硬碟經過這些處理步驟，所以預設情況下也會自動選取該硬碟，請按「下一步」鈕繼續新增磁碟區程序。

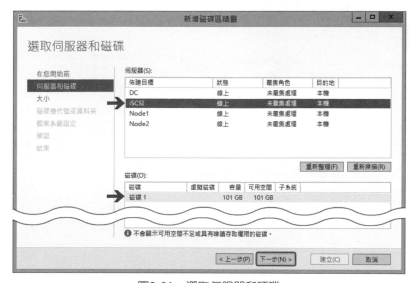

圖2-31　選取伺服器和硬碟

　　在指定磁碟區大小頁面中，請指定您要建立的磁碟區大小，舉例來說，您可以在一顆硬碟中建立多個不同大小的分割區，此實作中我們直接將所有磁碟空間指派也就是 101 GB，請按「下一步」鈕繼續新增磁碟區程序。

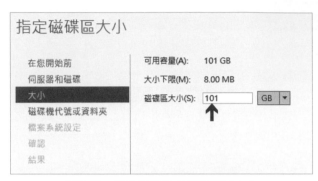

圖2-32　指定您要建立的磁碟區大小

　　在指派成磁碟機代號或資料夾頁面中，請選擇「磁碟機代號」項目而在磁碟機代號下拉式選單中，採用預設的「E 槽」即可，請按「下一步」鈕繼續新增磁碟區程序。

圖2-33　預設指派磁碟機代號為 E 槽

　　在選取檔案系統設定頁面中，檔案系統保持採用預設的「**NTFS**」而配置單位大小也採用「預設」即可，在磁碟區標籤欄位中請填入「**Chassis1**」以利識別，請按「下一步」鈕繼續新增磁碟區程序。

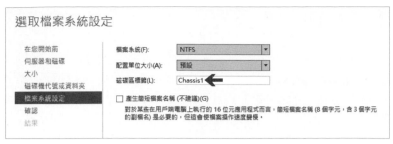

圖2-34 選取檔案系統並設定磁碟區標籤

在確認選取項目頁面中,將相關設定值重新檢視一遍確認無誤後按下「建立」鈕,便立即進行磁碟區格式化、指派磁碟機代號、指派磁碟區標籤…等作業。

圖2-35 格式化前相關資訊再次確認

完成磁碟區格式化作業後,請按下「關閉」鈕以關閉作業視窗。

圖2-36 完成磁碟區格式化作業

2-4 iSCSI Target 設定

在舊版的 Windows Server 2008 R2 作業系統當中，若想要讓伺服器具備 iSCSI Target 的能力，則必須額外下載在 2011 年 4 月時，所發行的「Microsoft iSCSI Software Target（最新版本為 3.3）」並進行安裝才行。現在，新一代的 Windows Server 2012 R2 雲端作業系統當中，已經將 iSCSI 目標伺服器 **內建** 在伺服器角色內，協助您輕鬆建立「區塊儲存區（Block Storage Leverages）」環境，進而提供下列應用場景：

◆ 無磁碟網路開機環境（Diskless Boot）

◆ 伺服器應用程式儲存區（Server Application Storage）

◆ 提供支援非 Windows iSCSI Initiator 的異質儲存區

◆ 開發、測試、示範、實驗室…等 SAN 儲存環境

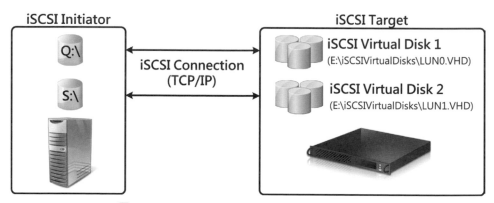

圖2-37　iSCSI Target 及 iSCSI Initiator 運作示意圖

2-4-1　新增 iSCSI 虛擬磁碟（Quorum Disk）

在此操作步驟中，我們規劃建立二顆 iSCSI 虛擬磁碟在剛才格式化的 101 GB 硬碟當中，其中一顆 iSCSI 虛擬硬碟大小為 **512 MB**，擔任屆時 Node 1、Node 2 所建立容錯移轉叢集環境當中的「**仲裁磁碟（Quorum Disk）**」，而另一顆虛擬硬碟大小為 **100 GB** 擔任屆時容錯移轉叢集環境當中「**第一個共用儲存磁碟（Storage 1 Disk）**」。

請於 DC 主機開啟伺服器管理員後，依序點選「檔案和存放服務 > iSCSI」項目，接著在 iSCSI 虛擬磁碟設定區塊中，點選「若要建立 iSCSI 虛擬磁碟，請啟動新增 iSCSI 虛擬磁碟精靈」連結。

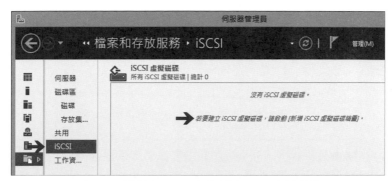

圖2-38　準備為 iSCSI 主機新增 iSCSI 虛擬磁碟

在彈出的新增 iSCSI 虛擬磁碟精靈視窗中，請在依磁碟區選取區塊中點選剛才格式化的「**E 槽**」後，按「下一步」鈕繼續新增 iSCSI 虛擬磁碟程序。

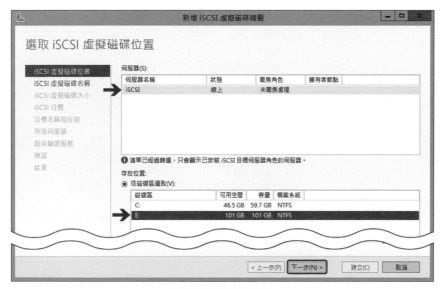

圖2-39　選擇 E 槽

在指定 iSCSI 虛擬磁碟名稱頁面中，請在「名稱」欄位輸入 iSCSI 虛擬磁碟名稱「**LUN0**」，當您在輸入名稱的同時會看到「路徑」欄位中同時顯示 LUN0.vhdx 檔案路徑，在描述區塊中請輸入此 iSCSI 虛擬磁碟用途「Failover Cluster Quorum Disk」，確認無誤後按「下一步」鈕繼續新增 iSCSI 虛擬磁碟程序。

圖2-40　指定 iSCSI 虛擬磁碟名稱

因為是**軟體式**的 iSCSI Target 原因，才會需要建立 .vhdx 檔案模擬儲存設備的 LUN，若是採用硬體式的 iSCSI Target 儲存設備，則不需要此動作。此外，在 Windows Server **2012** 版本時僅支援 **.vhd** 虛擬硬碟格式，在新一代 Windows Server **2012 R2** 版本中，則採用效能更佳的 **.vhdx** 虛擬硬碟格式。

在指定 iSCSI 虛擬磁碟大小頁面中，請在大小欄位中輸入數字「**512**」，單位由預設的 GB 調整為 MB（Quorum Disk 大小 512 MB 已經非常足夠），並採用「**固定大小**」的格式即可，請按「下一步」鈕繼續新增 iSCSI 虛擬磁碟程序。

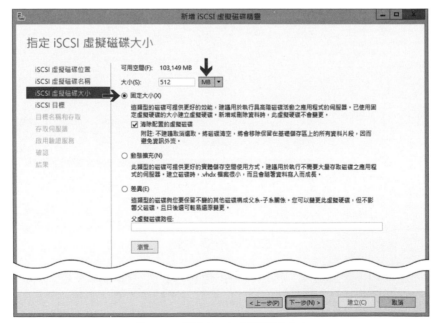

圖2-41　指定 iSCSI 虛擬磁碟大小

事實上，在 Windows Server **2012** 並無法選擇 iSCSI 虛擬磁碟格式，只能採用預設**「動態擴充」**的虛擬磁碟格式。從 Windows Server **2012 R2** 開始，才能選擇 iSCSI 虛擬磁碟格式，因此能採用磁碟效能更佳的**「固定大小」**虛擬磁碟格式。

在指派 iSCSI 目標頁面中，請選擇「新增 iSCSI 目標」選項後，按「下一步」鈕繼續新增 iSCSI 虛擬磁碟程序。

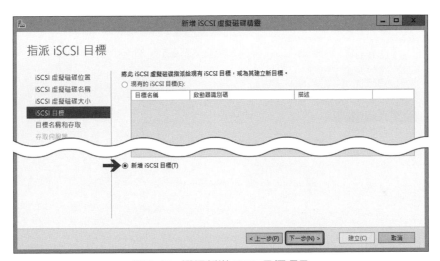

圖2-42　選擇新增 iSCSI 目標項目

在指定目標名稱頁面中，請在名稱欄位輸入「**Quorum**」，並在描述欄位輸入此 iSCSI 虛擬磁碟用途「Failover Cluster Quorum Disk」，確認無誤後按「下一步」鈕繼續新增 iSCSI 虛擬磁碟程序。

圖2-43　指定 iSCSI 目標名稱

> 這裡所設定的目標名稱，便是屆時 iSCSI Initiator 連線 iSCSI Target 時，所看到的
> iSCSI Target 探索目標名稱。

在指定存取伺服器頁面中，準備設定屆時哪些 iSCSI Initiator 可以連線「**存取**」iSCSI Target 資源，請按下「新增」鈕準備新增允許的 iSCSI Initiator 名稱。

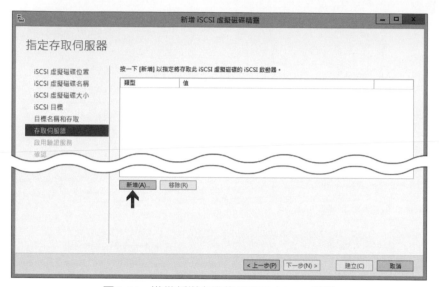

圖2-44　準備新增允許的 iSCSI Initiator 名稱

在彈出的新增啟動器識別碼視窗中，請選擇「向啟動器電腦查詢識別碼」項目接著按下「瀏覽」鈕，準備透過 DC 來進行 iSCSI 啟動器（iSCSI Initiator）名稱查詢的動作。

圖2-45　準備進行 iSCSI Initiator 名稱查詢的動作

在選取電腦視窗中，請於輸入物件名稱來選取的區塊內，鍵入「**node1**」名稱後按下「檢查名稱」鈕，當通過檢查動作之後，此時主機名稱將變為大寫並且有底線，請按下「確定」鈕完成新增動作。

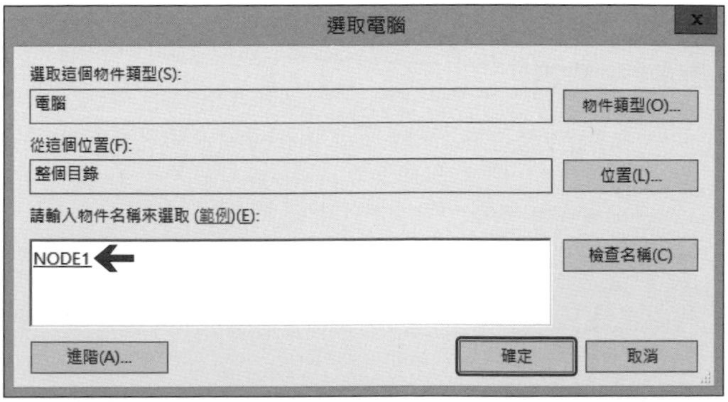

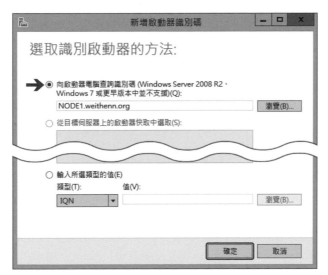

圖2-46　新增 Node 1 主機 iSCSI Initiator 名稱

回到新增啟動器識別碼頁面中，您會看到已經加入了「**NODE1.weithenn. org**」記錄，請按下「確定」鈕進行新增。

新增啟動器識別碼

選取識別啟動器的方法：

⮕ ⦿ 向啟動器電腦查詢識別碼 (Windows Server 2008 R2、
　　Windows 7 或更早版本中並不支援)(Q)

NODE1.weithenn.org　　　　　瀏覽(B)...

○ 從目標伺服器上的啟動器快取中選取(S)

○ 輸入所選類型的值(E)
類型(T)：　　　值(V)：
IQN ▾　　　　　　　　　　　瀏覽(B)...

確定　　取消

圖2-47　加入 Node 1 主機 iSCSI Initiator 名稱

回到指定存取伺服器頁面中，您會看到已經把 Node 1 主機的 iSCSI Initiator IQN 名稱，自動加入至存取清單當中請別急著按下一步鈕，並再次按下「新增」鈕以允許 Node 2 主機。

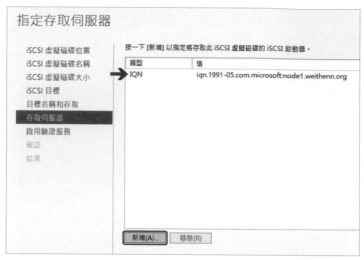

圖2-48　加入 Node 1 主機 iSCSI Initiator IQN 名稱，至存取清單當中

在選取識別啟動器的方式，請以同樣的新增方式加入 Node 2 主機。

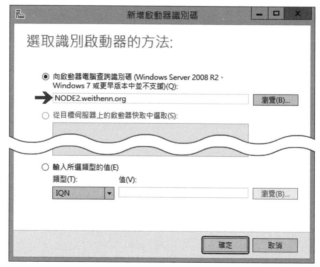

圖2-49　新增 Node 2 主機 iSCSI Initiator 名稱

　　確認將 Node 1、Node 2 主機的 iSCSI Initiator IQN 名稱，加入至存取清單當中之後，便可以按「下一步」鈕繼續新增 iSCSI 虛擬磁碟程序。

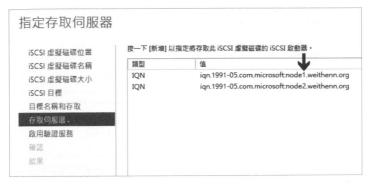

圖2-50　Node 1、Node 2 主機 iSCSI Initiator IQN名稱加入完成

在啟用驗證頁面中，此實作未使用 CHAP 驗證機制，因此直接按「下一步」鈕繼續新增 iSCSI 虛擬磁碟程序即可。在確認選取項目頁面中，再次檢視相關的組態設定內容確認無誤後，請按下「建立」鈕新增 iSCSI 虛擬磁碟。

圖2-51　新增 iSCSI 虛擬磁碟

在檢視結果頁面中，您會看到新增 iSCSI 虛擬磁碟的作業程序已經完成，請按下「關閉」鈕即可。

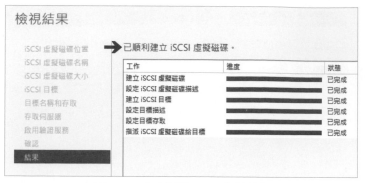

圖2-52　完成新增 iSCSI 虛擬磁碟

2-4-2　新增 iSCSI 虛擬磁碟（Storage1 Disk）

順利將 Quorum Disk 用途的 iSCSI 虛擬磁碟新增完畢後，請再次選擇「新增 iSCSI 虛擬磁碟」項目，準備建立屆時容錯移轉叢集環境當中「第一個共用儲存 磁碟（Storage 1）」。

圖2-53　準備建立第二個 iSCSI 虛擬磁碟

在彈出的新增 iSCSI 虛擬磁碟精靈視窗中，請在依磁碟區選取區塊內點選 「E 槽」後，按「下一步」鈕繼續新增 iSCSI 虛擬磁碟程序。

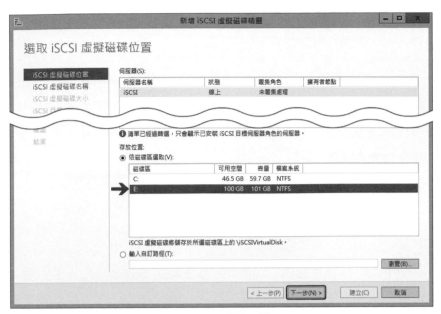

圖2-54 選擇 E 槽

在指定 iSCSI 虛擬磁碟名稱頁面中,請在「名稱」欄位輸入 iSCSI 虛擬磁碟名稱「**LUN1**」,當輸入的同時您會看到在「路徑」欄位中會建立 LUN1.vhdx 檔案,在描述欄位輸入此 iSCSI 虛擬磁碟用途「Failover Cluster Shared Storage1 Disk」,確認無誤後按「下一步」鈕繼續新增 iSCSI 虛擬磁碟程序。

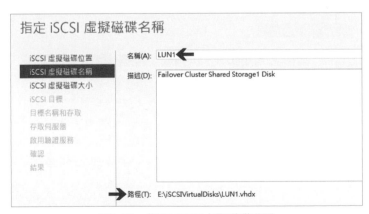

圖2-55 指定 iSCSI 虛擬磁碟名稱

在指定 iSCSI 虛擬磁碟大小頁面中，請在大小欄位內輸入數字「**100**」，而單位為預設的 GB 即可（剩餘所有空間），請按「下一步」鈕繼續新增 iSCSI 虛擬磁碟程序。

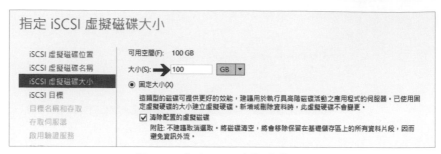

圖2-56　指定 iSCSI 虛擬磁碟大小

在指派 iSCSI 目標頁面中，選擇「新增 iSCSI 目標」後按「下一步」鈕。在指定目標名稱頁面中，請在名稱欄位輸入「**Storage1**」，並在描述欄位輸入此 iSCSI 虛擬磁碟用途「Failover Cluster Shared Storage1 Disk」，確認無誤後按「下一步」鈕繼續新增 iSCSI 虛擬磁碟程序。

圖2-57　指定 iSCSI 目標名稱

在指定存取伺服器頁面中，請按下「新增」鈕準備新增允許的 iSCSI Initiator 名稱。在彈出的新增啟動器識別碼視窗中，由於剛才已經查詢過 Node 1、Node 2 主機的 iSCSI Initiator 名稱，因此可以直接選取，請分別將 Node 1、Node 2 主機啟動器名稱加入。

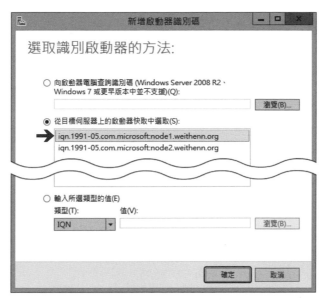

圖2-58　加入 Node 1、Node 2 主機啟動器名稱

確認將 Node 1、Node 2 主機的 iSCSI Initiator IQN 名稱加入完成後,便可以按「下一步」鈕繼續新增 iSCSI 虛擬磁碟程序。

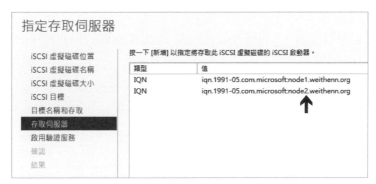

圖2-59　Node 1、Node 2 主機 iSCSI Initiator IQN名稱加入完成

在啟用驗證頁面中,本書實作未使用 CHAP 驗證機制,請直接按「下一步」鈕。在確認選取項目頁面中,再次檢視相關的組態設定內容確認無誤後,便可以按下「建立」鈕新增 iSCSI 虛擬磁碟。

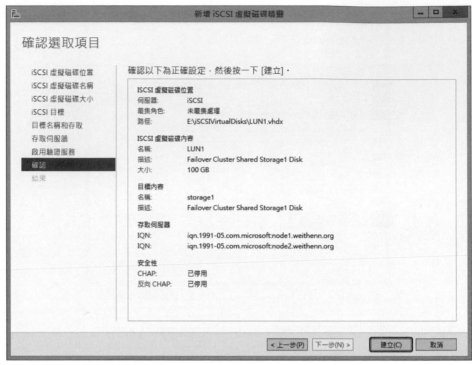

圖2-60　新增 iSCSI 虛擬磁碟

在檢視結果頁面中，您會看到新增 iSCSI 虛擬磁碟的作業程序已經完成，請按下「關閉」鈕即可。

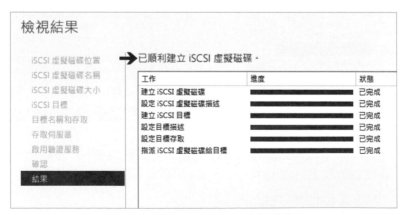

圖2-61　完成新增 iSCSI 虛擬磁碟

回到伺服器管理員視窗當中，可以看到因為採用的是固定大小的虛擬磁碟格式，因此系統正在執行清除磁碟內容及初始化的動作。

圖2-62　固定大小的 iSCSI 虛擬磁碟格式正在建立及初始化當中

至此，已經將屆時容錯移轉叢集用途「Quorum / Storage1」Disk 的 iSCSI 虛擬磁碟建立完成，並且允許 Node 1、Node 2 主機，屆時可以透過 iSCSI Initiator 來連線存取此 iSCSI Target 資源。

圖2-63　新增二顆 iSCSI 虛擬磁碟完成

2-5 iSCSI Initiator MPIO 設定

在本書的實作環境當中，我們規劃 iSCSI 主機（iSCSI Target）擔任共用儲存設備的角色，而 Node 1、Node 2 主機（iSCSI Initiator）則擔任虛擬化平台的角色，並且將屆時的 VM 虛擬主機儲存都存放於 iSCSI 主機當中，可想而知 iSCSI Target 與 iSCSI Initiator 之間會有頻繁的連線存取行為，因此首當其衝的就是 **網路** 頻寬，很有可能會是屆時的 **存取瓶頸（Bottleneck）**。有關 Microsoft iSCSI Target 與 iSCSI Initiator 運作資訊，請參考 Technet Library – Understanding Microsoft iSCSI Initiator Features and Components（http://goo.gl/wNz5d）、Technet Library – Installing and Configuring Microsoft iSCSI Initiator（http://goo.gl/LFvJd）文件。

因此，在企業或組織的線上營運環境當中，便會採用「**多重路徑（Multi-Path I/O，MPIO）**」機制，來達成 **負載平衡、容錯切換** 的目的，MPIO 機制為在乙太網路上透過 TCP/IP 協定傳輸 SCSI 指令，以達成多條存取路徑到 iSCSI Target。此外，建議您應該要將網路交換器也分開，以避免發生「**單點失敗**（Single Point Of Failure，SPOF）」的問題。

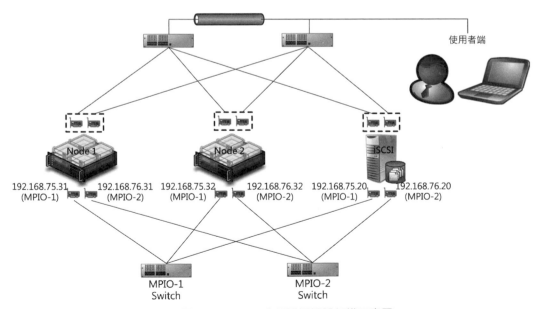

圖2-64　MPIO 多重路徑網路架構示意圖

2-5-1　Node 1 主機安裝多重路徑 I/O 功能

因為要為 Node 1、Node 2 主機安裝「多重路徑 I/O」伺服器功能，同時接著進行 MPIO 多重路徑的相關設定，因此切換到 Node 1 主機進行連續操作比較方便。請於 Node 1 主機中依序點選「伺服器管理員 > 管理 > 新增角色及功能」項目，準備安裝多重路徑 I/O 伺服器功能。

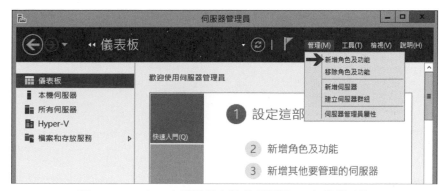

圖2-65　Node 1 主機準備安裝多重路徑 I/O 伺服器功能

在彈出的新增角色及功能精靈視窗中，請勾選「預設略過這個頁面」後按「下一步」鈕繼續新增功能程序。

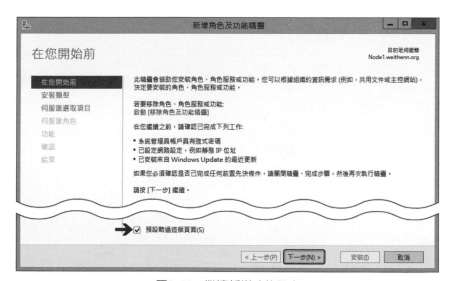

圖2-66　繼續新增功能程序

由於所要安裝的 **多重路徑 I/O** 屬於「伺服器功能（Server Feature）」，因此選擇「角色型或功能型安裝」項目後，按「下一步」鈕繼續新增功能程序。

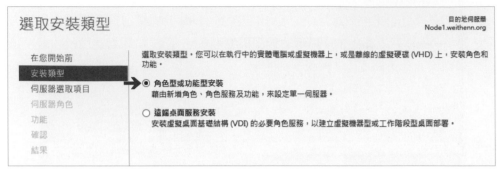

圖2-67　選擇角色型或功能型安裝項目

在選取目的地伺服器頁面中，系統將自動點選 Node1.weithenn.org 主機，請按「下一步」鈕繼續新增功能程序。

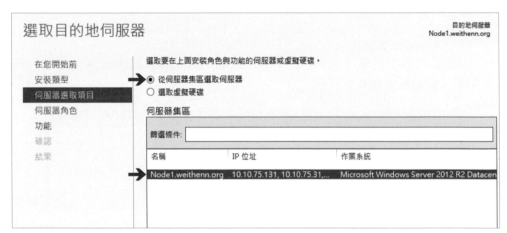

圖2-68　Node 1 主機準備安裝伺服器功能

在選取伺服器角色頁面中，因為不需要安裝任何伺服器角色項目，因此請按「下一步」鈕繼續新增功能程序。

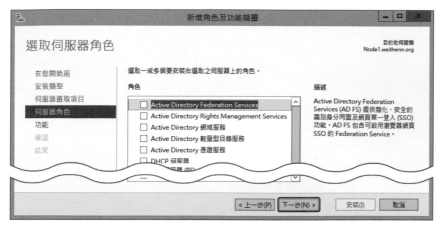

圖2-69　無須安裝其它伺服器角色項目

　　在選取功能頁面中，請勾選「**多重路徑 I/O**」項目後按「下一步」鈕繼續新增功能程序。

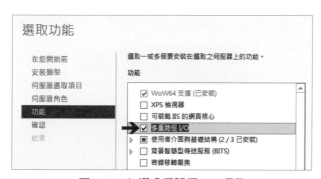

圖2-70　勾選多重路徑 I/O 項目

　　在確認安裝選項頁面中，您可以勾選或不勾選「必要時自動重新啟動目的地伺服器」項目，因為安裝此伺服器功能並不需要重新啟動主機，所以是否勾選此項目並不影響動作，確認要進行多重路徑 I/O 安裝程序請按下「安裝」鈕。

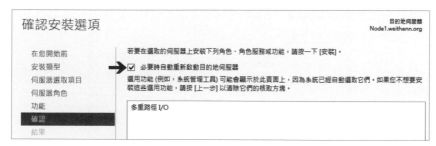

圖2-71　進行多重路徑 I/O 安裝程序

　　確認多重路徑 I/O 伺服器功能已經安裝完畢，便可以按下「關閉」鈕準備設定 MPIO 事宜。

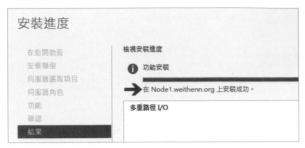

圖2-72　多重路徑 I/O 伺服器功能安裝完畢

2-5-2　Node 1 主機新增 MPIO 裝置

　　在設定 MPIO 多重路徑之前，必須要先「**新增**」MPIO 裝置才行。請在伺服器管理員視窗中，依序點選「工具 > MPIO」項目，準備新增 MPIO 裝置。

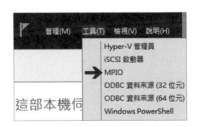

圖2-73　準備新增 MPIO 裝置

　　在開啟的 MPIO 視窗中，請切換到「探索多重路徑」頁籤後，勾選「**新增 iSCSI 裝置的支援**」項目並按下「新增」鈕。

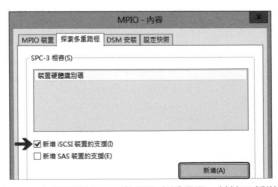

圖2-74　勾選新增 iSCSI 裝置的支援項目，並按下新增鈕

事實上，在 Windows Server **2012** 版本時，您必須要先開啟 iSCSI 啟動器並連結 iSCSI Target 之後，才能夠到 MPIO 內容視窗中勾選新增 iSCSI 裝置，否則新增 iSCSI 裝置項目將為灰色無法勾選。從 Windows Server **2012 R2** 版本開始，**不**需要事先連結 iSCSI Target 便可以新增 iSCSI 裝置。

當按下新增鈕，待系統完成新增 iSCSI 裝置的動作之後，將會彈出「需要重新開機」的提示視窗，請按下「是」鈕重新啟動主機以套用生效。

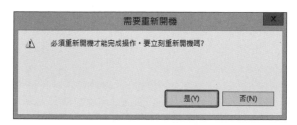

圖2-75　新增 MPIO 裝置並重新啟動主機

當 Node 1 主機重新啟動完畢後，請再次開啟 MPIO 內容視窗，在「MPIO 裝置」頁籤當中的裝置區塊內，您會看到新增一個名稱為「**MSFT2005iSCSIBuxType_0x9**」的裝置，確認 MPIO 裝置新增完畢後按下「確定」鈕即可。

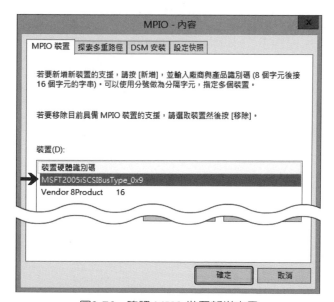

圖2-76　確認 MPIO 裝置新增完畢

2-5-3　Node 1 主機 iSCSI Initiator MPIO 設定

請在伺服器管理員視窗中，依序點選「工具 > iSCSI 啟動器」項目，將會彈出視窗詢問您以後是否要開機自動啟動 Microsoft iSCSI 服務，請按下「是」鈕確認即可。

圖2-77　允許開機自動啟動 Microsoft iSCSI 服務

在開啟的 iSCSI 啟動器視窗中，請切換至「探索」頁籤後點選「**探索入口**」鈕，再彈出的搜尋目標入口視窗中填入 iSCSI Target 用於建立 MPIO **第一組**連線的 IP 位址「192.168.**75**.20」後按下「確定」鈕。

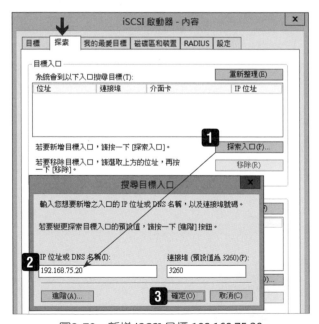

圖2-78　新增 iSCSI 目標 192.168.75.20

　　此時，在目標入口的區塊中將會看到，所新增的 iSCSI Target 用於建立
MPIO 第一組連線的 IP 位址。

圖2-79　iSCSI Target MPIO 連線路徑的第一組 IP 位址

　　切換到「目標」頁籤後，會看到在探索到的目標區塊中已經有二筆記錄，請
點選「iqn.1991-05.com.microsoft:iscsi-**quorum**-target」目標後按下「連線」鈕，
再彈出的連線到目標視窗中，請勾選「**啟用多重路徑**」項目後按下「**進階**」鈕。

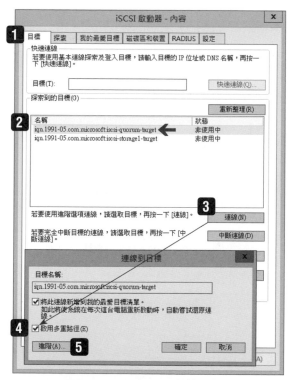

圖2-80　勾選啟用多重路徑項目

再彈出的進階設定視窗中，在連線方式區塊內有三個下拉式選單項目，請依序選擇為「**Microsoft iSCSI Initiator、192.168.75.31、192.168.75.20 / 3260**」後，按下「確定」鈕完成設定。

圖2-81　設定第一個 iSCSI 目標的第一組 MPIO 連線

回到目標頁籤中，可以看到該筆目標的狀態顯示為「**已經連線**」，接著點選另一筆「iqn.1991-05.com.microsoft:iscsi-**storage1**-target」目標後按下「連線」鈕，並勾選「**啟用多重路徑**」項目後按下「進階」鈕。

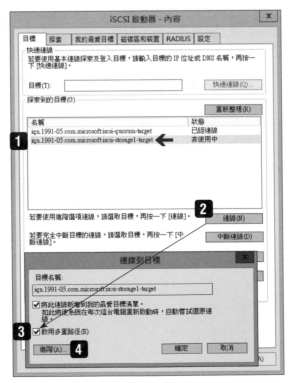

圖2-82　勾選啟用多重路徑項目

　　同樣的，請依序選擇「**Microsoft iSCSI Initiator、192.168.75.31、192.168.75.20 / 3260**」項目後，按下「確定」鈕完成設定。

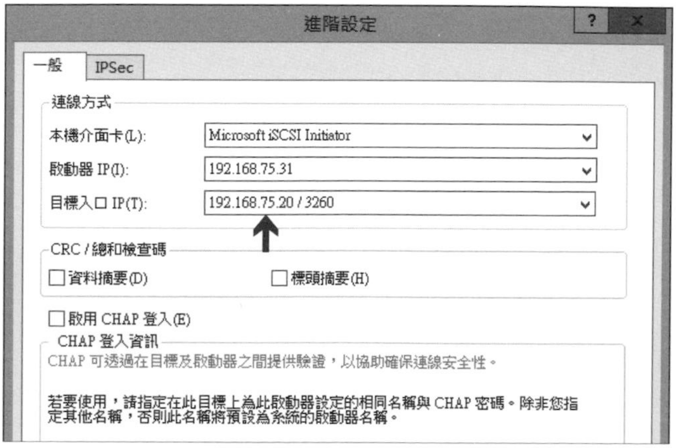

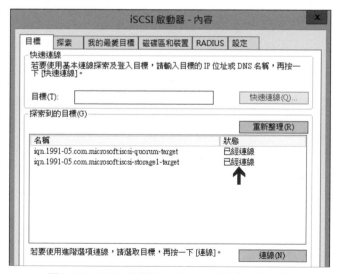

圖2-83　設定第二個 iSCSI 目標的第一組 MPIO 連線

　　回到 iSCSI 啟動器視窗中，可以看到二個 iSCSI 目標都已經完成了**第一組** MPIO 連線設定，並且狀態都顯示為「**已經連線**」。

圖2-84　iSCSI 目標第一組 MPIO 設定已經連線

請再次切換到「探索」頁籤點選「探索入口」鈕，填入 iSCSI Target 用於建立 MPIO **第二組**連線的 IP 位址「192.168.**76**.20」後按下「確定」鈕。

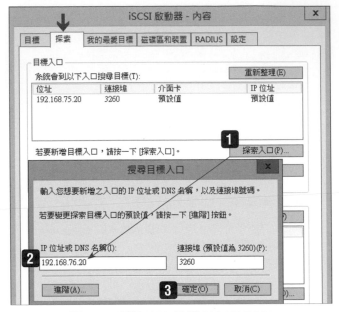

圖2-85　新增 iSCSI 目標 192.168.76.20

新增完成後，在目標入口的區塊中可以看到第二筆用於 MPIO 第二組連線的 IP 位址。

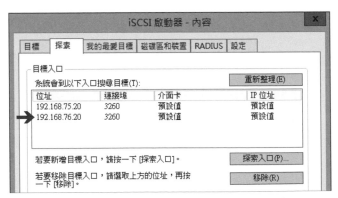

圖2-86　iSCSI Target MPIO 的第二組 IP 位址

請切換至「目標」頁籤後，點選「iqn.1991-05.com.microsoft:iscsi-**quorum**-target」目標按下「**內容**」鈕，準備設定**第二組** MPIO 連線。

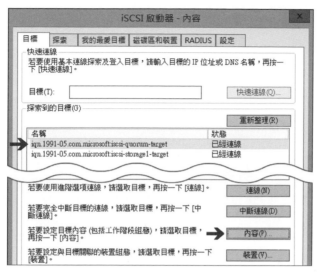

圖2-87　準備設定第二組 MPIO 連線

在彈出的內容視窗中，可以看到目前只有一組連線請按下「**新增工作階段**」鈕，再彈出連線到目標視窗中，請勾選「**啟用多重路徑**」項目後按下「**進階**」鈕，準備設定**第二組** MPIO 連線。

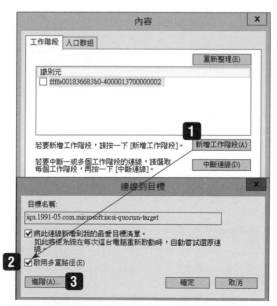

圖2-88　點選新增工作階段鈕後，勾選啟用多重路徑項目

在連線方式區塊內，有三個下拉式選單項目請依序選擇為「Microsoft iSCSI Initiator、192.168.**76**.31、192.168.**76**.20 / 3260」後，按下「確定」鈕完成設定。

圖2-89　設定第一個 iSCSI 目標的第二組 MPIO 連線

回到內容視窗中，您會看到 **多** 了一組連線記錄。完成第二組 MPIO 連線設定後，請按下「確定」鈕回到 iSCSI 啟動器視窗。

圖2-90　多了一組連線記錄

回到「目標」頁籤視窗中，請點選第二筆「iqn.1991-05.com.microsoft:iscsi-**storage1**-target」目標後，按下「內容」鈕準備設定**第二組** MPIO 連線。

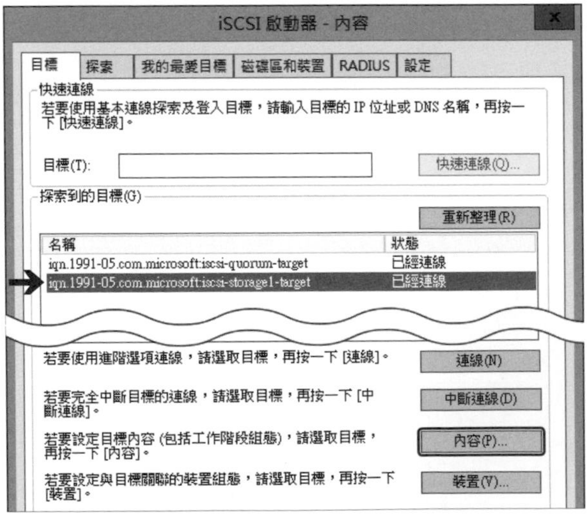

圖2-91　準備設定第二組 MPIO 連線

在彈出的內容視窗中，可以看到目前只有一組連線請按下「**新增工作階段**」鈕，再彈出連線到目標視窗中，請勾選「**啟用多重路徑**」項目後按下「**進階**」鈕，準備設定**第二組** MPIO 連線。

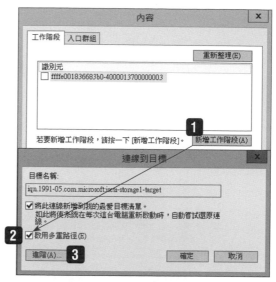

圖2-92　勾選 啟用多重路徑 項目

在連線方式區塊內，請依序選擇為「Microsoft iSCSI Initiator、192.168.**76**.31、192.168.**76**.20 / 3260」，後按下「確定」鈕完成設定。

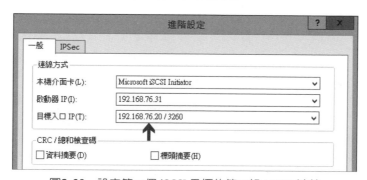

圖2-93　設定第二個 iSCSI 目標的第二組 MPIO 連線

回到內容視窗中您會看到多了一組連線記錄。

圖2-94　多了一組連線記錄

回到 iSCSI 啟動器視窗中，請切換到「我的最愛目標」頁籤，您會看到總共有「**四筆**」記錄也就是每筆 iSCSI 目標共有二組連線（MPIO 多重路徑）。

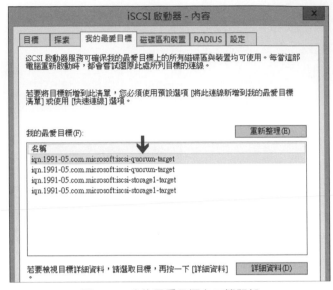

圖2-95　我的最愛目標有四筆記錄

建議再次查看每筆記錄內容，正確核對 IP 位址設定是否正確以避免後續發生不可預期的錯誤，請點選每筆記錄後按下「**詳細資料**」鈕即可，每筆 iSCSI 目標應該都要有二組 IP 位址連線才對。

圖2-96　Quorum 目標 192.168.**75**.20 / 192.168.**75**.31 連線

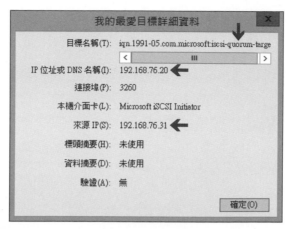

圖2-97　Quorum 目標 192.168.**76**.20 / 192.168.**76**.31 連線

圖2-98　Storage1 目標 192.168.**75**.20 / 192.168.**75**.31 連線

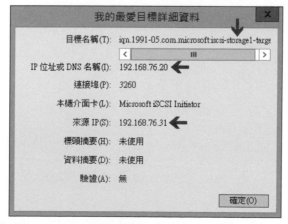

圖2-99　Storage1 目標 192.168.**76**.20 / 192.168.**76**.31 連線

接著我們來查看 MPIO 多重路徑，所採用的負載平衡原則為何，請切換到「目標」頁籤後按下「**裝置**」鈕。

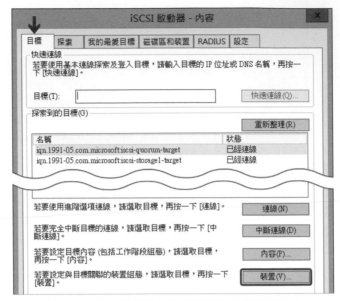

圖2-100　準備查看 MPIO 所採用的負載平衡原則

在彈出的裝置視窗中，請按下「**MPIO**」鈕便可以查看或調整負載平衡原則。

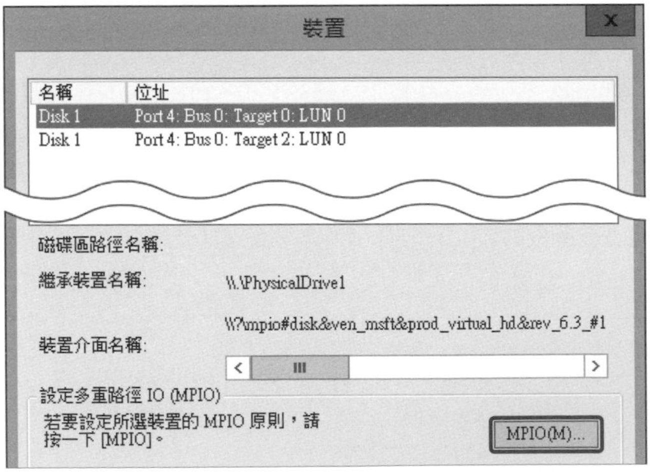

圖2-101　準備查看或調整負載平衡原則

在負載平衡原則下拉式選單中，預設採用「**循環配置資源（Round Robin）**」方式，也就是會嘗試平均分配所有連線傳入的要求，如果您有其它需求的話也可以調整負載平衡原則：

◆ **僅限容錯移轉（Failover Only）**：同一時間只有「一個」主要使用路徑，當主要路徑失效時備用路徑便會接手 I/O。

◆ **循環配置資源（Round Robin）**：採用「Active-Active」機制，以平均使用所有可用路徑。

◆ **以子集循環配置資源（Round Robin with Subnet）**：除了循環配置之外再增加一組「備用路徑」，例如有 A、B、C 三條可用路徑其中 A、B 為主要路徑而 C 為備用路徑，除非 A、B 路徑都失效否則不會使用到 C 備用路徑。

◆ **最小佇列深度（Least Queue Depth）**：統計目前可用路徑當中累積「最少佇列 I/O」的路徑，以便將後續的 I/O 分配給該路徑。

◆ **加權路徑（Weighted Paths）**：可自行分配「路徑權重」數值，當數值越大則優先順序越低

◆ **最少區塊（Least Blocks）**：統計目前可用路徑當中累積「最少待處理 I/O 位元組」的路徑，以便將後續的 I/O 分配給該路徑。

圖2-102　採用循環配置資源（Round Robin）負載平衡原則

2-5-4 Node 1 主機掛載 iSCSI Target 磁碟資源

設定 MPIO 多重路徑機制完畢後，便可以準備掛載 Quorum 及 Storage 磁碟，請切換到「**磁碟區和裝置**」頁籤後，按下「**自動設定**」鈕以掛載 iSCSI Target 儲存資源。此時，您將會看到在磁碟區清單區塊中出現 二筆 記錄，這二筆記錄分別為 Quorum 及 Storage 磁碟。

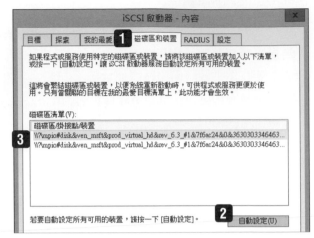

圖2-103　磁碟區清單區塊中出現二筆記錄

接著，你可以使用伺服器管理員的磁碟工具來處理這二顆磁碟，或者使用舊有的磁碟管理工具。在此，我們換舊有的磁碟管理工具試試。在磁碟管理視窗中，您可以看到共有二顆「**離線**」磁碟 512 MB、100 GB，請將二顆離線磁碟進行「**連線**」作業。

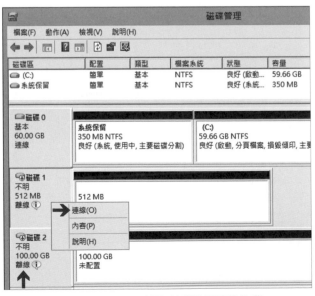

圖2-104　將二顆離線磁碟進行連線作業

連線作業完畢之後，請對二顆磁碟進行「**初始化磁碟**」作業，以便稍後可以進行格式化的動作。

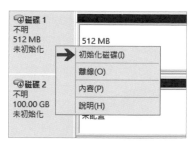

圖2-105 對二顆磁碟進行初始化磁碟作業

在彈出的初始化磁碟視窗中，由於二顆硬碟容量都**未超過 2 TB** 大小，因此使用傳統的「**MBR**」磁碟分割樣式即可，請按下「確定」鈕進行初始化磁碟作業。

圖2-106 使用傳統的 MBR 磁碟分割樣式即可

 若採用伺服器管理員處理這二顆磁碟時，那麼在磁碟分割樣式的部份會**自動採用 GPT 格式**。

　　接著對 512 MB 磁碟進行格式化動作，請選擇該磁碟並在右鍵選單中選擇
「新增簡單磁碟區」項目。

圖2-107　對 512 MB 磁碟進行格式化動作

　　在新增簡單磁碟區精靈視窗中，請直接按「下一步」鈕即可。在指定磁碟區
大小頁面中，採用預設值也就是所有空間後，按「下一步」鈕繼續磁碟格式化程
序。

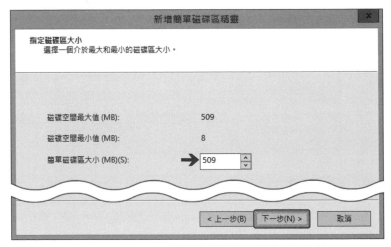

圖2-108　採用預設值，也就是使用所有儲存空間

　　在指派磁碟機代號或路徑頁面中，此顆磁碟屆時為 **Quorum Disk** 用途為了
方便辨識及記憶，我們將磁碟機代號指派為「**Q 槽**」後，按「下一步」鈕繼續磁
碟格式化程序。

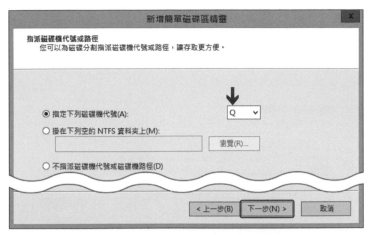

圖2-109 將磁碟機代號指派為 Q 槽

在磁碟分割格式化頁面中,為了方便辨識及記憶請在磁碟區標籤中輸入「**Quorum**」後,按「下一步」鈕繼續磁碟格式化程序。此時,將再次檢視相關的磁碟格式化組態設定,確認無誤後按下「完成」鈕即可。

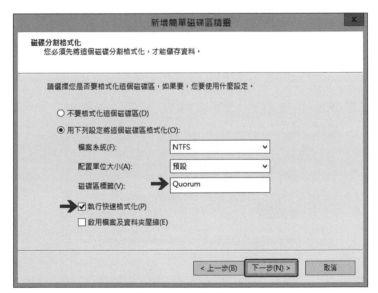

圖2-110 輸入磁碟區標籤 Quorum

 當企業或組織在建立正式營運環境時,建議您應該要「取消」執行快速格式化的選項。

您將會看到「磁碟 1（512 MB）」已經格式化完畢，並且給予「Q 槽」磁碟機代號以及「Quorum」磁碟區標籤，同樣的請為「**磁碟 2（100 GB）**」進行磁碟格式化作業，並且給予「**S 槽**」磁碟機代號以及「**Storage1**」磁碟區標籤。

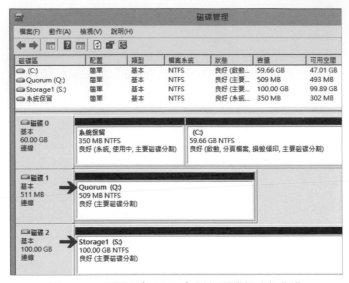

圖2-111　磁碟2（100 GB）進行磁碟格式化作業

當然在舊有的磁碟管理工具當中的任何操作結果，在伺服器管理員當中的磁碟區也可以看到結果（若未更新的話，請按下重新整理圖示即可）。

圖2-112　伺服器管理員當中的磁碟區也可以看到結果

2-5-5　Node 2 主機安裝多重路徑 I/O 功能

　　同樣的也請為 Node 2 主機安裝多重路徑 I/O 功能、新增 MPIO 裝置、設定 MPIO 連線、新增 iSCSI Target 磁碟資源，由於大部份的操作步驟與 Node 1 主機類似，因此下列操作步驟只會重點式的提醒您該注意的地方。

　　請於 **Node 2** 主機中依序點選「伺服器管理員 > 管理 > 新增角色及功能」項目，以準備安裝多重路徑 I/O 伺服器功能，在選取功能頁面中請勾選「**多重路徑 I/O**」項目進行伺服器功能安裝。

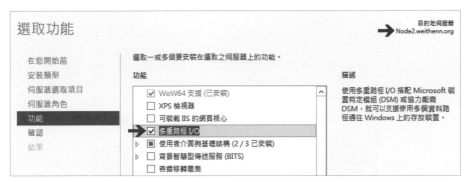

圖2-113　Node 2 主機安裝多重路徑 I/O 伺服器功能

　　確認多重路徑 I/O 伺服器功能已經安裝完畢，便可以按下「關閉」鈕準備設定 MPIO 事宜。

圖2-114　多重路徑 I/O 伺服器功能安裝完畢

2-5-6　Node 2 主機新增 MPIO 裝置

　　請在伺服器管理員視窗中依序點選「工具 > MPIO」項目，在開啟的 MPIO 視窗中請切換到「探索多重路徑」頁籤，勾選「**新增 iSCSI 裝置的支援**」項目，接著按下「**新增**」鈕並彈出「需要重新開機」視窗後，按下「**是**」鈕重新啟動主機。

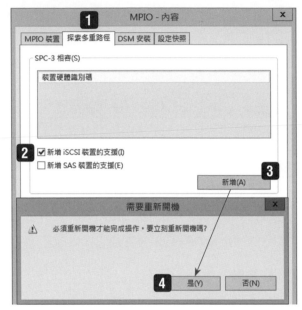

圖2-115　新增 MPIO 裝置並重新啟動主機

　　當 Node 2 主機重新啟動完畢後再次開啟「MPIO」視窗，在「**MPIO 裝置**」頁籤當中的裝置區塊內，您會看到新增一個名稱為「**MSFT2005iSCSIBuxType_0x9**」的裝置，確認 MPIO 裝置新增完畢後按下「確定」鈕即可。

圖2-116　確認 MPIO 裝置新增完畢

2-5-7 Node 2 主機 iSCSI Initiator MPIO 設定

請開啟 iSCSI 啟動器並切換至「探索」頁籤，新增 MPIO **第一組**連線的 IP 位址「192.168.**75**.20」後按下「確定」鈕。

圖2-117 新增 iSCSI 目標 192.168.**75**.20

切換到「目標」頁籤後，點選「iqn.1991-05.com.microsoft:iscsi-**quorum**-target」目標按下「連線」鈕，勾選「啟用多重路徑」項目後按下「進階」鈕。在下拉式選單項目中，依序選擇為「Microsoft iSCSI Initiator、192.168.**75**.32、192.168.**75**.20 / 3260」，後按下「確定」鈕完成設定。

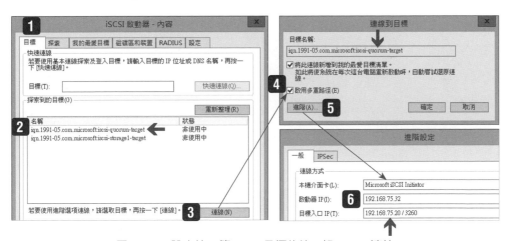

圖2-118 設定第一筆 iSCSI 目標的第一組 MPIO 連線

請點選「iqn.1991-05.com.microsoft:iscsi-**storage1**-target」目標按下「連線」
鈕，勾選「啟用多重路徑」項目後按下「進階」鈕。在下拉式選單項目中，依序
選擇為「Microsoft iSCSI Initiator、192.168.**75**.32、192.168.**75**.20 / 3260」，後按下
「確定」鈕完成設定。

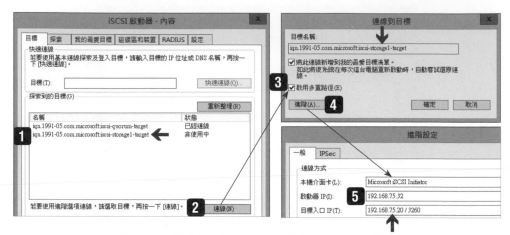

圖2-119　設定第二筆 iSCSI 目標的第一組 MPIO 連線

請切換到「探索」頁籤點選「探索入口」鈕，建立 MPIO **第二組**連線的 IP
位址「192.168.**76**.20」後按下「確定」鈕。

圖2-120　新增 iSCSI 目標 192.168.**76**.20

請切換至「目標」頁籤，點選「iqn.1991-05.com.microsoft:iscsi-**quorum**-target」目標按下「內容」鈕，按下「新增工作階段」鈕並勾選「啟用多重路徑」項目後，按下「進階」鈕設定**第二組** MPIO 連線，在下拉式選單項目中，依序選擇為「Microsoft iSCSI Initiator、192.168.**76**.32、192.168.**76**.20 / 3260」，最後按下「確定」鈕完成設定。

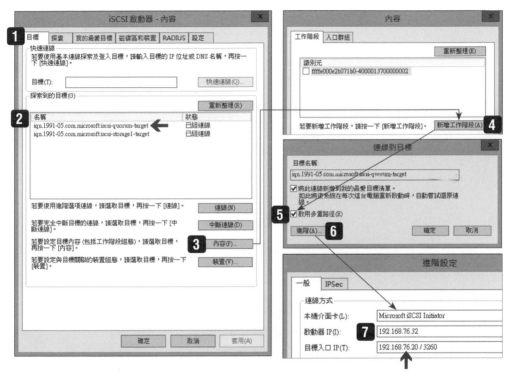

圖2-121　設定第一筆 iSCSI 目標的第二組 MPIO 連線

接著，點選「iqn.1991-05.com.microsoft:iscsi-**storage1**-target」目標按下「內容」鈕，按下「新增工作階段」鈕並勾選「啟用多重路徑」項目後，按下「進階」鈕設定**第二組** MPIO 連線，在下拉式選單項目中，依序選擇為「Microsoft iSCSI Initiator、192.168.**76**.32、192.168.**76**.20 / 3260」，後按下「確定」鈕完成設定。

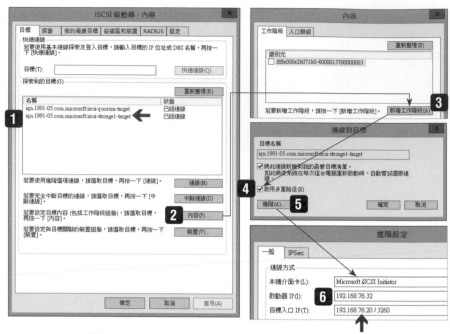

圖2-122　設定第二筆 iSCSI 目標的第二組 MPIO 連線

回到 iSCSI 啟動器視窗中，請切換到「我的最愛目標」頁籤，您會看到總共有 **四筆** 記錄也就是每一筆 iSCSI 目標共有二組連線（MPIO），請點選每筆記錄後按下「詳細資料」鈕即可。

圖2-123　我的最愛目標有四筆記錄

最後，確認多重路徑 MPIO 所採用的負載平衡機制。請切換到「目標」頁籤後按下「裝置」鈕，在彈出的裝置視窗中按下「**MPIO**」鈕便可以查詢負載平衡原則，確認採用「**循環配置資源（Round Robin）**」方式即可。

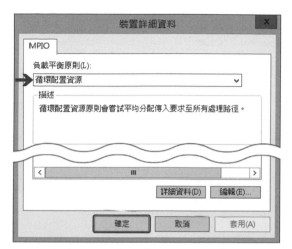

圖2-124　採用循環配置資源（Round Robin）負載平衡原則

2-5-8　Node 2 主機掛載 iSCSI Target 磁碟資源

設定 MPIO 多重路徑機制完畢後，便可以掛載 Quorum 及 Storage 磁碟。在 iSCSI 啟動器視窗中，請切換到「**磁碟區和裝置**」頁籤後按下「**自動設定**」鈕以掛載 iSCSI Target 資源。此時，將在磁碟區清單區塊中出現二筆記錄，這二筆記錄就是 Quorum 及 Storage 磁碟。

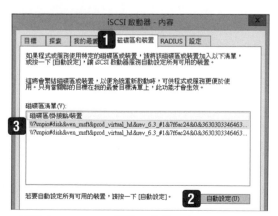

圖2-125　掛載 iSCSI Target 資源，磁碟區清單區塊中出現二筆記錄

請開啟磁碟管理工具，並針對這二顆「離線」磁碟進行「**連線**」作業。

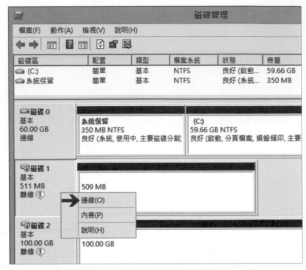

圖2-126　將二顆離線磁碟進行連線作業

當磁碟連線作業完畢之後，由於先前 Node 1 主機已經完成磁碟格式化的動作，所以您會發現 Node 2 主機，將會直接看到磁碟機代號以及磁碟區標籤，但是 Node 2 主機的「磁碟機代號」與 Node 1 主機「**不同**」。請將二台主機的磁碟機代號調整成「**相同**」，以免後續發生不可預期的錯誤。

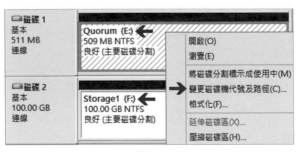

圖2-127　變更磁碟機代號

事實上，二台叢集節點主機的磁碟機代號「不同」的情況下，仍然能夠順利建立容錯移轉叢集。但是在多年建置及處理的經驗法則當中，二台叢集節點主機的磁碟機代號「**相同**」，後續管理及維運上會減少一些問題發生的機率。

請將 **Node 2** 主機中的 Quorum 磁碟,變更成與 Node 1 主機相同的「**Q 槽**」,而 Storage1 磁碟也請變更成與 Node 1 主機相同的「**S 槽**」。

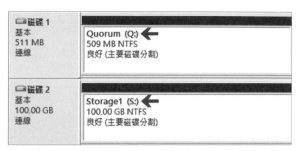

圖2-128 二台主機磁碟機代號建議應相同

2-6 主機設定細部調整

至此,實作環境的主機相關前置作業設定已經完備,但是在建置容錯移轉叢集環境以前,建議您進行一些系統細部微調作業,這些細部微調的部份您可以略過,但這是作者在企業與組織多年實戰經驗中的一些經驗法則,透過本小節相關的細部調整後,有時可以減少後續很多不可預期的奇怪或錯誤現象。

2-6-1 調整電源選項

在預設的情況下 Windows Server 2012 R2 的電源計劃為「平衡」,請將 iSCSI、Node 1、Node 2 主機的電源選項調整為「**高效能**」,以使主機處於效能較高的狀態(雖然會耗用較多的電力),下列表格為三種電源計劃的適用時機及說明:

電源計劃	說明	適用場景
平衡 (Balanced)	運算效能 – 中等 電力消耗 – 中等	啟用部份節能設定,在效能和電力消耗間取得平衡。
高效能 (High Performance)	運算效能 – 最高 電力消耗 – 最高	CPU 處理應用程式時,將會保持在高效能狀態(包括 Turbo Frequencies),並且取消 CPU 節能機制(CPU Unparked)。
省電 (Power Saver)	運算效能 – 低 電力消耗 – 低	開啟所有 CPU 處理器上的節能機制,以盡量降低耗電量為目的。

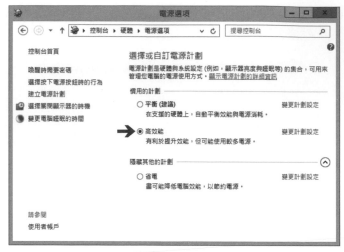

圖2-129　將主機電源選項調整為高效能

2-6-2　關閉網路卡節省電源功能

在預設的情況下 Windows Server 2012 R2 作業系統，會為實體網路卡啟用「**節省電源**」機制，但此舉可能造成長時間未連線時自動將網路卡進入省電模式，當突然要使用連線時因為喚醒網路卡需要一點時間，因此可能會覺得發生連線中斷的錯覺，所以建議將此功能 **關閉**。

請將 iSCSI（四片）、Node 1（八片）、Node 2（八片）三台主機上，每一片網路卡都關閉節省電源機制，請開啟裝置管理員選擇實體網路卡後，在右鍵選單中選擇「**內容**」項目。

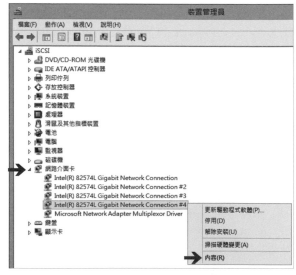

圖2-130　準備關閉網路卡省電機制

在彈出的網路卡內容視窗中，切換到「電源管理」頁籤之後，**取消勾選**「允許電腦關閉這個裝置以節省電源」項目並按下「確定」鈕即可。

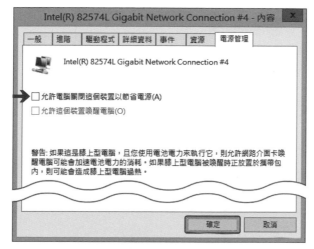

圖2-131　關閉網路卡省電機制

2-6-3　不停用 IPv6 功能

從 Windows Vista / 7 / 8 / 8.1 用戶端作業系統，到 Windows Server 2008 / 2008 R2 / 2012 / 2012 R2 伺服器作業系統，預設情況下便自動採用 IPv4 與 IPv6 雙堆疊協定，但有些管理人員可能覺得運作環境中沒有 IPv6 網路環境或需求，因此便會取消勾選網路卡中的「網際網路通訊協定第 6 版（TCP/IPv6）」項目。

事實上，若是只單單取消勾選網路卡 IPv6 項目的話，只會關閉該網路卡介面上的 IPv6 功能，但並不會關閉其它 IPv6 堆疊裝置及協定如 IPv6 on tunnel interface、IPv6 loopback interface…等。所以，在某些狀況下便可能觸發問題，舉例來說 當您把主機取消勾選網路卡 IPv6 項目之後，將會造成 Exchange Server 2007 安裝完成後，發生「此伺服器上的服務 MSExchange Transport 無法進行狀態 'Running'」的錯誤訊息，因此強烈建議您「**不**」應該將網路卡的 IPv6 功能取消勾選。

圖2-132 「**不**」取消勾選網路卡 IPv6 功能

如果您仍然想要停用主機的 IPv6 功能或相關元件，若是採用 Windows 7 或 Server 2008 / 2008 R2 作業系統，那麼可以至 Microsoft KB 929852 當中，下載相關的 Microsoft Fix 元件後「**安裝**」即可。若是 Windows 8 / 8.1 或 Server 2012 / 2012 R2 作業系統，也可以參照 Microsoft KB 929852 文章內容下半部，以修改「**機碼（Registry）**」內容的方式，來達到正確手動停用 IPv6 及相關元件的目的。

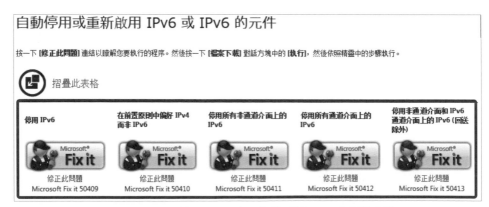

圖2-133 正確停用 Windows 作業系統 IPv6 及相關元件

2-6-4 取消 LMHOSTS 搜尋及 DNS 登錄

在預設情況下，網路卡都會啟用 LMHOSTS 搜尋以及 DNS 登錄功能，然而這樣的機制有時候可能會造成 DNS 記錄上的混亂，尤其當運作的網路環境中有多個不同網段時。因此，建議將「**不具備**」DNS 以及 Gateway 位址的網路卡，也就是本書實作環境當中，三個網段 172.20.75.0/24、192.168.75.0/24、192.168.76.0/24 所屬的網路卡，將 LMHOSTS 搜尋以及 DNS 登錄功能關閉。

在 iSCSI、Node 1、Node 2 主機中，請點選這些所屬網段的網路卡後，依序點選「IPv4 > 內容 > 進階」，切換到「WINS」頁籤**取消勾選**「啟用 LMHOSTS 搜尋」項目。

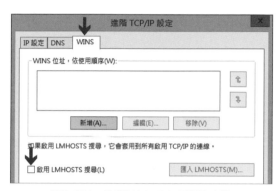

圖2-134　取消 LMHOSTS搜尋功能

接著切換到「DNS」頁籤之後，**取消勾選**「在 DNS 中登錄這個連線網路的位址」項目，最後按下「確定」鈕完成設定。

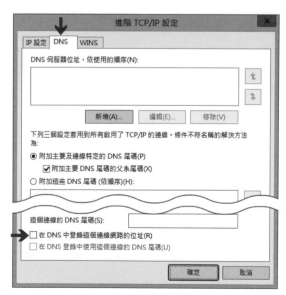

圖2-135　取消 DNS 登錄功能

2-6-5 關閉網路卡 RSS 功能

　　從 Windows Server 2012 版本開始，預設已經將網路卡舊有的 TCP Chimney 卸載、NetDMA 功能進行停用，不過預設還是會啟用「接收端縮放比例（Receive –Side Scaling，RSS）」功能，RSS 功能如果是用於 SMB 3.0 環境 SMB Server / Client 中非常建議啟用，但本書實作環境為 iSCSI Target / Initiator，因此不建議啟用此功能。

　　在 iSCSI、Node 1、Node 2 主機中，請開啟「命令提示字元（系統管理員）」後，鍵入相關指令以關閉 RSS 功能並查看套用情形，確認「接收端的縮放狀態」為「**disabled**」即可。

```
netsh int tcp set global rss=disabled
netsh int tcp show global
```

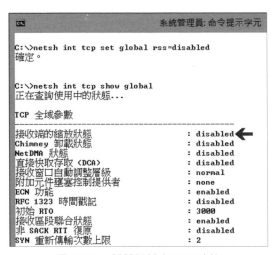

圖2-136　關閉網路卡 RSS 功能

2-6-6　調整網路卡順序

請在 Node 1、Node 2 主機中調整網路卡的優先順序，開啟網路連線後依序
點選「組合管理 > 版面配置 > 功能表列」項目。

圖2-137　準備調整網路卡順序

 這裡所調整的網路卡順序，將會影響到屆時容錯移轉叢集環境當中的叢集網路順
序。

在顯示的功能表列中，請點選「進階 > 進階設定」項目準備調整網路卡順
序。

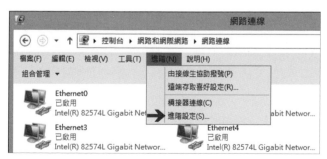

圖2-138　準備調整網路卡順序

在彈出的進階設定視窗中，請將網卡順序調整為「**MGMT > Heartbeat >
MPIO-1 > MPIO-2**」，並且在繫結區塊中確認 **IPv4** 優先於 IPv6，確認後按下
「確定」鈕即可。

圖2-139　調整網路卡順序

2-6-7　調整 Hyper-V 虛擬交換器名稱

在本書的實作環境當中，已經將 Hyper-V 主機的管理及遷移流量
（MGMT），與 VM 虛擬主機對外提供服務的流量進行切割（VM-Traffic），同時
在安裝 Hyper-V 虛擬化平台過程當中，我們也指定了 VM-Traffic 網路卡小組擔任
虛擬交換器的任務。

但是，在預設情況下在 Hyper-V 安裝過程中指定的虛擬交換器，其名稱是
以原來的網路卡名稱加上「**- Virtual Switch**」，在本書實作環境中虛擬交換器
名稱，就會變成又臭又長的「Microsoft Network Adapter Multiplexor Driver #2 –
Virtual Switch」難以識別，同時還會啟用 Hyper-V 主機管理流量功能。

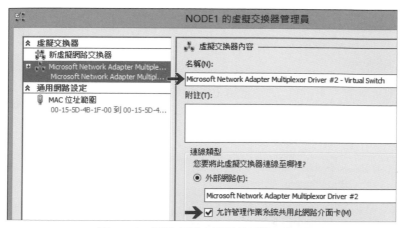

圖2-140　預設虛擬交換器名稱難以識別

 因為自動啟用了 Hyper-V 主機管理流量功能，因此在主機的網路卡清單當中，你會發現有一片名稱為「**vEthernet**（Microsoft Network Adapter Multiplexor Driver #2 – Virtual Switch）」的網路卡。

　　然而，不管是 Node 1 或 Node 2 主機，我們都已經規劃 MGMT 網路卡小組，來負責 Hyper-V 主機的管理及遷移流量，因此可以「**取消**」啟用 Hyper-V 主機管理流量功能。此外，也請將虛擬交換器名稱改為「**VMs-Switch**」以利識別，請在伺服器管理員視窗中，依序點選「工具 > Hyper-V 管理員」，點選主機名稱後開啟「虛擬交換器管理員」，修改虛擬交換器名稱並取消管理流量功能。

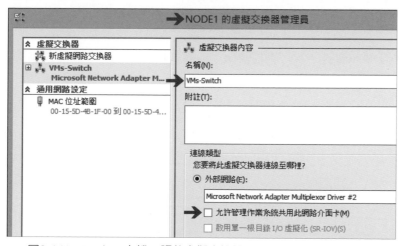

圖2-141　Node 1 主機，調整虛擬交換器名稱並取消管理流量功能

> 當您取消虛擬交換器的 Hyper-V 主機管理流量功能後，你會發現「vEthernet（Microsoft Network Adapter Multiplexor Driver #2 – Virtual Switch）」網路卡**消失**。

同樣的，也請為 **Node 2** 主機調整虛擬虛擬交換器名稱，並取消管理流量功能。

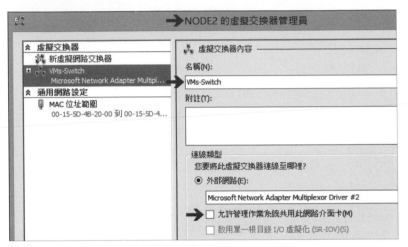

圖2-142　Node 2 主機，調整虛擬交換器名稱並取消管理流量功能

> 請注意!! Node 1 及 Node 2 的虛擬交換器名稱「**必須相同（包含英文大小寫）**」，否則屆時將會造成 VM 虛擬主機遷移至不同叢集節點後，因為無法正確對應到虛擬交換器名稱，而發生網路中斷的情況。

最後 !! 建議您將 Node 1 及 Node 2 主機重新啟動，登入後再次檢查相關的組態配置正確無誤之後，便可以進入下一章節內容開始建立容錯移轉叢集環境。

CHAPTER 3

建置
容錯移轉叢集

3-1 安裝容錯移轉叢集功能

在新一代 Windows Server 2012 R2 雲端作業系統當中，建立容錯移轉叢集環境其整體的高可用性以及擴充性，遠遠高於舊版 Windows Server 2008 R2 作業系統，如下表格所示：

		Server 2008 R2 (Hyper-V 2.0 R2)	Server 2012 R2 (Hyper-V 3.0 R2)
Host	Logical Processor	64	320
	Virtual Processor	512	2,048
	Memory	1 TB	4 TB
	VMs	384	2,048
VM	Virtual Processor	4	64
	Memory	64 GB	1 TB
	Virtual Disk Capacity	2,040 GB（VHD）	2,040 GB（VHD）/ 64 TB（VHDX）
	Guest NUMA	-	✅
Cluster	Nodes	16	64
	VMs	1,000	8,000

除了叢集及主機還有 VM 虛擬機器支援度大幅提升之外，新一代的 Windows Server 2012 R2 相較於舊版支援更多特色功能，如下表格所示：

特色 / 功能	Server 2008 R2	Server 2012 R2
叢集擴充性功能	✅	✅
叢集共用磁碟區	✅	✅
叢集驗證測試	✅	✅
AD 網域服務整合	✅	✅
多站台支援	✅	✅
叢集升級和移轉	✅	✅
PowerShell 支援	✅	✅

特色 / 功能	Server 2008 R2	Server 2012 R2
支援 Scale-Out 檔案伺服器		✅
叢集感知更新		✅
VM 虛擬主機應用程式監控		✅
iSCSI 軟體目標整合		✅

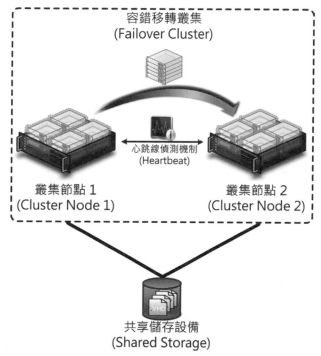

圖3-1　容錯移轉叢集運作示意圖

3-1-1　Node 主機安裝容錯移轉叢集功能

　　在前一章節當中，已經將建置容錯移轉叢集運作環境的前置作業準備完畢。現在，請幫 Node 1、Node 2 主機安裝容錯移轉叢集伺服器功能。請切換到 DC 主機依序點選「伺服器管理員 > 所有伺服器 > NODE1 > 新增角色及功能 > 角色型或功能型安裝」後，按「下一步」鈕繼續新增功能程序。

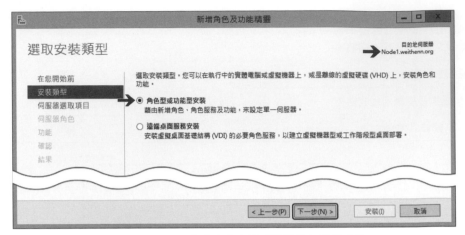

圖3-2　Node 1 準備安裝容錯移轉叢集伺服器功能

在選取目的地伺服器頁面中，自動選取 Node1.weithenn.org 主機，請按「下一步」鈕繼續。在選取伺服器角色頁面中，因為不需要安裝任何伺服器角色項目，請直接按「下一步」鈕繼續新增功能程序。在選取功能頁面中，勾選「**容錯移轉叢集**」項目後會彈出相依性功能視窗，請按下「新增功能」鈕確認相依安裝後，按「下一步」鈕繼續新增功能程序。

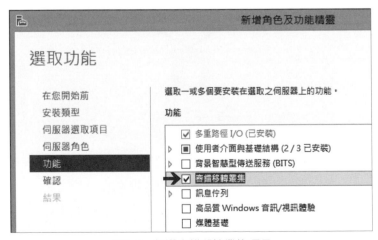

圖3-3　勾選容錯移轉叢集項目

在確認安裝選項頁面中，您可以勾選或不勾選「必要時自動重新啟動目的地伺服器」項目，接著按下「安裝」鈕確認安裝容錯移轉叢集功能，安裝完畢後便可以按下「關閉」鈕。

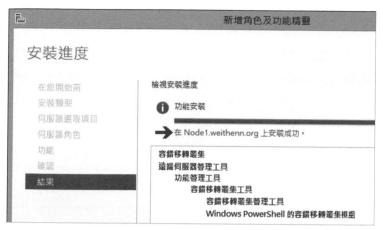

圖3-4　容錯移轉叢集伺服器功能安裝完畢

　因為安裝容錯移轉叢集功能，並不需要重新啟動主機，因此是否勾選自動重新啟動項目並不影響動作。

　　同樣的，請為 **Node 2** 主機安裝容錯移轉叢集伺服器功能，請依序點選「伺服器管理員 > 所有伺服器 > NODE2 > 新增角色及功能 > 角色型或功能型安裝」，然後勾選「**容錯移轉叢集**」功能項目進行安裝，確認容錯移轉叢集伺服器功能已經安裝完畢便可以按下「關閉」鈕。

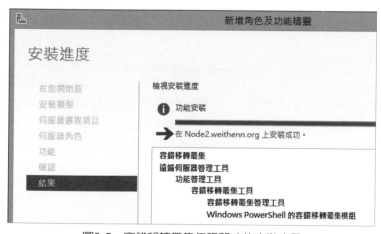

圖3-5　容錯移轉叢集伺服器功能安裝完畢

3-1-2　查看容錯移轉叢集虛擬介面卡

事實上，當容錯移轉叢集功能安裝完畢之後，主機會產生一片隱藏的「**容錯移轉叢集虛擬介面卡（Microsoft Failover Cluster Virtual Adapter）**」網路裝置。從 Windows Server 2008 版本開始，便採用 Microsoft Failover Cluster Virtual Adapter（**netft.sys**）網路裝置，來取代舊版 Windows Server 2003 的 Legacy Cluster Network Driver（clusnet.sys）。

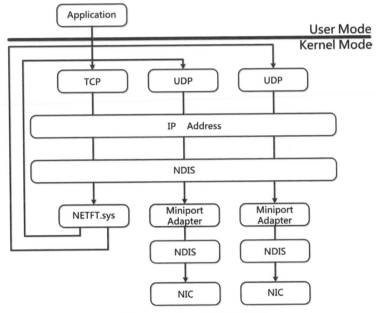

圖3-6　netft.sys 運作示意圖

在容錯移轉叢集當中的叢集節點，彼此之間都會依靠 Microsoft Failover Cluster Virtual Adapter 互相通訊，請「**不**」要停用此隱藏裝置也不要對它進行任何的調整或修改，以避免叢集驗證失敗或無法建立容錯移轉叢集。

切換至 **Node 1** 主機開啟裝置管理員後，點選「檢視 > 顯示隱藏裝置」準備查看 Microsoft Failover Cluster Virtual Adapter。

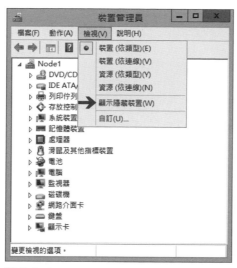

圖3-7 準備查看 Microsoft Failover Cluster Virtual Adapter

　　顯示隱藏裝置之後，在網路介面卡子項目中便會顯示「Microsoft Failover Cluster Virtual Adapter」，查看內容後您可以看到此介面卡確實使用 netft.sys。

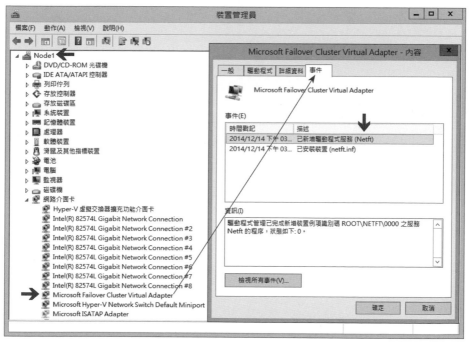

圖3-8 容錯移轉叢集虛擬介面卡確實使用 netft.sys

同樣的，也請確認 **Node 2** 主機是否建立 Microsoft Failover Cluster Virtual Adapter，並且該介面卡確實使用 netft.sys。

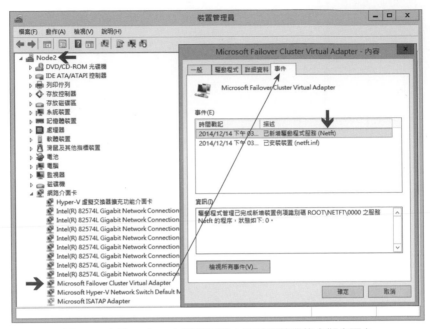

圖3-9 查看Node 2 主機是否建立容錯移轉叢集虛擬介面卡

3-1-3 DC 主機安裝容錯移轉叢集管理工具

在 DC 主機端管理畫面中，請依序點選「伺服器管理員 > 所有伺服器 > DC > 新增角色及功能 > 角色型或功能型安裝」後，按「下一步」鈕繼續新增功能程序。

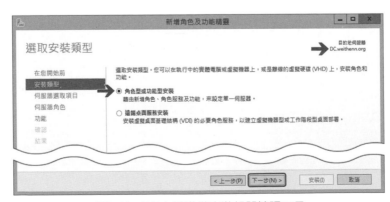

圖3-10 DC 主機準備安裝相關管理工具

在選取目的地伺服器頁面中，確認選取 DC.weithenn.org 主機後按「下一步」鈕繼續。在選取伺服器角色頁面中，因為不需要安裝任何伺服器角色項目，請直接按「下一步」鈕繼續。在選取功能頁面中，請勾選「遠端伺服器管理工具 > 功能管理工具 > **容錯移轉叢集工具**」項目以及「遠端伺服器管理工具 > 角色管理工具 > **Hyper-V 管理工具**」項目，確認勾選後按「下一步」鈕繼續新增功能程序。

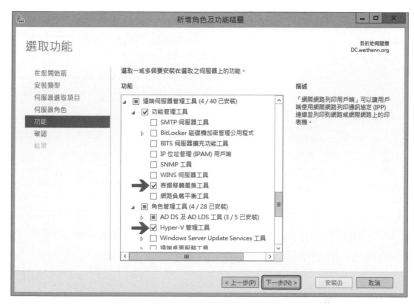

圖3-11　勾選容錯移轉叢集工具及 Hyper-V 管理工具項目

在確認安裝選項頁面中，您可以勾選或不勾選「必要時自動重新啟動目的地伺服器」項目，接著按下「安裝」鈕確認安裝相關管理工具，安裝完畢後便可以按下「關閉」鈕。

因為安裝相關管理工具，並不需要重新啟動主機，因此是否勾選自動重新啟動項目並不影響動作。

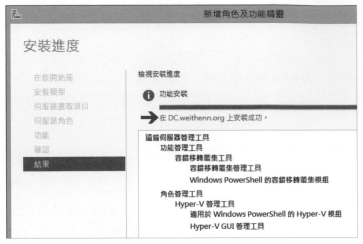

圖3-12　相關管理工具安裝完畢

 在企業或組織正式營運環境中，應該要獨立一台主機擔任管理伺服器的角色。本書實作環境，因為硬體資源吃緊，所以才讓 DC 主機也同時擔任管理伺服器的角色。

　　在進行容錯移轉叢集驗證之前，請先測試 DC 主機是否能正確與 Node 1、Node 2 主機溝通，以免稍後執行驗證程序時發生溝通錯誤。

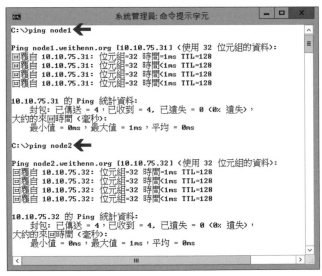

圖3-13　確認與 Node 1、Node 2 主機溝通無誤

當然，並非只有檢查是否能夠 ping 溝通，舉例來說，應該檢查 Node 主機的 MGMT 網路卡，其防火牆設定檔是否套用「**weithenn.org 網域網路**」，若是套用「私人網路」或「公用網路」的話，可能會因為缺少允許某些防火牆規則，而造成容錯移轉叢集在驗證及溝通作業上發生錯誤。

3-2 建立高可用性容錯移轉叢集

由於容錯移轉叢集運作環境，提供高可用性及服務持續性因此對於運作條件極為要求，所以在建立容錯移轉叢集以前必須要先通過「**驗證設定**」的動作，才能確保後續建立的容錯移轉叢集運作穩定性及高可用性。

3-2-1 容錯移轉叢集驗證設定

在 DC 主機中，請依序點選「伺服器管理員 > 工具 > 容錯移轉叢集管理員」項目，在開啟的容錯移轉叢集管理員視窗中請點選「**驗證設定**」項目。

圖3-14　準備進行容錯移轉叢集驗證設定

在彈出的驗證設定精靈視窗中，說明文字有提醒您所有的硬體元件必須都是通過 Windows Server 2012 R2 認證，以確保不會因為驅動程式導致發生非預期的故障事件，請按「下一步」鈕繼續驗證設定程序。

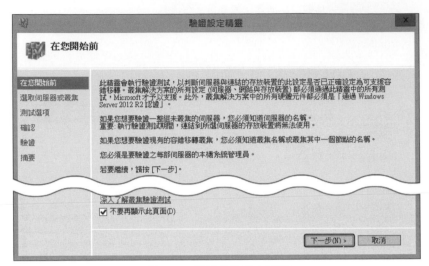

圖3-15　繼續驗證設定程序

在選取伺服器或叢集頁面中，請按下「瀏覽」鈕並於彈出的選取電腦視窗內，於輸入物件名稱選取區塊中輸入「node1」後按下「檢查名稱」鈕，當檢查驗證程序通過後主機名稱將變為大寫並有底線，請加入 **Node 1**、**Node 2** 主機後，回到頁面內按「下一步」鈕繼續驗證設定程序。

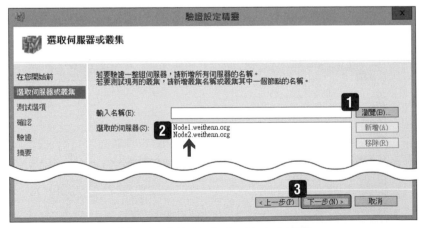

圖3-16　加入 Node 1、Node 2 主機

在測試選項頁面中，雖然您可以只執行部份測試項目，但是在正式營運環境中強烈建議您執行所有測試項目，請選擇「**執行所有測試**」項目後，按「下一步」鈕繼續驗證設定程序。

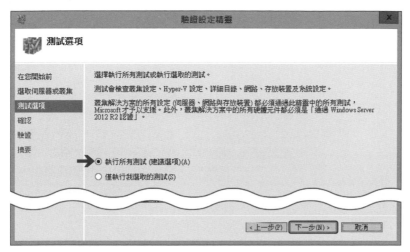

圖3-17　選擇 執行所有測試 項目

在確認頁面中，會列出要測試的伺服器清單以及條列所有測試項目，請按「下一步」鈕立即執行驗證設定程序。

圖3-18　列出要測試的伺服器清單以及條列所有測試項目

在驗證設定過程中，您會看到目前的測試項目以及進度百分比。與舊版 Windows Server 2008 R2 相比之下，在 Windows Server 2012 R2 中除了增加更多的測試項目之外，更提升了驗證設定的執行速度。

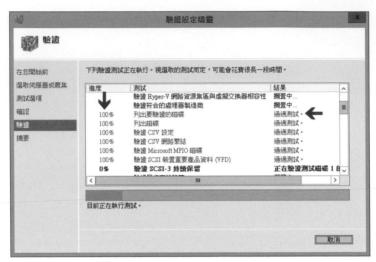

圖3-19　目前的測試項目以及進度百分比

在摘要頁面中，您可以看到顯示訊息「測試已經順利完成，且設定適合進行叢集」，請先別急著按下完成鈕建立叢集，您可以按下「**檢視報告**」鈕來產生驗證設定報告，若測試過程中發生問題可以在報告中找到問題並一定要解決它。

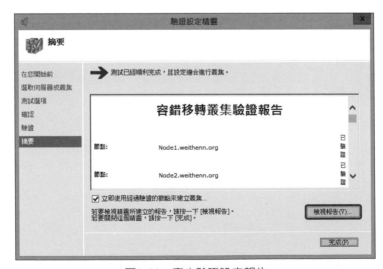

圖3-20　產生驗證設定報告

經過前面一連串辛苦的叢集環境前置作業設定，因此在容錯移轉叢集驗證測試五大類別中 **Hyper-V 設定、存放裝置、系統設定、清查、網路**，我們每一項都是通過測試並且沒有任何錯誤產生，倘若有任何警告或錯誤訊息產生，建議您應該閱讀內容並嘗試解決後再次進行驗證，以確保後續建立的叢集環境能強壯無比。

圖3-21　通過所有容錯移轉叢集驗證測試項目

3-2-2　建立容錯移轉叢集

關閉測試報告後回到驗證設定精靈視窗中，確認勾選「**立即使用經過驗證的節點來建立叢集**」項目後，按下「**完成**」鈕立即建立容錯移轉叢集。

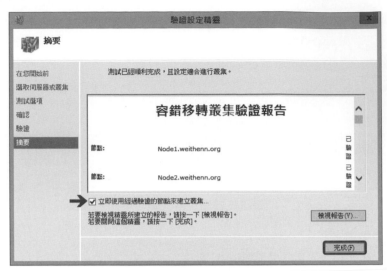

圖3-22　接著建立容錯移轉叢集

 當然，你也可以在容錯移轉叢集管理員視窗當中，點選管理區塊當中的**「建立叢集」**項目，來進行建立容錯移轉叢集的任務。

　　在彈出的建立叢集精靈視窗中，再次建議您若未執行過驗證設定作業，應該要先驗證設定後再執行建立叢集的動作。當然，因為我們已經通過驗證程序，因此按「下一步」鈕繼續建立叢集程序。

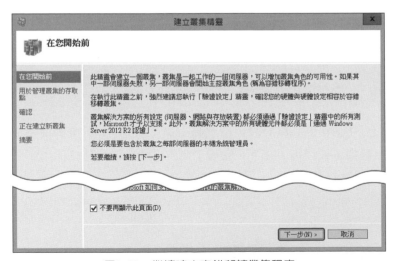

圖3-23　繼續建立容錯移轉叢集程序

　　在用於管理叢集的存取點頁面中，請在叢集名稱欄位輸入此容錯移轉叢集的名稱，此實作中我們輸入的名稱為「**LabCluster**」，而容錯移轉叢集 IP 位址為「**10.10.75.30**」，請按「下一步」鈕繼續建立叢集程序。

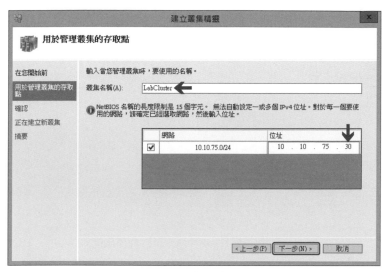

圖3-24　輸入容錯移轉叢集名稱及 IP 位址

　　在確認頁面中，會顯示建立叢集程序的組態設定內容，確認後請按「下一步」鈕繼續建立容錯移轉叢集程序。

圖3-25　執行建立容錯移轉叢集程序

於正在建立新叢集頁面中，您會看到目前建立叢集的進度以及執行情況。

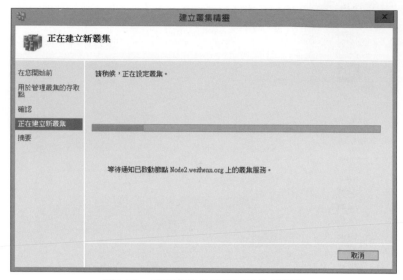

圖3-26　建立叢集的進度以及執行情況

在摘要頁面中，將會顯示「您已經成功完成建立叢集精靈」訊息，並顯示容錯移轉叢集的相關資訊如 仲裁方式…等，請按下「**檢視報告**」來查看建立叢集程序的詳細內容。

圖3-27　查看建立叢集程序是否順利

在開啟的建立叢集報告中,您會看到建立叢集所進行的項目及動作,若有任何錯誤訊息的話也會顯示於報告當中。

圖3-28 查看建立叢集報告

回到容錯移轉叢集管理員視窗中,可以看到此容錯移轉叢集的運作資訊,例如:目前主要伺服器為「**Node 1 (隨機決定)**」、擁有四個叢集網路…等。

圖3-29 容錯移轉叢集建立完成

▌了解叢集仲裁方式

預設情況下，容錯移轉叢集會採用「**節點與磁碟多數**」的仲裁方式，並且您可以依環境需求手動調整不同的仲裁方式，有關叢集仲裁資訊請參考 Technet Library – Understanding Quorum Configurations in a Failover Cluster（http://goo.gl/xrRgd）：

◆ **節點多數**：建議用於「奇數」叢集節點環境，可承受叢集節點一半以上減1的失敗情況，舉例來說 7 台叢集節點環境可承受 3 台叢集節點失敗。

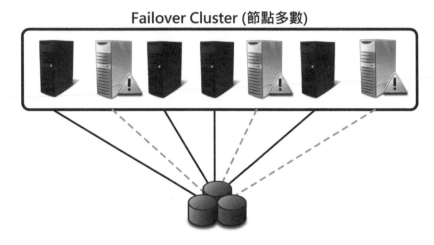

圖3-30　節點多數仲裁方式示意圖

◆ **節點與磁碟多數**：建議用於「雙數」叢集節點環境。

1. 當仲裁磁碟狀態為「線上」，則可承受叢集節點一半的失敗例如 6 台叢集節點環境可承受 3 台叢集節點失敗。

2. 當仲裁磁碟狀態為「離線或失敗」，則僅能承受叢集節點一半減1的失敗，例如 6 台叢集節點環境僅能承受 2 台叢集節點失敗。

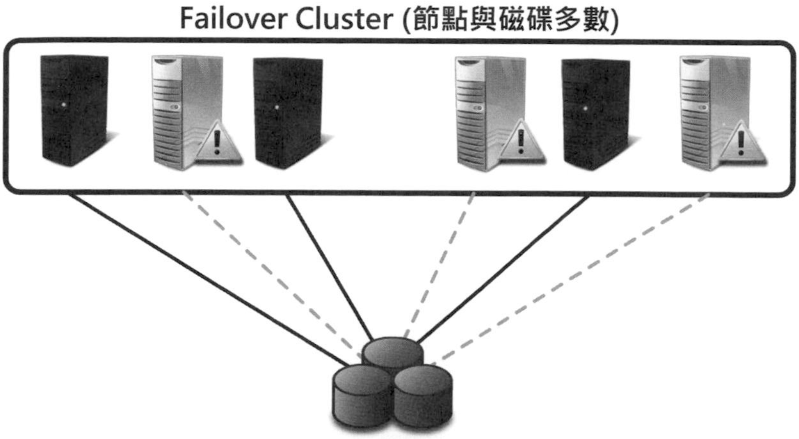

Failover Cluster (節點與磁碟多數)

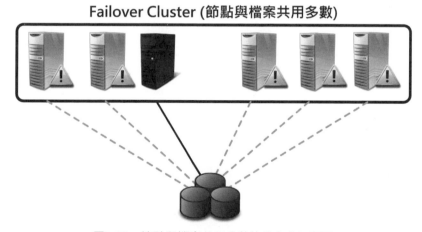

圖3-31　節點與磁碟多數仲裁方式示意圖

◆ **節點與檔案共用多數**：建議用於「SMB Scale-Out 檔案伺服器」叢集環境。

Failover Cluster (節點與檔案共用多數)

圖3-32　節點與檔案共用多數仲裁方式示意圖

◆ **只有磁碟**：可承受所有叢集節點失敗，但磁碟必須為「線上」狀態才行。

▎動態仲裁（Dynamic Quorum）

在 Windows Server 2012 版本時，增加了「**動態仲裁（Dynamic Quorum）**」投票機制，它可以避免因為叢集節點離線而導致叢集發生癱瘓的問題，相關資訊可參考 Windows Server 2012 R2 Evaluation Guide（http://goo.gl/dxfOi）。

動態仲裁具備如下特色：

◆ 當有叢集節點離線時，仲裁票數將會動態改變。

◆ 允許超過 50 ％ 的叢集節點離線，也不會導致叢集癱瘓。

◆ 除了「只有磁碟」仲裁模式之外，其它仲裁模式（節點多數、節點與磁碟多數、節點與檔案共用多數）預設都會啟用此功能。

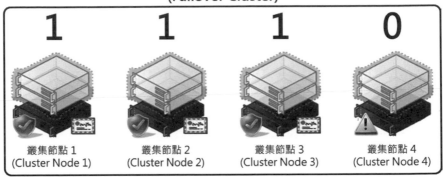

圖3-33　動態仲裁（Dynamic Quorum）運作示意圖

在新一代 Windows Server 2012 R2 版本中，將本來動態仲裁的功能更上一層並稱為「**動態見證（Dynamic Witness）**」，相關資訊可參考 Windows Server 2012 R2 Technical Overview（http://goo.gl/ZH7b2x）。

動態見證具備如下特色：

◆ 動態見證的叢集節點投票數，將會動態自動調整以便簡化整體配置。

◆ 在以往的容錯移轉叢集當中，當叢集節點為「**偶數**」時必須要建置「仲裁（Quorum）或稱見證（Witness）」，而叢集節點為「**奇數**」時則無須建置。現在，不管叢集節點數量為何都「**必須**」要建置見證，當叢集節點為「偶數」時見證會得到 1 票，當叢集節點為「奇數」時見證則沒有投票權（也就是 0 票）。您隨時可以使用 PowerShell「(Get-Cluster).WitnessDynamicWeight」指令，來查看見證的投票數情況（0 沒有票、1 有票）

◆ 當見證資源發生「離線（Offline）」或「失敗（Failed）」時，那麼也會喪失投票權（也就是 0 票）。此機制設計的原因在於，要降低以往叢集依賴見證的特性，避免因為見證發生失敗進而影響到叢集運作的穩定性。

◆ 改善以往叢集環境當中，主要及備用站台發生災難時，雖然其中一邊的站台可能擁有 50 % 的票數，但卻可能會發生「腦裂（Split-Brain）」的困擾。

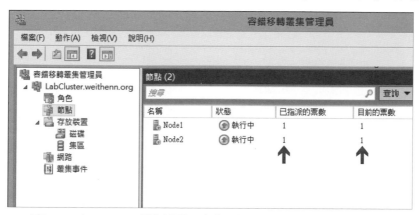

圖3-34　在 2012 R2 叢集管理視窗中，便可以看到叢集節點票數資訊

3-2-3　了解叢集磁碟

事實上，您會發現容錯移轉叢集已經自動找到適合的磁碟，擔任容錯移轉叢集當中的「**見證磁碟（Witness Disk）**」，也就是我們所規劃的 Quorum Disk 並且已經指派完畢。主要原因在於我們實作時，所規劃的空間以及磁碟機代號所致（預設會找排序較 **前面** 的磁碟機代號）。

在容錯移轉叢集管理員視窗中，請點選「存放裝置 > 磁碟」項目，您可以看到目前有二個叢集磁碟（Cluster Disk），其中一顆叢集磁碟為先前所規劃的「**Q槽（Quorum）**」，並且在指派欄位中為「**仲裁中的磁碟見證**」表示此磁碟為容錯移轉叢集中的仲裁磁碟。

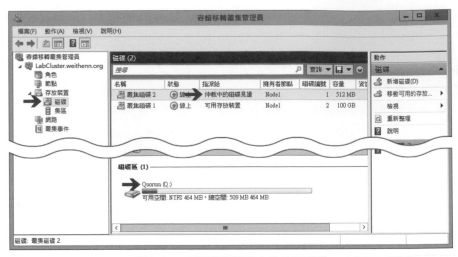

圖3-35　容錯移轉叢集中的仲裁磁碟

　　另一顆叢集磁碟為先前規劃的「**S 槽（Storage1）**」，在指派欄位中為「**可用存放裝置**」。

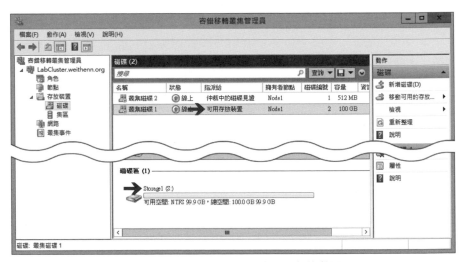

圖3-36　容錯移轉叢集中的可用存放裝置

　　您必須將叢集磁碟（可用存放裝置）調整為「**叢集共用磁碟區（Cluster Shared Volume，CSV）**」，如此一來該磁碟才能提供分散式檔案存取機制，也就是叢集中的多台叢集節點可以「**同時存取**」同一個 NTFS 檔案系統。

以下為新一代的 Windows Server 2012 R2，對於 CSV 2.0 的功能增強項目（舊版 Windows Server 2008 R2 為 CSV 1.0）：

◆ 支援 Scale-Out SMB 檔案型伺服器應用程式儲存區。

◆ 增強 CSV 備份及還原流暢度，並且不需要使用 AD 外部驗證以改進效能及彈性。

◆ 使用一致的檔案名稱空間並成為 CSV 檔案系統（CSVFS），但是底層技術仍為 NTFS 檔案系統（**2012 版本 不 支援 ReFS 檔案系統，2012 R2 版本支援 ReFS 檔案系統**）。

◆ 支援「**多**」個不同子網路。當心跳偵測網路若處於「**同一**」網路時，叢集節點之間每隔「**5 ~ 10 秒**」進行一次存活偵測作業；當心跳偵測網路若處於「**不同**」網路時，叢集節點之間則每隔「**20 秒**」進行一次存活偵測作業。

◆ 支援 BitLocker 磁碟機加密機制。

◆ 支援在不離線的前提下，便可以進行掃描及修復作業。

◆ 除了支援新一代的 ReFS 檔案系統之外，現在也支援「重複資料刪除（Deduplication）」、「儲存空間（Storage Spaces）」等特色功能（2012 版本 **不** 支援）。

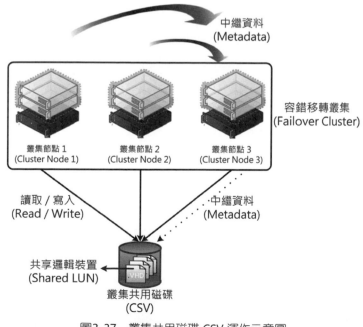

圖3-37 叢集共用磁碟 CSV 運作示意圖

在容錯移轉叢集管理員視窗中，請點選可用存放裝置叢集磁碟後，在右鍵選單中選擇「**新增至叢集共用磁碟區**」項目，準備轉換此叢集磁碟為叢集共用磁碟CSV。

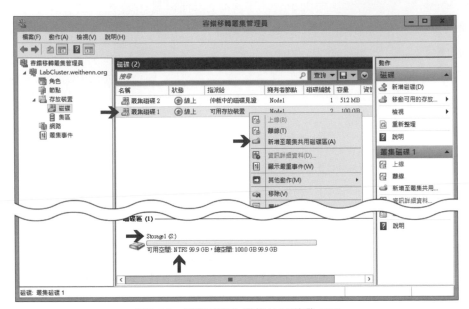

圖3-38　準備轉換為叢集共用磁碟 CSV

轉換作業完成之後，您會看到該叢集磁碟指派狀態由原本的「可用存放裝置」轉變為「**叢集共用磁碟區**」，而磁碟區資訊由原本的「S:」轉變成「**C:\ClusterStorage\Volume1**」，檔案系統也由原本的「NTFS」轉變成「**CSVFS**」。

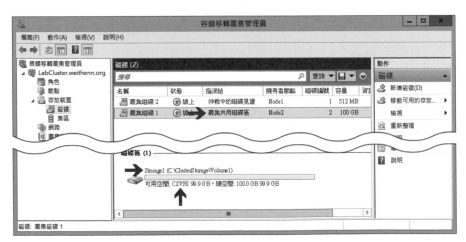

圖3-39　叢集共用磁碟區 CSV

　　CSV 叢集共用磁碟區為每台叢集節點主機皆可存取，此實作環境中仲裁磁碟的擁有者為 Node 1 主機，而叢集共用磁碟區擁有者為 Node 2 主機，此時您應該會想看看 Node 1、Node 2 主機磁碟狀態。**請注意!!** 當容錯移轉叢集建立完成後，您就 **不** 該使用磁碟管理工具去「**改變或調整**」磁碟狀態以避免發生不可預期的錯誤，一切調整都應該由容錯移轉叢集管理員進行即可，但是我們仍可以透過磁碟管理去「**查看**」磁碟狀態。

　　請切換到 **Node 1** 主機開啟磁碟管理工具，在開啟的磁碟管理視窗中可以看到，目前 Node 1 主機為仲裁磁碟擁有者所以會掛載「Q 槽」，而原本的 S 槽因為已經轉換為「叢集共用磁碟區 CSV」，因此是沒有磁碟機代號的，但因為 Node 1 主機不是該叢集磁碟的擁有者，所以有個「紅色下降」圖示。

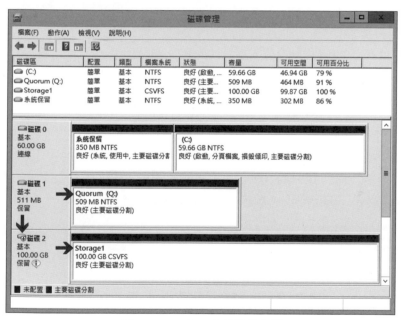

圖3-40　Node 1 主機磁碟狀態

 當叢集磁碟調整為「CSV 叢集共用磁碟區」之後，就會自動改為「**掛載點（Mount Point）**」的方式，由 C:\ClusterStorage\Volume1 掛載點來進行資料讀寫的動作。

在 Node 1 主機開啟檔案總管，確實可以看到作業系統 C 槽以及仲裁磁碟的 Q 槽。

圖3-41　Node 1 主機檔案總管磁碟狀態

 請勿對「仲裁磁碟（Q 槽）」進行任何資料寫入動作，以避免發生不可預期的錯誤。

在 Node 1 主機開啟的檔案總管中，開啟 C:\ClusterStorage 資料夾，可以發現 Volume1 有一個「**掛載點（Mount Point）**」圖示，也就是當發生資料讀寫行為時，會轉導向至先前規劃的「**S 槽（100 GB）**」磁碟當中。

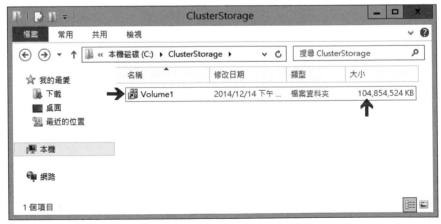

圖3-42　Node 1 主機所看到的叢集共用磁碟區掛載點資訊

同樣的，也請切換到 **Node 2** 主機開啟磁碟管理工具，因為 Node 2 主機並非仲裁磁碟擁有者，所以原本的 Q 槽有「紅色下降」圖示，而原本的 S 槽因為已經轉換為「叢集共用磁碟區 CSV」，因此是沒有磁碟機代號的。

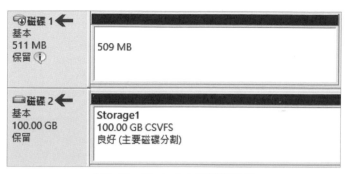

圖3-43　Node 2 主機磁碟狀態

 當叢集磁碟調整為「CSV 叢集共用磁碟區」之後，就會自動改為「**掛載點 (Mount Point)**」的方式，由 C:\ClusterStorage\Volume1 掛載點來進行資料讀寫的動作。

在 Node 2 主機開啟的檔案總管中，開啟 C:\ClusterStorage 資料夾，可以發現 Volume1 有一個「掛載點（Mount Point）」圖示，當發生資料讀寫行為時將會轉導向至「**S 槽 (100 GB)**」磁碟。

圖3-44　Node 2 主機所看到的叢集共用磁碟區掛載點資訊

此外，我們可以為「叢集磁碟」命名以利識別，本書實作我們將見證磁碟命名為「**Witness Disk**」，而第一個叢集共用磁碟區命名為「**CSV1**」。請在容錯移轉叢集管理員中點選叢集磁碟，在右鍵選單中點選「**屬性**」項目，並於彈出視窗的「名稱」欄位內填入新的名稱即可。

圖3-45　修改叢集磁碟名稱以利識別

3-2-4　了解容錯移轉叢集網路

在本書實戰演練當中，規劃專用於 VM 虛擬主機運作的 10.10.75.0/24 網段（VM-Traffic），專用於叢集節點管理及遷移流量的 10.10.75.0/24 網段（MGMT），以及用於容錯移轉叢集心跳偵測（Heartbeat）的 172.20.75.0/24 網段，還有用於 iSCSI Target / Initiator 之間負載平衡及容錯切換的傳輸流量 192.168.75.0/24、192.168.76.0/24 網段。

雖然用於容錯移轉叢集心跳偵測，我們有規劃並建立 NIC Teaming 網路卡小組，以達成負載平衡及容錯切換機制，然而還是有可能會發生斷線的情況，那麼容錯移轉叢集是否就因為叢集節點彼此失聯而因此癱瘓呢？ 不盡然如此 !! 我們可以設定 10.10.75.0/24 網段，也用於叢集心跳偵測之用以備不時之需，相關資訊可參考 Microsoft TechEd 2012 WSV430 – Cluster Shared Volumes Reborn in Windows Server 2012（http://goo.gl/ErC9S）。

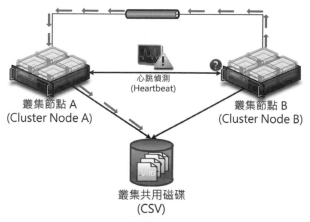

圖3-46　叢集網路運作示意圖

 在容錯移轉叢集運作環境當中，用於叢集節點心跳偵測的機制是透過「**UDP Unicast Port 3343**」進行互相偵測作業。

　　在容錯移轉叢集管理員視窗中，請點選「**網路**」項目您將看到目前有 **四個** 叢集網路，您可以看到在「叢集使用」欄位中，顯示的資訊分別為「**叢集與用戶端、僅叢集、無**」，這些欄位值分別代表什麼意思在稍後設定中將一一說明。

圖3-47　叢集網路

 您會發現四個叢集網路，便是依照前置作業章節中調整的網路卡順序 **MGMT > Heartbeat > MPIO-1 > MPIO-2** 進行排序。

首先點選「**叢集網路 1**」，可以看到為用於管理叢集節點及遷移流量的 10.10.75.0/24 網段，請在右鍵選單中選擇「**屬性**」查看及調整組態內容。

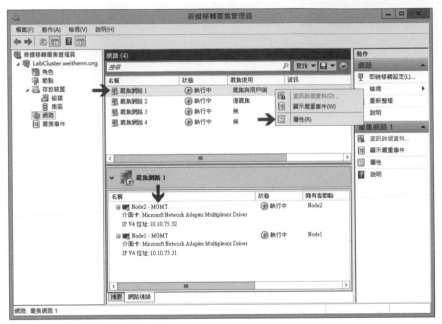

圖3-48　準備調整叢集網路1

在彈出的叢集網路 1 視窗中，首先將名稱欄位改為「**MGMT**」以利識別，並選擇「**此網路上允許叢集網路通訊**」項目，及勾選「**允許用戶端透過此網路連線**」項目後，按下「確定」鈕即可。

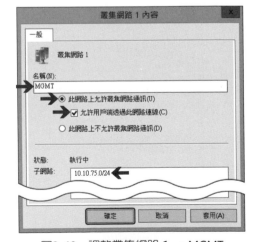

圖3-49　調整叢集網路 1 → MGMT

 必須選擇「此網路上允許叢集網路通訊」項目，叢集節點主機該片網路卡才會 Listen UDP Port 3343。

　　點選「叢集網路 2」，可以看到為用於叢集節點心跳偵測的 172.20.75.0/24 網段，請在右鍵選單中選擇「屬性」調整組態，將名稱欄位改為「**Heartbeat**」以利識別，並選擇「**此網路上允許叢集網路通訊**」項目，後按下「確定」鈕即可。

圖3-50　調整叢集網路 2 → Heartbeat

 必須選擇「此網路上允許叢集網路通訊」項目，叢集節點主機該片網路卡才會 Listen UDP Port 3343。

　　點選「叢集網路 3」，可以看到專用於 iSCSI MPIO 傳輸流量的 192.168.**75**.0/24 網段，請將名稱欄位改為「**MPIO-1**」以利識別，並選擇「**此網路上不允許叢集網路通訊**」項目，後按下「確定」鈕即可。

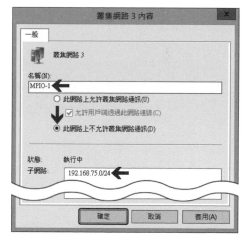

圖3-51　調整叢集網路 3 → MPIO-1

 因為叢集節點的心跳偵測流量部份，已經有 MGMT 管理網路當備援，因此規劃讓 MPIO 線路全力處理儲存流量。

　　點選「叢集網路 4」，可以看到專用於 iSCSI MPIO 傳輸流量的 192.168.
76.0/24 網段，請將名稱欄位改為「**MPIO-2**」以利識別，並選擇「**此網路上不允許叢集網路通訊**」項目，後按下「確定」鈕即可。

圖3-52　調整叢集網路 4 → MPIO-2

　因為叢集節點的心跳偵測流量部份，已經有 MGMT 管理網路當備援，因此規劃讓 MPIO 線路全力處理儲存流量。

　　經過組態調整及改變名稱的叢集網路，現在可以很清楚且快速的辨識出來相關用途。

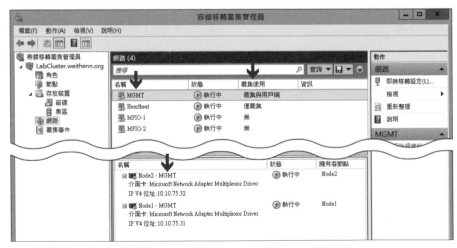

圖3-53　經過組態調整後的叢集網路

接著請切換到 DC 主機端的伺服器管理員視窗，點選 **NODE1** 主機後於右鍵選單中選擇「Windows PowerShell」項目，準備查看 Node 1 主機是否真的啟用心跳偵測（Listen UDP Port 3343）。

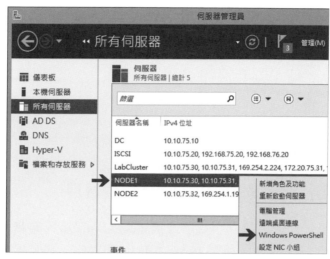

圖3-54　準備查看 Node 1 主機是否真的啟用心跳偵測

在開啟的 **Node 1** 主機 PowerShell 視窗中，鍵入下列指令後便可以發現如同我們所規劃的情況，二個網段 **172.20.75.31** 及 **10.10.75.31** 都啟用了心跳偵測機制（Listen UDP Port 3343）。

```
Get-NetUDPEndpoint  -LocalPort 3343
```

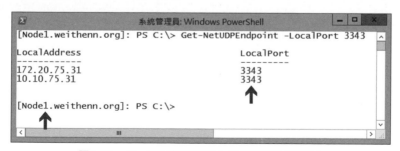

圖3-55　Node 1 主機啟用心跳偵測機制的網段

同樣的，也請在開啟的 **Node 2** 主機 PowerShell 視窗中，鍵入查詢指令後便可以發現如同我們所規劃的情況，二個網段 **172.20.75.32** 及 **10.10.75.32** 都啟用了心跳偵測機制（Listen UDP Port 3343）。

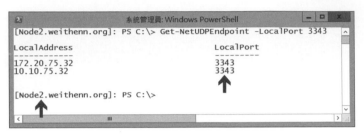

圖3-56　Node 2 主機啟用心跳偵測

3-2-5　容錯移轉叢集 DNS 記錄及電腦帳戶

還記得嗎？ 當您在建立容錯移轉叢集期間，有輸入容錯移轉叢集名稱「**LabCluster**」以及叢集 IP 位址「**10.10.75.30**」。事實上，當建立好容錯移轉叢集之後，便會自動向 DC 主機註冊 DNS 記錄並建立電腦帳戶。

請在 DC 主機依序點選「伺服器管理員 > 工具 > Active Directory 使用者和電腦」，在開啟的視窗中點選「**Computers**」容器，便會看到容錯移轉叢集電腦帳戶「**LABCLUSTER**」。

圖3-57　容錯移轉叢集電腦帳戶 LabCluster

接著，在 DC 主機依序點選「伺服器管理員 > 工具 > DNS」，在開啟的視窗中依序點選「DNS > DC > 正向對應區域 > weithenn.org」，您便會看到容錯移轉叢集 DNS 正向解析記錄「**LabCluster 10.10.75.30**」。

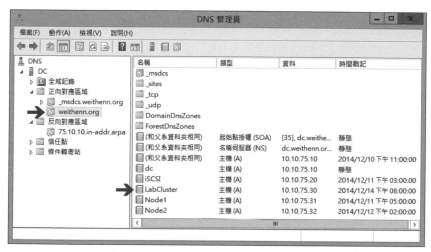

圖3-58　容錯移轉叢集 DNS 正向解析記錄

在 DNS 管理員視窗中，點選「反向對應區域 > 75.10.10.in-addr.arpa」，便可以看到容錯移轉叢集的反向解析記錄「**10.10.75.30　labcluster.weithenn.org.**」。如果沒看到反向解析記錄，請到正向解析記錄中點選 LabCluster 記錄內容，重新勾選「更新關聯的指標（PTR）記錄」選項並重新套用即可。

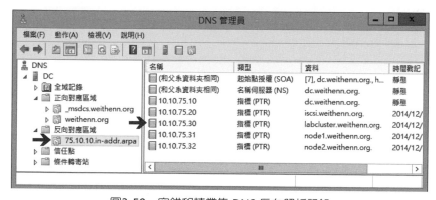

圖3-59　容錯移轉叢集 DNS 反向解析記錄

3-3 建立高可用性 VM 虛擬主機

我們將在 Node 主機中建立一台 VM 虛擬主機，後續將以此台 VM 虛擬主機來進行相關進階功能的演練，由於我們是層層虛擬化的實作環境，因此直接將稍後用於安裝 VM 虛擬主機的 ISO 映像檔，直接複製到 Node 主機中以便加快整體安裝速度。

3-3-1 複製 ISO 映像檔

此實作環境中，我們將 Windows 8.1 實體主機中 Windows Server 2012 R2 的 ISO 映像檔，複製到 Node 2 主機內，請切換至 Node 2 主機的 VMware Player 視窗，依序點選「Player > Manage > Virtual Machine Settings」，準備將 Windows 8.1 實體主機磁碟資源掛載到 Node 2 主機。

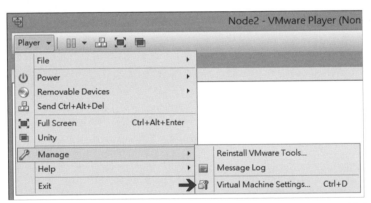

圖3-60　準備將 Windows 8.1 實體主機磁碟資源，掛載到 Node 2 主機當中

在開啟的 Virtual Machine Settings 視窗中，請切換到「Options」頁籤後選擇「Shared Folders」項目，在 Folder sharing 區塊中選擇「Always enabled」項目並勾選「Map as a network drive in Windows guests」選項後，按下「Add」鈕依照精靈指示設定 ISO 映像檔存放路徑「C:\Lab\ISO」，確認無誤後按下「OK」鈕即可。

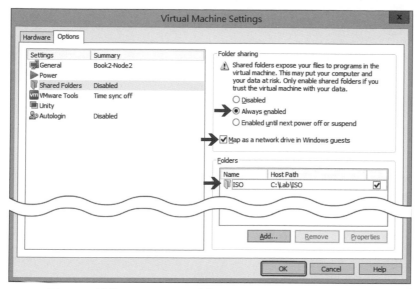

圖3-61　掛載 Windows 8.1 實體主機磁碟資源到 Node 2 主機

因為有勾選 Map as a network drive in Windows guests 項目，因此該磁碟分享預設便會連結到 Node 2 主機的「**Z 槽**」當中，請複製 Windows Server 2012 R2 的 ISO 映像檔至「C 槽」下存放即可。

圖3-62　複製安裝 ISO 映像檔至 Node 2 主機

3-3-2　建立高可用性 VM 虛擬主機

　　複製安裝 ISO 映像檔至 Node 2 主機完畢後，請切換回 DC 主機的容錯移轉叢集管理員視窗中，依序點選「角色 > 右鍵 > 虛擬機器 > 新增虛擬機器」項目，準備建立一台高可用性 VM 虛擬主機。

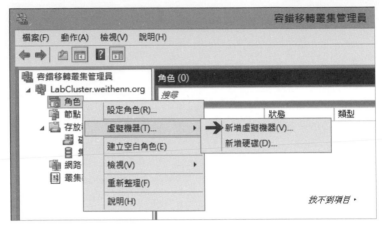

圖3-63　準備建立一台高可用性 VM 虛擬主機

　　此時將彈出新增虛擬機器視窗，在叢集節點區塊中顯示目前叢集中的所有成員節點，由於我們將 ISO 映像檔存放於 **Node 2** 主機，因此選擇「Node2」主機後按下「確定」鈕，稍後 VM 虛擬主機將會建立於 Node 2 主機中。

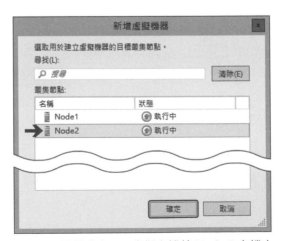

圖3-64　選擇建立 VM 虛擬主機於 Node 2 主機中

　　接著彈出新增虛擬機器精靈視窗中，若直接按下完成鈕的話則會依系統的預設值，直接建立好一台 VM 虛擬機器，但我們需要自訂不同於預設值的組態設定，因此請按「下一步」鈕繼續 VM 虛擬主機新增程序。

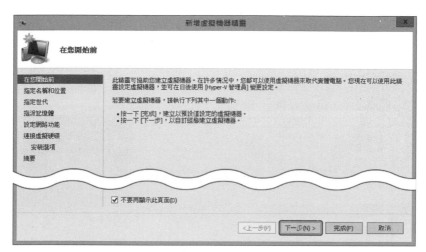

圖3-65　自訂 VM 虛擬機器組態設定

　　在指定名稱和位置頁面中，請於名稱欄位輸入 VM 虛擬主機名稱，此實作中輸入名稱為「**VM**」，預設情況下 VM 虛擬主機存放於 Node 2 主機內建硬碟內，請勾選「**將虛擬機器儲存在不同位置**」項目，並在位置欄位輸入叢集共用磁碟區 CSV 路徑「**C:\ClusterStorage\volume1**」後，按「下一步」鈕繼續 VM 虛擬主機新增程序。

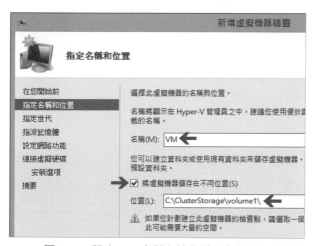

圖3-66　設定 VM 虛擬主機名稱及存放路徑

這裡輸入的名稱是，屆時顯示於容錯移轉叢集管理員當中的「VM 虛擬主機名稱」，此名稱與 Guest OS 當中的「電腦名稱」並無任何關係。

在指定世代頁面中，因為稍後所要安裝的 Guest OS 為 Windows Server 2012 R2，支援採用最新的 VM 虛擬主機世代格式，因此請選擇「**第 2 代**」項目後，按「下一步」鈕繼續 VM 虛擬主機新增程序。

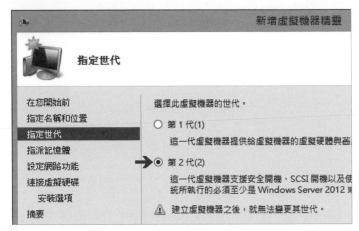

圖3-67　選擇第 2 代 VM 虛擬主機世代格式

在指派記憶體頁面中，啟動記憶體預設為 512 MB 此實作中我們設定為「**2048 MB**」，並勾選「**為此虛擬機器使用動態記憶體**」項目後，按「下一步」鈕繼續 VM 虛擬主機新增程序。

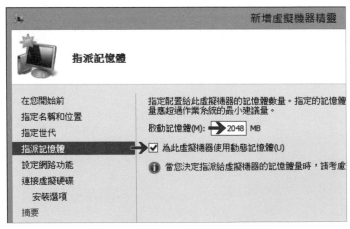

圖3-68　指派 VM 虛擬主機記憶體

在設定網路功能頁面中,預設為「未連線」也就是 VM 虛擬主機的網路卡,並沒有連接到 Hyper-V 主機中任何虛擬交換器上,此實作中我們在連線的下拉式選單內,可以看到先前規劃專用於 VM 虛擬主機的虛擬交換器「**VMs-Switch**」,請選擇該項目後按「下一步」鈕繼續 VM 虛擬主機新增程序。

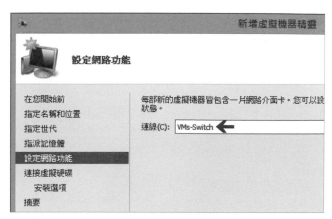

圖3-69 指派 VM 虛擬主機網路功能

 屆時 VM 虛擬主機的網路環境,將會處於我們所規劃的 10.10.75.0/24 網段當中。

在連接虛擬硬碟頁面中,預設會使用剛才鍵入的 VM 虛擬主機名稱,加上附檔名 .vhdx(也就是此實作的 **VM.vhdx**),而儲存的路徑便是剛才所指定的叢集共用磁碟區 CSV 路徑「C:\ClusterStorage\volume1\」,虛擬硬碟大小採用預設的「**127 GB**」即可,請按「下一步」鈕繼續 VM 虛擬主機新增程序。

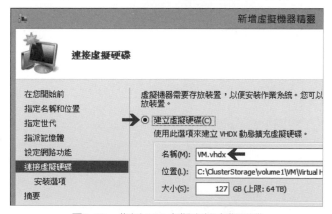

圖3-70 指派 VM 虛擬主機虛擬硬碟

雖然叢集共用磁碟區 CSV 的儲存空間只有 **100 GB**，但是卻可以建立虛擬硬碟為 **127 GB** 的 VM 虛擬主機？這就是虛擬化的好處，此實作中雖然採用的虛擬硬碟是 127 GB，但其格式為「動態擴充」也就是用多少空間才會計算，因此具備「**超量使用（Overcommit）**」的彈性。但是，因為是超量使用的情況，因此必須注意儲存資源的使用情形，以避免屆時真的發生儲存空間不足的情況。

在安裝選項頁面中，選擇稍後此台 VM 虛擬主機開機時要安裝作業系統的偏好選項，我們已經將安裝 ISO 映像檔複製到 Node 2 本機 C 槽當中，因此請選擇「從可開機映像檔安裝作業系統」項目，並按下「瀏覽」鈕選擇位於 C 槽當中的 ISO 映像檔即可，請按「下一步」鈕繼續 VM 虛擬主機新增程序。

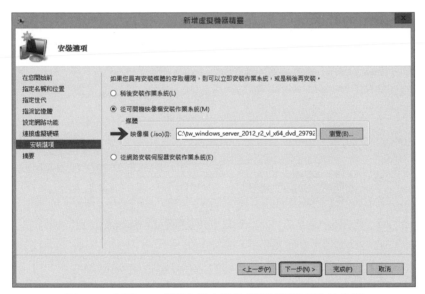

圖3-71　指派 VM 虛擬主機安裝作業系統所使用的映像檔

在完成新增虛擬機器精靈頁面中，您會再次檢視建立此台 VM 虛擬主機的相關組態設定值，確認無誤要進行建立 VM 虛擬主機的話，請按下「完成」鈕即可。

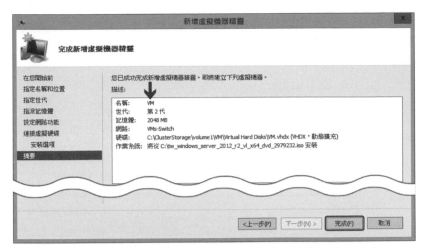

圖3-72　完成新增虛擬機器精靈

在摘要頁面中，可以看到「已順利為角色設定高可用性」訊息，也就是此台 VM 虛擬主機已經是高可用性角色，但在結果頁面中卻看到警告訊息圖示，請按下「**檢視報告**」鈕查看警告內容為何。

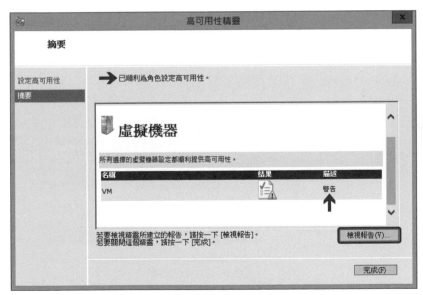

圖3-73　查看警告訊息為何

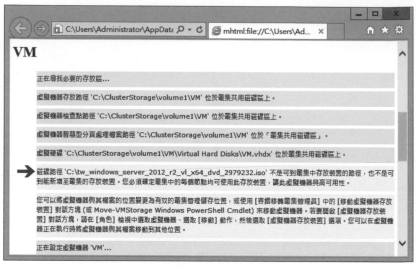

在開啟的檢視報告視窗中可以看到，因為系統發現此台 VM 虛擬主機所掛載的 ISO 映像檔為「**本機路徑**」，這樣會造成其它叢集節點因為無法存取而導致錯誤，不過因為我們只是要安裝 VM 虛擬主機而以，待安裝作業完畢之後便會卸載 ISO 映像檔，因此我們可以放心忽略這個警告訊息。

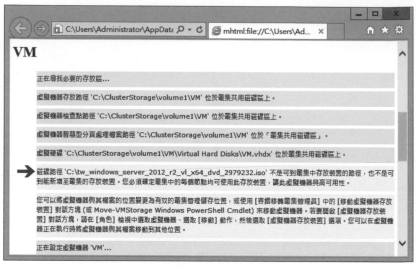

圖3-74　掛載本機 ISO 映像檔產生警告訊息

3-3-3　VM 虛擬主機安裝作業系統

順利於 Node 2 主機建立高可用性 VM 虛擬主機後，請點選該 VM 虛擬主機後，在右鍵選單中點選「**連線**」項目，將會彈出 VM 虛擬主機的 Console 畫面。

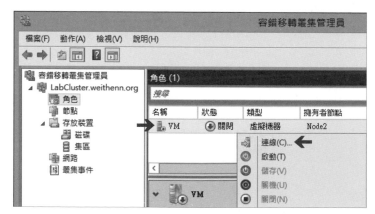

圖3-75　開啟 VM 虛擬主機 Console 畫面

在彈出的 VM 虛擬主機 Console 畫面中，請按下「**啟動**」圖示對 VM 虛擬主機進行「開機（Power On）」的動作。

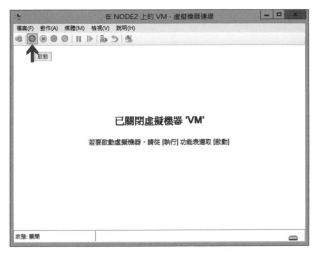

圖3-76　啟動 VM 虛擬主機

將 VM 虛擬主機開機後，自動載入 ISO 映像檔並進入作業系統安裝初始化程序，接著請安裝 Windows Server 2012 R2 作業系統至此台 VM 虛擬主機，因為在初級篇一書當中的第四章，已經詳細說明整個 Windows Server 2012 R2 的安裝程序，因此便不再贅述。

圖3-77　VM 虛擬主機開始安裝作業系統

3-3-4　測試 MPIO 容錯切換功能

當 VM 虛擬主機開始進行安裝後，您可以切換至 **iSCSI** 主機操作畫面後，開啟工作管理員點選到「效能」頁籤，您可以看到 iSCSI 主機二片 MPIO 網卡的流量正同時衝高當中。

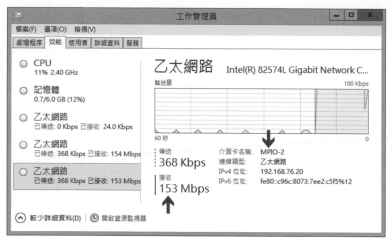

圖3-78　iSCSI 主機二片 MPIO 網卡流量

接著，請切換到運作 VM 虛擬主機的 **Node 2** 主機，同樣開啟工作管理員切換到「效能」頁籤，您可以看到 Node 2 主機二片 MPIO 網卡的流量也同時衝高當中。

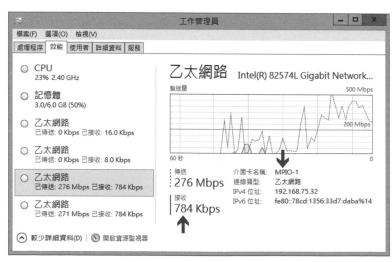

圖3-79　Node 2 主機二片 MPIO 網卡流量

　　當 VM 虛擬主機持續進行安裝程序時,我們來測試若是將 **Node 2** 主機其中一片 MPIO 網卡停用,模擬當網路卡發生損壞或網路斷線時,是否真的如本書所規劃 MPIO 網路卡平時 **負載平衡**,發生災難時也具備 **容錯備援** 功能。請在 Node 2 主機中開啟網路連線,接著點選「**MPIO-1**」網路卡後選擇「**停用**」。

圖3-80　停用 Node 2 主機的 MPIO-1 網路卡

　　當我們將 Node 2 主機 MPIO-1 網路卡停用後,在工作管理員當中 **MPIO-1** 網路卡將會「**消失**」,而 **MPIO-2** 網路卡仍然 **有** 流量(達成容錯備援機制)。

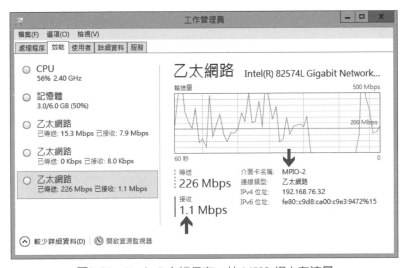

圖3-81　Node 2 主機仍有一片 MPIO 網卡有流量

再次切換到「**iSCSI**」主機查看 MPIO 網路流量情況，此時您可以看到 iSCSI 主機的 MPIO-1 網路卡已經 **沒有** 流量，而 MPIO-2 網路卡則仍 **有** 流量。

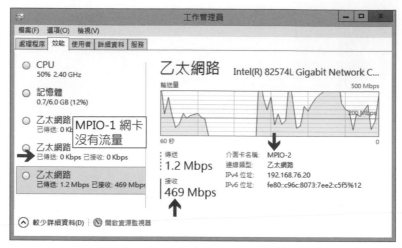

圖3-82 iSCSI 主機的 MPIO-2 仍有流量

切換回 VM 虛擬主機的 Console 畫面中，您可以看到安裝程序仍然持續進行當中，並沒有發生任何中斷或錯誤事件。

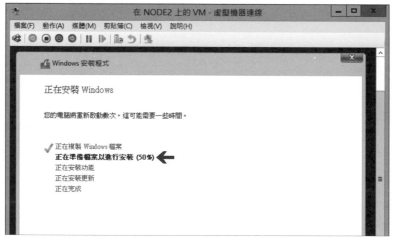

圖3-83 VM 虛擬主機安裝程序持續進行中

　　切換回「Node 2」主機,並將剛才停用的 MPIO-1 網卡進行「**啟用**」的動作,準備觀看 MPIO-1 網卡是否會自動加入並開始傳輸網路流量。

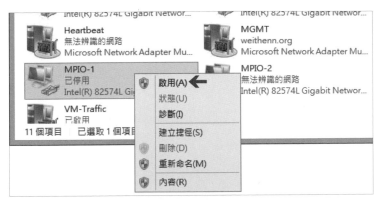

圖3-84　Node 2 主機啟用 MPIO-1 網卡

　　當 Node 2 主機將 MPIO-1 網卡啟用後,大約「**3～5秒**」便可以看到 MPIO-1 網卡出現在工作管理員當中,並且傳輸流量又自動平均分配到 MPIO-1、MPIO-2 網卡(達成負載平衡機制)。

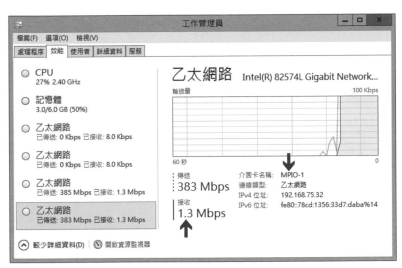

圖3-85　Node 2 主機 MPIO-1 網路流量恢復

當然 iSCSI 主機端的 MPIO-1 網卡，也恢復並繼續傳輸流量。

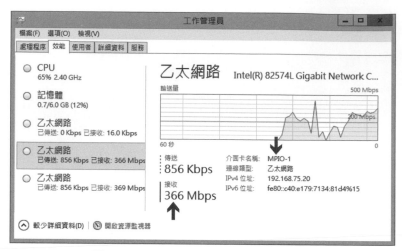

圖3-86　iSCSI 主機 MPIO-1 網路流量恢復

▍卸載 ISO 映像檔

當 VM 虛擬主機安裝作業系統完畢後，請在 VM 虛擬主機 Console 畫面點選上方工具列「檔案 > 設定」，此時將彈出 VM 設定視窗請切換到「DVD 光碟機」在媒體區塊中，選擇至「無」選項後按下「套用」鈕，以執行卸載 ISO 映像檔的動作避免後續執行遷移動作時，因為掛載的 ISO 映像檔為 Node 2 本機路徑，別台叢集節點無法存取而發生錯誤。

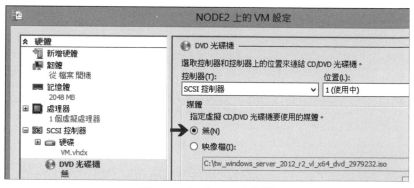

圖3-87　卸載 ISO 映像檔

3-3-5 管理 VM 虛擬主機

VM 虛擬主機作業系統安裝完成後，其實您在容錯移轉叢集管理員當中就可以管理該 VM 虛擬主機，而 VM 虛擬主機的相關運作狀態如 CPU、記憶體需求、電腦名稱…等也都一目了然。

圖3-88　容錯移轉叢集管理員管理 VM 虛擬主機

如果您習慣用 Hyper-V 管理員來管理 VM 虛擬主機，您可以在容錯移轉叢集管理員操作介面當中，點選該 VM 虛擬主機後選擇右鍵選單中的「**管理**」項目，便會呼叫出 Hyper-V 管理員視窗。

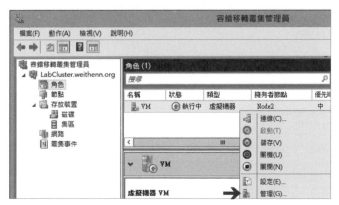

圖3-89　使用 Hyper-V 管理員管理 VM 虛擬主機

為了在管理主機端可以便於管理 VM 虛擬主機，因此安裝管理工具如 Hyper-V 管理員，這就是為何我們要幫 DC 主機安裝相關管理工具的原因。

　　先前在建立 VM 虛擬主機時，便已經將網路卡連接至 10.10.75.x/24 網段的虛擬交換器，因此 VM 虛擬主機啟動後會自動取得 DHCP 所發放的 IP 位址，此實作中 VM 虛擬主機取得的動態 IP 位址為「10.10.75.210」。我們將此台 VM 虛擬主機設定固定 IP 位址「**10.10.75.51**」，以便後續實作演練測試時便於辨別。

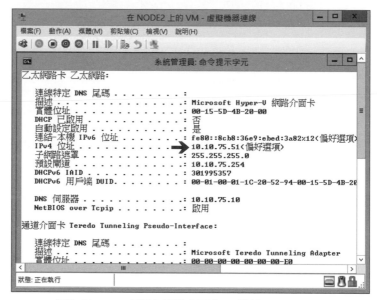

圖3-90　VM 虛擬主機設定固定 IP 位址 10.10.75.51

　　請依照本書第一章 1-2 系統初始設定小節，調整 VM 虛擬主機的預設輸入法模式、變更電腦名稱…等初始設定。此外，在預設情況下 Windows Server 2012 R2 並不允許「**ping 回應**」，所以我們將 VM 虛擬主機的 ping 回應防火牆規則「**啟用**」以利後續測試，請將防火牆輸入規則中「**檔案及印表機共用（回應要求 - ICMPv4-In）**」啟用即可。

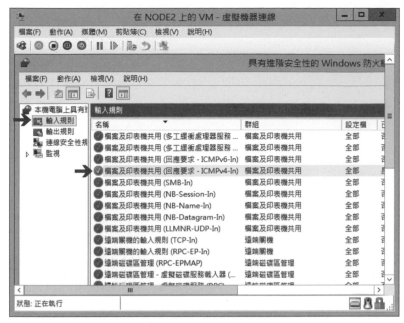

圖3-91　啟用主機 ping 回應防火牆規則

　　開啟 VM 虛擬主機 ping 回應防火牆規則後，在 DC 主機端測試看看能否順利 ping 到 VM 虛擬主機，以利後續的遷移測試作業。

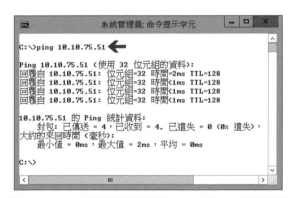

圖3-92　DC 主機測試能否順利 ping 到 VM 虛擬主機

3-4 叢集共用磁碟區快取（CSV Cache）

熟知虛擬化架構的管理人員便知道，在虛擬化平台中運作的 VM 虛擬主機，影響效能表現的第一要素其實並非 CPU 或 Memory 等硬體資源，而是硬碟效能也就是「**IOPS**（Input/Output Operations Per Second）」。

舉例來說，目前主流 PC 主機效能一日千里，中央處理器 CPU 的部份有 i3/i5/i7 且多核心，而 Memory 記憶體部份也來到 32 GB 甚至更多，倘若是在這種等級的 PC 主機上卻使用一般 7,200 轉的 SATA 硬碟，那麼在運作效能上相信是差強人意的，其主因便是 SATA 硬碟 IOPS 不足所致。但是，若更換成 IOPS 表現良好的 SSD 固態硬碟，相信整體的運作效能表現將令人滿意。

在虛擬化平台上運作的 VM 虛擬主機也是相同的道理，當儲存設備 IOPS 不足時，即使給予 VM 虛擬主機再多的 vCPU / vRAM，仍然會發現效能表現並不如預期。因此，市場上常見儲存設備推出的「**快取（Cache）**」解決方案，例如為儲存設備加裝 SSD 固態硬碟、Flash PCIe Card、PAM Card…等，這些快取解決方案雖然能使 IOPS 表現亮眼，但是卻也所費不貲。

現在，新一代的 Windows Server 2012 R2 雲端作業系統，就已經 **內建** 了快取機制稱為「**叢集共用磁碟區快取（CSV Cache）**」。簡單來說，它的運作原理是將「每一台」叢集節點，所擁有的「實體記憶體（Physical Memory）」空間「切割」一部份出來，成為 CSV Cache 空間後互相協同運作，並具備如下特色：

◆ CSV Cache 為「**區塊等級（Block Level）**」的 Read-Only 快取技術，透過 Windows Cache Manager 來處理 Unbuffered I/O 的資料部份。

◆ CSV Cahce 技術在資料讀取的部份，對於「**連續讀取（Sequential Read）**」表現極為亮眼，而「**隨機讀取（Random Read）**」的部份相較之下較為普通。

◆ CSV Cache 技術可用於 Hyper-V Cluster叢集環境當中，在 CSV Cache 空間部份則建議從「**512 MB**」開始，然後視運作環境資料 I/O 行為進行調整。

◆ CSV Cache 技術可用於 Scale-Out File Server Cluster 叢集環境中，在 CSV Cache 空間部份則建議從「**4 GB**」開始，然後視運作環境資料 I/O 行為進行調整。

◆ CSV Cache 空間分配部份在 **2012** 版本時,最多只能分配叢集節點的「**20 %**」實體記憶體空間,而在最新的 **2012 R2** 版本中,則能夠分配「**80 %**」的實體記憶體空間。但是,微軟官方建議分配的 CSV Cache 空間,最多還是**不要**超過「**64 GB**」。

◆ CSV Cache 技術,目前與某些特色功能如 Tiered Storage Space、Data Deduplication、ReFS Volume並 **不** 相容,因此在架構整合上必須特別注意。

3-4-1 啟用 CSV Cache 機制

在 Windows Server **2012** 版本中,CSV Cache 機制預設是「**停用**」的。新一代的 Windows Server **2012 R2** 版本當中,預設情況下 CSV Cache 機制則是「**啟用**」,但尚未配置 CSV Cache 空間。

您可以透過 PowerShell 指令來確認 CSV Cahce 是否啟用。請在 DC 主機開啟 Node 1 或 Node 2 叢集節點的 PowerShell 並鍵入下列指令,在執行結果中 Value 欄位值「**1**」便表示啟用(0 則表示停用)。

```
Get-ClusterSharedVolume | Get-ClusterParameter | where {$_.Name  - eq "EnableBlockCache"}
```

圖3-93 確認 CSV Cache 機制是否啟用

 在 PowerShell 指令內搜尋關鍵字的部份,若是 Windows Server **2012** 版本請使用「**CsvEnableBlockCache**」,若是 Windows Server **2012 R2** 版本請使用「**EnableBlockCache**」關鍵字。

3-4-2 調整 CSV Cache 空間大小

確認叢集節點已經啟用 CSV Cache 機制後，便可以著手調整 CSV Cache 的空間大小。我們已經知道 2012 R2 版本，預設情況下會啟用 CSV Cache 機制，但是尚未分配 CSV Cache 空間大小，你可以透過下列 PowerShell 指令，來確認目前叢集節點的 CSV Cache 空間大小。

```
Get-Cluster | fl BlockCacheSize
```

圖3-94　確認叢集節點的 CSV Cache 空間大小

因為本書實作環境硬體資源吃緊，因為我們就以微軟官方建議數值，也就是 Hyper-V Cluster 其 CSV Cache 初始建議值為「**512 MB**」進行設定。此外，分配 CSV Cache 空間大小的動作，只要在「**其中一台**」叢集節點當中執行，便會套用至「**每一台**」叢集節點當中。

請在叢集節點的 PowerShell 視窗中輸入下列指令，便會為叢集節點指派 **512 MB** 的 CSV Cache 空間，指派完成後可以用剛才的檢查指令進行確認。

```
(Get-Cluster).BlockCacheSize = 512
```

圖3-95　為叢集節點指派 512 MB 的 CSV Cache 空間

 若採用 Windows Server **2012** 版本，則 PowerShell 指令中設定 CSV Cache 空間大小的關鍵字為「**SharedVolumeBlockCacheSizeInMB**」，若是 Windows Server **2012 R2** 則為「**BlockCacheSize**」。

接著,切換到 **Node 2** 主機的 PowerShell 視窗,直接使用 CSV Cache 空間查詢指令,來確認指派 CSV Cache 的動作,是否只要在其中一台叢集節點設定即可。

圖3-96　確認 Node 2 主機是否也自動套用指派的 CSV Cache 空間

3-4-3　測試 CSV Cache 機制

確認啟用 CSV Cache 機制,並且指派了 CSV Cache 快取空間,接下來該怎麼測試 VM 虛擬主機,是否因為 CSV Cache 機制而讓 IOPS 提升,進而提升整體的運作效能呢? 接著,我們將透過簡單的 IOPS 測試工具「CrystalDiskMark」來進行確認動作。

請為 VM 虛擬主機下載 CrystalDiskMark 工具,為了快速測試 IOPS 的變化,所以我們採用最少的「1 / 50 MB」為測試標準,在測試結果中你可以看到,目前 VM 虛擬主機的 IOPS 表現,仍然是跟叢集節點及儲存設備的效能有關,似乎並沒有感受到 CSV Cache 的威力。

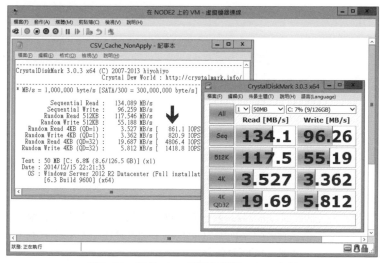

圖3-97　目前 VM 虛擬主機的 IOPS 表現

事實上，啟用並指派 CSV Cache 空間之後，若是採用 Windows Server **2012** 版本，會因為無法動態調整「Hyper-V Root Memory Reserve」數值，而必須要重新啟動才能套用生效。若採用新一代的 Windows Server **2012 R2** 版本，雖然能夠動態調整 Hyper-V Root Memory Reserve 數值，但是仍然需要針對「**叢集共用磁碟區（CSVFS）**」，進行「**離線（Offline）→ 上線（Online）**」的動作，才能真正套用生效。

那麼該如何達成呢？ 最簡單的方式，便是將 CSVFS 更換「**擁有者**」叢集節點即可。請切換到 DC 主機所開啟的容錯移轉叢集管理員視窗，依序點選「存放裝置 > 磁碟 > **CSV1**」，可以看到目前叢集共用磁碟區的擁有者節點為「**Node 2**」主機。

圖3-98　目前叢集共用磁碟區的擁有者節點為 Node 2 主機

　　請在右鍵選單中，依序選擇「移動 > 選取節點」項目，在彈出的移動叢集共用磁碟區視窗中，因為目前叢集中只有二台叢集節點，因此只會顯示「**Node 1**」主機，請點選後按下「確定」鈕進行更換擁有者節點的動作。

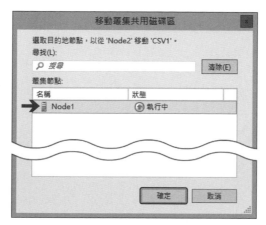

圖3-99　準備更換叢集共用磁碟區擁有者節點

　　此時，叢集共用磁碟區的擁有者節點，已經從 **Node 2 → Node 1** 遷移完成。事實上，這樣的變更擁有者節點動作，便已經完成叢集共用磁碟區「離線（Offline）→ 上線（Online）」的動作。

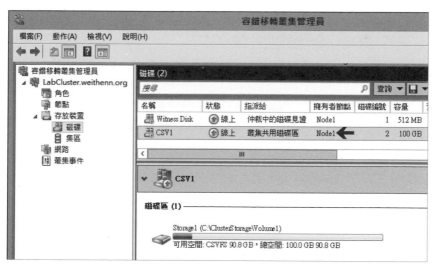

圖3-100　叢集共用磁碟區的擁有者節點 Node 2 → Node 1

此時，切換到 VM 虛擬主機所開啟 CrystalDiskMark 工具，再次進行 IOPS 的測試作業。相信您應該已經充份感受到 CSV Cache 的威力了吧 !!

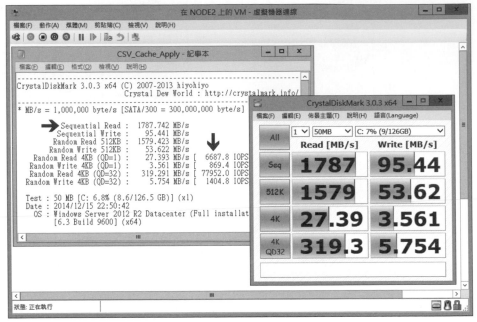

圖3-101　啟用 CSV Cache 機制後 VM 虛擬主機的 IOPS 表現

3-4-4　CSV Cache 機制失效？

在本節介紹 CSV Cache 快取機制時，已經說明 CSV Cache 與 Tiered Storage Space、Data Deduplication、ReFS Volume 等特色功能 **不** 相容。除此之外，還會影響到 CSV Cache 快取機制運作的部份，也就是叢集節點對於叢集共用磁碟區 CSV 的「**I/O 模式**」。

此特色功能是 Windows Server 2012 R2 的增強功能，稱之為「**叢集共用磁碟區診斷（CSV Diagnosibility）**」機制。在容錯移轉叢集運作環境當中，預設情況下叢集資源會檢查每一台叢集節點的 CSV 狀態，診斷其 I/O 的運作模式為「**直接存取（Direct IO）**」或「**重新導向（Redirected IO）**」。

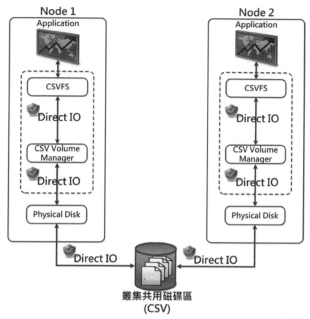

圖3-102　叢集節點存取模式為「直接存取（Direct IO）」運作示意圖

　　簡單來說，預設及正常情況下的叢集節點，將會採用「**直接存取（Direct IO）**」的方式來存取 CSV 叢集共用磁碟區的儲存資源。你可以在任何一台叢集節點上，透過 PowerShell 指令查詢叢集節點存取 CSV 叢集共用磁碟區的 I/O 模式。

```
Get-ClusterSharedVolumeState  - Name  "CSV1"
```

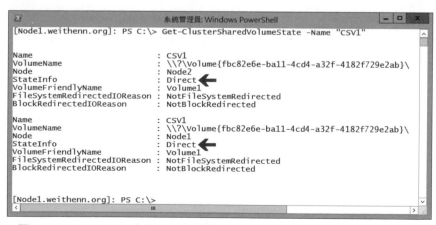

圖3-103　PowerShell 查詢目前叢集節點存取 CSV 叢集共用磁碟區的 I/O 模式

　　或者，您可以在容錯移轉叢集管理員介面中，依序點選「存放裝置 > 磁碟 > CSV1 > 右鍵 > 屬性」，在彈出的 CSV1 內容視窗當中的「**重新導向存取**」欄位值，可以了解目前叢集節點的 I/O 模式。

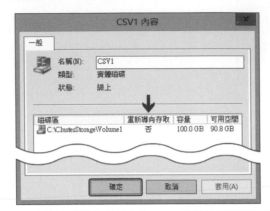

圖3-104　GUI 查詢目前叢集節點存取 CSV 叢集共用磁碟區的 I/O 模式

　　那麼當叢集節點的 I/O 存取模式變成「**重新導向（Redirected IO）**」時，會產生哪些影響？ 又是什麼原因造成的？ 簡單來說，當叢集節點的 I/O 存取模式變成重新導向時，會大量 **增加** 儲存 I/O 開銷，造成叢集節點的運作效能將會變得 **低落**。除此之外，還會導致 CSV Cache 快取機制 **失效**。

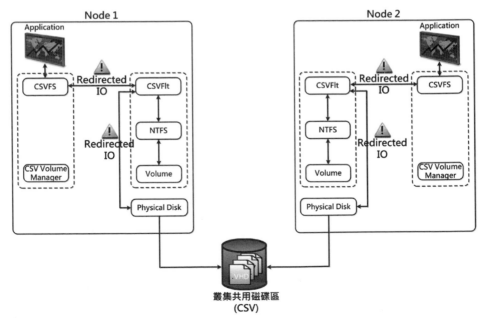

圖3-105　叢集節點 I/O 存取模式為「重新導向（Redirected IO）」運作示意圖

手動強迫 I/O 存取模式為重新導向

那麼，我們就來模擬當叢集節點的 I/O 存取模式，變成重新導向時是否真的會造成 CSV Cache 快取機制失效。請在叢集節點中鍵入下列 PowerShell 指令，然後再次查詢叢集節點 I/O 存取模式。

```
Suspend-ClusterResource  - Name  "CSV1"  - RedirectedAccess  - Force
```

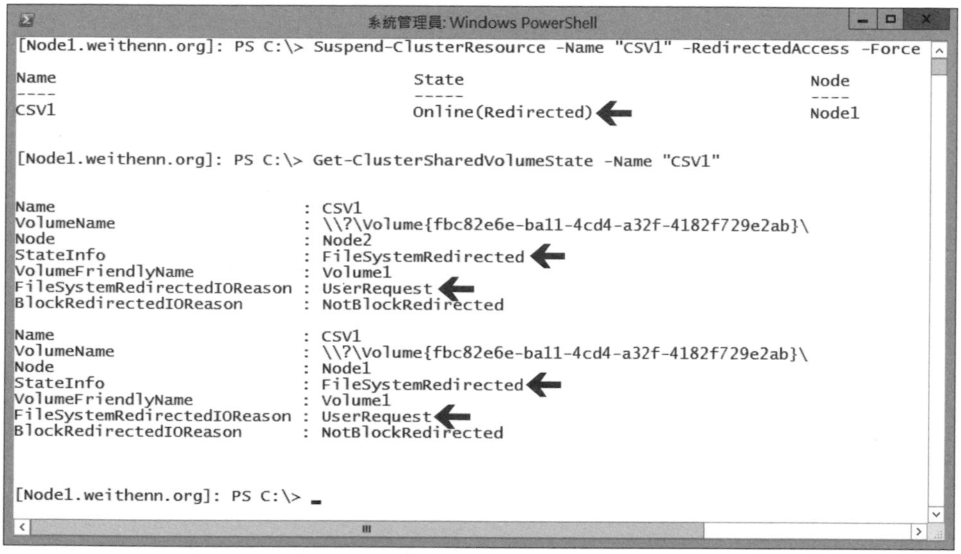

圖3-106　手動模擬叢集節點的 I/O 存取模式變成重新導向

你可以看到 StateInfo 欄位內容，從先前正常的「Direct」狀態變成「**FileSystemRedirected**」重新導向模式，並且在 FileSystemRedirectedIOReason 欄位，可以看到是「**UserRequest**」也就是我們強制 I/O 存取模式變成重新導向。

所以發生狀況導致 I/O 存取模式變成重新導向時，你可以透過查詢叢集節點的狀態，來了解造成此狀況的原因為何。舉例來說，當原因欄位值為「NoDiskConnectivity」時，表示叢集節點無法連接到磁碟，此狀況通常是儲存設備的組態設定所導致；當原因欄位值為「StorageSpaceNotAttached」時，表示叢集節點無法連接到 Storage Space 資源…等。

此時，在容錯移轉叢集管理員介面中 CSV1 叢集共用磁碟區，其狀態內容就會從原本的「**線上 → 線上（重新導向存取）**」。

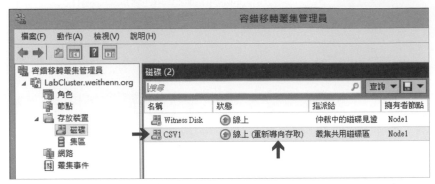

圖3-107　CSV1 叢集共用磁碟區狀態由「線上 → 線上（重新導向存取）」

當然，如果查看 CSV1 叢集共用磁碟區的屬性狀態，也會看到重新導向存取欄位由「**否 → 是**」。

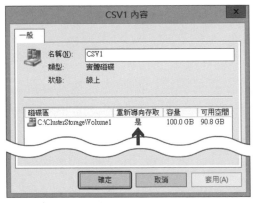

圖3-108　重新導向存取欄位由「否 → 是」

此外，在容錯移轉叢集管理員介面中點選「**叢集事件**」項目後，可以看到觸發了系統的警告事件，說明叢集節點變成重新導向的存取模式後，將會導致運作效能降低。

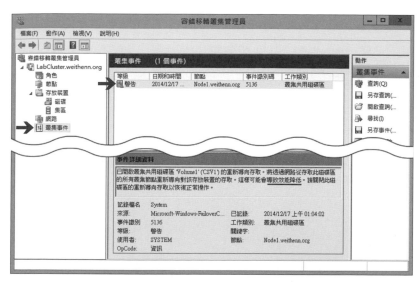

圖3-109 重新導向存取模式,將會造成運作效能低落

現在,請切換回到 VM 虛擬主機畫面,然後再次使用 CrystalDiskMark 測試工具,測試目前 VM 虛擬主機的 IOPS 效能數據,從測試結果中可以看到 VM 虛擬主機的 IOPS 工作負載,整體運作效能非常低落。因此,如果容錯移轉叢集運作環境當中,發生相關事件導致 I/O 存取模式變成重新導向時,也可能是導致 VM 虛擬主機效能低落的原因之一。

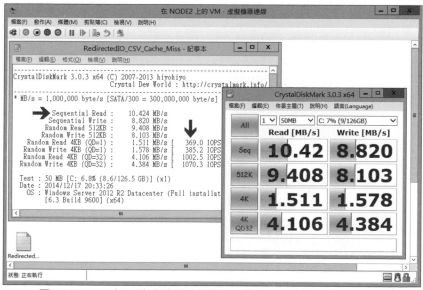

圖3-110 I/O 存取模式變成重新導向,導致 VM 虛擬主機效能低落

▌恢復 I/O 存取模式為直接存取

測試完 CSV 診斷機制之後，請將剛才手動強迫 I/O 存取模式為重新導向改回直接存取。請在叢集節點中鍵入下列 PowerShell 指令，然後再次查詢叢集節點 I/O 存取模式。

```
Resume-ClusterResource  - Name  "CSV1"
```

圖3-111　I/O 存取模式恢復為直接存取

當然，您將 I/O 存取模式恢復為直接存取之後，在容錯移轉叢集管理員介面中 CSV1 叢集共用磁碟區，其狀態內容就會從原本的「**線上（重新導向存取）→ 線上**」，同時查看 CSV1 叢集共用磁碟區的屬性狀態，也會看到重新導向存取欄位由「**是 → 否**」。

此時，再次切換回 VM 虛擬主機畫面使用 CrystalDiskMark 工具，測試目前 VM 虛擬主機的 IOPS 效能數據，從測試結果中可以看到 VM 虛擬主機的 IOPS 工作負載，整體運作效能已經恢復正常且高效能的表現。

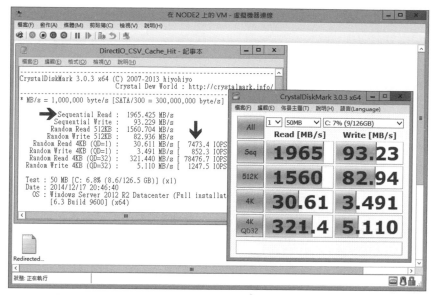

圖3-112　I/O 存取模式恢復直接存取，VM 虛擬主機恢復高效能

3-5 共用虛擬硬碟（Shared VHDX Disk）

在新一代 Windows Server 2012 R2 版本之前，運作在 Hyper-V 虛擬化平台上面的 VM 虛擬主機，如果想要建置容錯移轉叢集環境（Guest Clustering）的話，那麼只能掛載「**實體**」環境當中的儲存設備（如 FC-SAN、IP-SAN）。

因此，雖然已經是 VM 虛擬主機並運作在虛擬化環境，但是卻仍然跟在實體環境架設叢集的流程相同，必須要在實體儲存設備上設定及組態如 LUN（Logical Unit Number）…等配置，然後 VM 虛擬主機配置 vHBA 或 vNIC 之後，再去掛載實體儲存設備的儲存資源，一切完備之後才能進行容錯移轉叢集環境的建置作業。

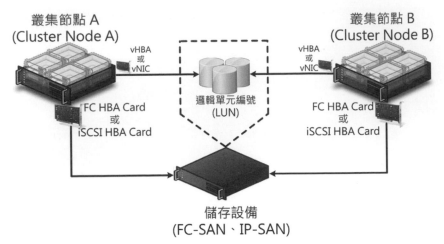

圖3-113　傳統 Guest Clustering 環境架設示意圖

　　現在，於 Windows Server 2012 R2 版本中，提供「**共用虛擬硬碟（Shared Virtual Hard Disk）**」機制，有效解決傳統架設 Guest Clustering 的困擾。簡單來說，所建立的「**VHDX 虛擬硬碟**」能夠「**同時**」被多台主機存取，因此可以輕鬆達成 Guest Clustering 的需求。

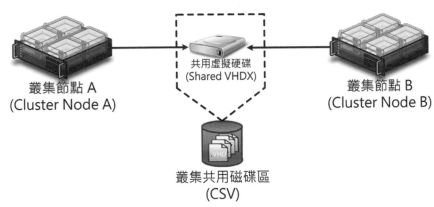

圖3-114　共用虛擬硬碟機制，有效解決傳統 Guest Clustering 的困擾

共用虛擬硬碟機制的特色功能，以及相關注意事項如下：

◆ 必須為新式虛擬磁碟格式 **VHDX**（不支援舊版 VHD）。

◆ 支援「**固定 / 動態**」磁碟格式（不支援「差異」磁碟格式）。

◆ 支援「**資料磁碟（Data Disk）**」及「**見證磁碟(Witness Disk)**」（不支援用於「作業系統磁碟（Operating System Disk）」）。

◆ 必須存放於容錯移轉叢集環境當中，也就是區塊層級（Block Level）的「**CSV叢集共用磁碟區**」，或者是檔案層級（File Level）的「**Scale-Out 檔案伺服器**」。

◆ 支援「**第 1、2 世代**」的 VM 虛擬主機。

◆ 架設 Guest Clustering 的 VM 虛擬主機，作業系統支援 Windows Server 2012 / 2012 R2 版本，若採用的是 2012 版本則必須安裝最新版本的整合服務。

◆ 架設 Guest Clustering 的 VM 虛擬主機，必須屬於「**相同**」的 Active Directory 網域。

3-5-1 第一台 VM 新增共用虛擬硬碟

請再新增一台高可用性的 VM 虛擬主機，然後放在另一台叢集節點當中，模擬要架設 Guest Clustering 的環境。

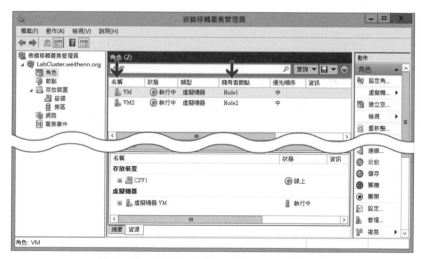

圖3-115　模擬架設 Guest Clustering 的環境

在容錯移轉叢集管理員介面中，請點選第一台 VM 虛擬主機後，依序點選「設定 > SCSI 控制器 > 硬碟 > 新增」項目，此時將會多出一顆虛擬硬碟，接著請按下「新增」鈕，準備新增**第一顆**共用硬碟，也就是叢集環境中的仲裁硬碟。

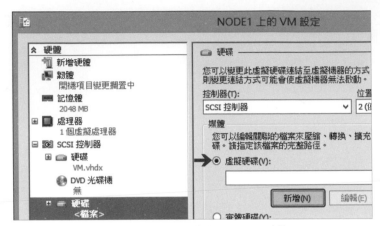

圖3-116　準備新增第一顆共用硬碟

在彈出的新增虛擬硬碟精靈中，說明將會新增 .vhdx 虛擬硬碟，請直接按「下一步」鈕即可。

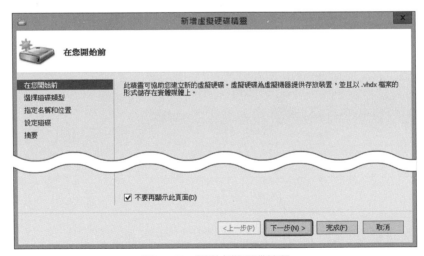

圖3-117　新增虛擬硬碟精靈

在選擇磁碟類型頁面中，若是真正要架設營運用的 Guest Clustering 環境，
建議採用「**固定大小**」的磁碟類型，但本書中為了測試方便性我們直接選擇「**動態擴充**」項目後，按「下一步」鈕繼續新增虛擬硬碟程序。

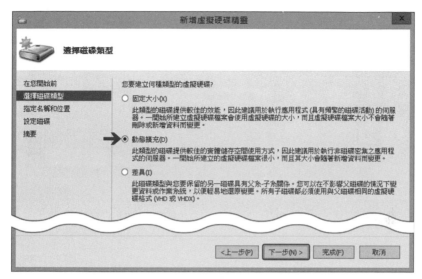

圖3-118　為了測試方便性選擇動態擴充項目

 再次提醒，共用虛擬硬碟 **不** 支援採用「差異」磁碟類型。

在指定名稱和位置頁面中，此實作中為了便於辨別將硬碟名稱取名為
「Shared_HDD_1G.vhdx」，而存放的路徑就是叢集共用磁碟區「C:\ClusterStorage\
volume1\」，請按「下一步」鈕繼續新增虛擬硬碟程序。

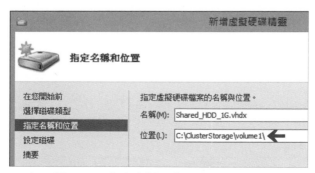

圖3-119　指定虛擬硬碟名稱及存放路徑

在設定磁碟頁面中，因為此顆共用虛擬硬碟是規劃，用於 Guest Clustering 當中仲裁磁碟用途，因此給予「1 GB」大小即可，請按「下一步」鈕繼續新增虛擬硬碟程序。

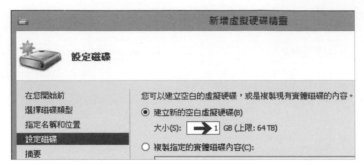

圖3-120　規劃用於 Guest Clustering 環境的 1 GB 仲裁磁碟

再次確認新增虛擬硬碟內容無誤後，按下「完成」鈕即可。

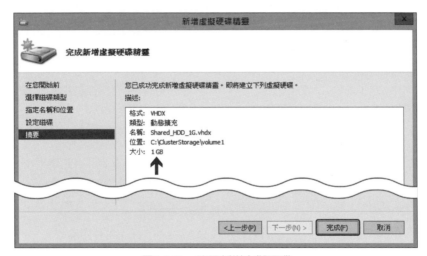

圖3-121　確認新增虛擬硬碟

新增好虛擬硬碟之後，請按下「確定」鈕新增即可。因為，目前的 VM 虛擬主機是在「**開機（Power On）**」的運作狀態，此時若嘗試套用「啟用虛擬硬碟共用」機制的話，便會產生套用錯誤的訊息。

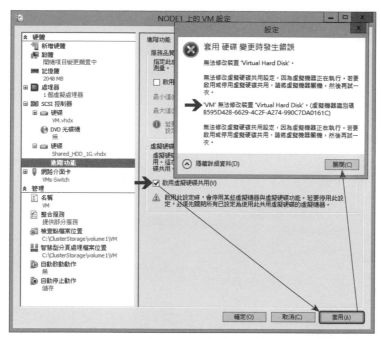

圖3-122　VM 虛擬主機開機中，無法套用共用虛擬硬碟機制

　　請將第一台 VM 虛擬主機關機，然後依剛才新增虛擬硬碟的方式，再新增一顆 20 GB 虛擬硬碟，名稱為「Shared_HDD_20G.vhdx」，規劃擔任 Guest Clustering 當中的 CSV 叢集共用磁碟區用途。新增完成後，此時記得幫二顆虛擬硬碟「**啟用虛擬硬碟共用**」的功能。

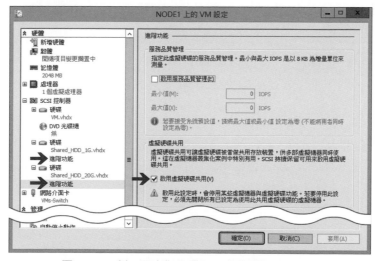

圖3-123　幫二顆虛擬硬碟啟用虛擬硬碟共用功能

3-5-2 第二台 VM 掛載共用虛擬硬碟

同樣的，也請先幫第二台 VM **關機**，否則掛載共用虛擬硬碟後要進行啟用時也會發生錯誤。在容錯移轉叢集管理員中，請依序點選「VM2 > 右鍵 > 設定 > SCSI 控制器 > 硬碟 > 新增」項目，然後按下「瀏覽」鈕之後，選擇剛才新增的**第一顆**共用虛擬硬碟「C:\ClusterStorage\volume1\Shared_HDD_1G.vhdx」，並勾選在進階功能當中的「啟用虛擬硬碟共用」項目。

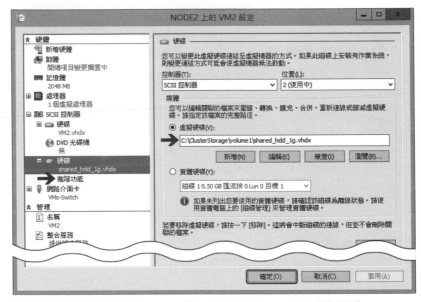

圖3-124　第二台 VM 虛擬主機掛載第一顆共用虛擬硬碟

同樣的掛載方式，再幫第二台 VM 虛擬主機掛載 **第二顆** 共用虛擬硬碟，請選擇剛才新增的第二顆共用虛擬硬碟「C:\ClusterStorage\volume1\Shared_HDD_20G.vhdx」，並勾選在進階功能當中的「啟用虛擬硬碟共用」項目。

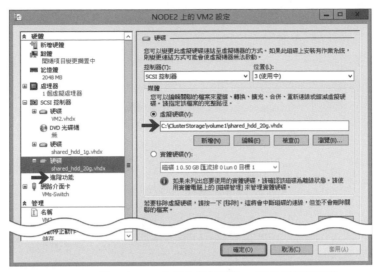

圖3-125　第二台 VM 虛擬主機掛載第二顆共用虛擬硬碟

3-5-3　架設 Guest Clustering

　　請先將第一台 VM 虛擬主機開機，開啟磁碟管理工具之後，為這二顆共用虛擬磁碟進行 連線 → 初始化 → 格式化…等作業，並且將 1 GB 的共用虛擬磁碟格式化為「Quorum (Q:)」，而 20 GB 的共用虛擬磁碟格式化為「Storage (S:)」。

圖3-126　第一台 VM 虛擬主機格式化二顆共用虛擬磁碟

　　第二台 VM 虛擬主機開機並開啟磁碟管理工具後，目前可以看而二顆共用虛擬磁碟狀態為「**離線**」。這畫面是否似曾相識 !! 沒錯，跟我們在第二章容錯移轉叢集環境前置作業時相同。因為，第一台 VM 虛擬主機，已經處理好這二顆共用虛擬磁碟了，只要進行「**連線**」作業即可使用。

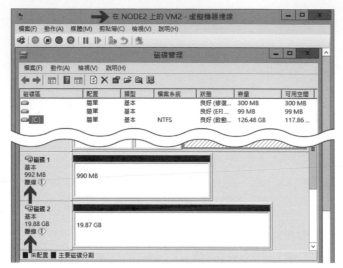

圖3-127　第二台 VM 虛擬主機準備掛載共用虛擬磁碟

　　同樣的，當共用虛擬磁碟「連線」之後，磁碟機代號可能跟第一台 VM 不同（例如為 E:、F:），請調整成相同的磁碟機代號「Q:、S:」。後續架設 Guest Clustering 容錯移轉叢集的部份，相信應該不用再多說了。

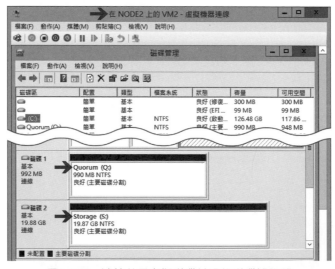

　　　　　　　　　　圖3-128　連線共用虛擬磁碟並調整磁碟機代號

CHAPTER 4

計畫性停機
解決方案

4-1 即時遷移（Live Migration）

在舊版 Windows Server 2008 R2（Hyper-V 2.0）虛擬化平台中，有著同一時間只能移動「**1 台**」VM 虛擬主機數量的限制。現在，新一代的 Windows Server 2012 R2（Hyper-V 3.0）虛擬化平台中，您可以在 1 Gbps / 10 Gbps 網路環境當中，同一時間同時移動「**多台**」VM 虛擬主機而不會有任何限制（當然，仍需考慮 Network Throughput、Storage IOPS…等因素）。

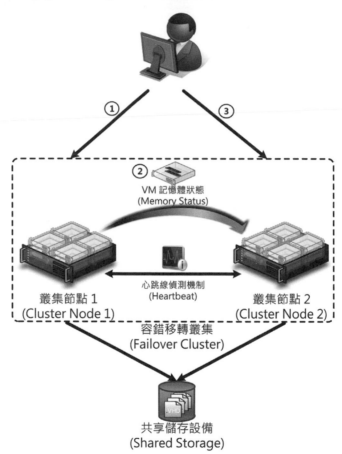

圖4-1　即時遷移運作示意圖

即時遷移（Live Migration）運作流程：

1. 容錯移轉叢集管理員發動「即時遷移（Live Migration）」動作，二台 Hyper-V 主機成功建立連接程序後，在目的端 Hyper-V 主機建立同名 VM 虛擬主機。

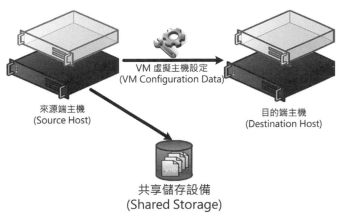

VM 虛擬主機設定
(VM Configuration Data)

來源端主機
(Source Host)

目的端主機
(Destination Host)

共享儲存設備
(Shared Storage)

圖4-2　Live Migration 初始化階段

2. 將來源端 Hyper-V 主機當中，線上運作的 VM 虛擬主機其「**記憶體內容（Memory Content）**」，複製到目的端 Hyper-V 主機。

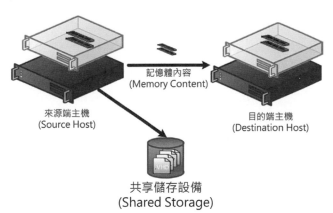

記憶體內容
(Memory Content)

來源端主機
(Source Host)

目的端主機
(Destination Host)

共享儲存設備
(Shared Storage)

圖4-3　進行 Memory Content 複製程序

3. 當記憶體內容複製完畢後，再次複製觸發即時遷移至今所更動的記憶體區塊。此時，新的 VM 虛擬主機已經完成遷移設定作業，同時準備接手相關服務。

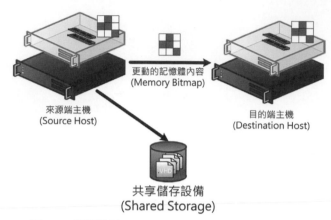

圖4-4　傳送差異 Memory Page 內容並準備接手服務

4. 目的端 Hyper-V 主機的 VM 虛擬主機，接手共用儲存設備當中相關檔案的存取權。

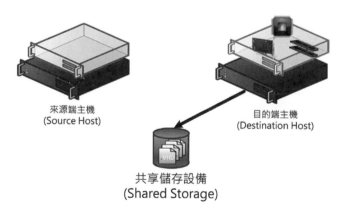

圖4-5　目的地 VM 虛擬主機接手儲存檔案

5. 最後，因為 VM 虛擬主機所處 Hyper-V 主機實體網路卡 MAC Address 不同，VM 虛擬主機發送 RARP 封包使實體交換器重新學習 MAC Address，以便讓用戶端能找到正確的 IP 位址及 Port 號進行通訊。

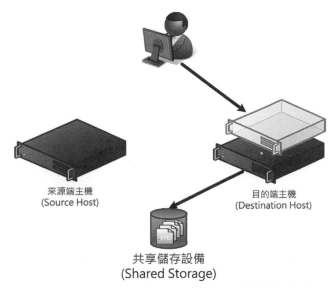

圖4-6　接手完成，並發出 RARP 封包更新實體交換器

建置 Hyper-V 虛擬化平台時，要達成支援「即時遷移（Live Migration）」運作環境的話，需要注意如下建置需求資訊：

來源與目的地 Hyper-V 主機

◆ 必須處於同一 Active Directory 網域，或是彼此信任的 Active Directory 網域。

◆ 必須支援硬體虛擬化技術（Intel VT-x 或 AMD AMD-V）。

◆ 必須採用相同品牌的處理器（例如，都是 Intel 或都是 AMD），且世代不能差異過大。

◆ 必須安裝 Hyper-V 伺服器角色。

◆ 容錯移轉叢集（非必要條件，在初級篇中已經證明）。

使用者帳戶及電腦帳戶的權限設定

◆ 設定限制委派的帳戶必須是 Domain Administrators 群組的成員。

◆ 設定和執行即時移轉的帳戶，必須是本機 Hyper-V Administrators 群組。

◆ 必須是來源與目的地電腦上 Administrators 群組的成員。

即時移轉驗證通訊協定方式

◆ 若使用「**CredSSP**」驗證通訊協定方式，則只能在「來源端」Hyper-V 主機操作，才能順利將 VM 虛擬主機執行「即時遷移（推送）」的動作（否則將會發生無法遷移的錯誤）。

◆ 若使用「**Kerberos**」驗證通訊協定方式，則必須要在 Computers 容器當中設定「委派」信任服務（否則將會發生無法遷移的錯誤）。

即時遷移網路流量

◆ 建置專用的即時遷移網路，避免與其它網路混用造成傳輸瓶頸。

◆ 建置專用且受信任的私有即時遷移網路，因為即時遷移流量在執行資料移轉動作時，並「不會加密」所傳輸的流量，此舉可以提高主機整體安全性。

4-1-1 即時移轉設定

　　在初級篇當中，因為並沒有架設容錯移轉叢集的運作環境，所以必須要針對「**每一台**」Hyper-V 主機，依序啟用「即時移轉」的功能才行。但是，在本書當中我們已經建置好容錯移轉叢集環境，因此只需要在容錯移轉叢集管理員中「**統一設定**」即時移轉組態內容即可。

在 DC 主機所開啟的容錯移轉叢集管理員視窗中，請依序點選「網路 > 即時移轉設定」項目。

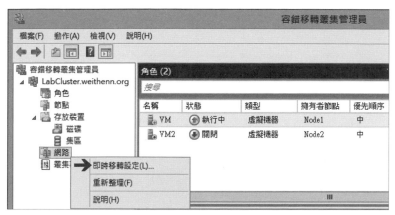

圖4-7 選擇即時移轉設定項目

在彈出即時移轉設定視窗當中，利用上移及下移鈕來調整即時移轉網路的優先順序，即時移轉優先順序為「MGMT > Heartbeat > MPIO-1 > MPIO-2」，確認無誤後按下「確定」鈕。

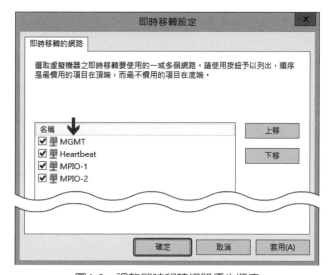

圖4-8 調整即時移轉網路優先順序

完成即時移轉設定後我們可以開啟 Hyper-V 管理員，分別查看 Node 1、Node 2 主機的即時使用設定是否真的都啟用，在 Hyper-V 設定視窗中最下方將會看到警告訊息，說明無法調整相關設定因為已經被叢集使用中。

圖4-9　Node 主機即時移轉設定已啟用

4-1-2　實測即時遷移（Live Migration）

當您將容錯移轉叢集運作環境建立完成後，所有操作都應該透過「容錯移轉叢集管理員」來統一進行管理，而「Hyper-V 管理員」則是讓您查看相關設定為輔，舉例來說 在容錯移轉叢集運作環境中，如果您嘗試使用 Hyper-V 管理員，針對高可用性角色的 VM 虛擬主機進行「**移動**」作業的話，那麼將會得到「無法開啟移動精靈，因為該虛擬機器已叢集化」的訊息，並建議您使用容錯移轉叢集管理員來進行操作。

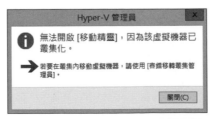

圖4-10　無法開啟移動精靈，因為該虛擬機器已叢集化

目前 VM 虛擬主機運作在 Node 1 主機上，且 VM 虛擬主機的儲存資源存放於 iSCSI 主機所建立的共用儲存環境當中，現在我們就來測試在 VM 虛擬主機運作中的情況下，線上不中斷的從 Node 1 主機遷移至 Node 2 主機。

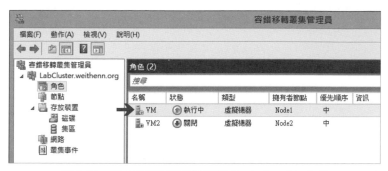

圖4-11　VM 虛擬主機將準備從 Node 1 → Node 2

在開始執行 VM 虛擬主機即時遷移的動作以前，我們先準備好測試環境以便等一下觀察線上遷移過程是否如我們所規劃一般，請在 DC 主機開啟命令提示字元持續 ping 此台 VM 虛擬主機，此實作中請輸入「**ping –t　10.10.75.51**」。

圖4-12　DC 主機持續 ping 準備線上遷移的 VM 虛擬主機

接著，請切換到 **Node 1** 主機後開啟工作管理員，點選至「效能」頁籤查看目前主機的網路流量，以及稍後執行即時遷移時是否真的使用我們規劃一樣，會優先使用 **MGMT** 網路。您可以看到，因為 VM 虛擬主機的服務流量我們有規劃專屬的 VM-Traffic，所以 MGMT 網路只有少許的流量而已。

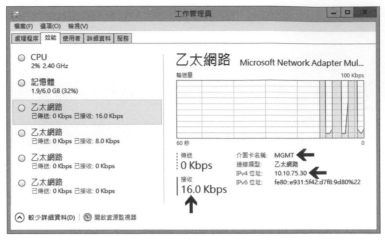

圖4-13　Node 1 主機在即時遷移「前」的網路流量狀況

 您可能已經注意到，為何 Node 1 主機的 MGMT 網路 IP 位址為 10.10.75.30（應該為 10.10.75.31）。主要原因是目前容錯移轉叢集環境中，Node 1 主機擔任主要節點的角色，因此 LabCluster 的 IP 位址也在 Node 1 主機身上。

　　在 **Node 2** 主機的網路流量資訊中您也可以看到，目前 **MGMT** 網路並沒有什麼網路流量。

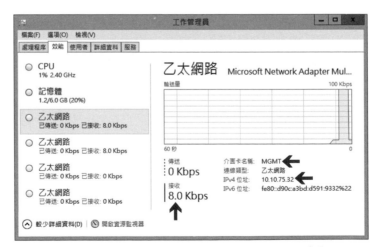

圖4-14　Node 2 主機在即時遷移「前」的網路流量狀況

回到 DC 主機端的容錯移轉叢集管理員，點選該台 VM 虛擬主機後在右鍵選單中選擇「**移動 > 即時移轉 > 選取節點**」項目，準備執行 VM 虛擬主機即時遷移。

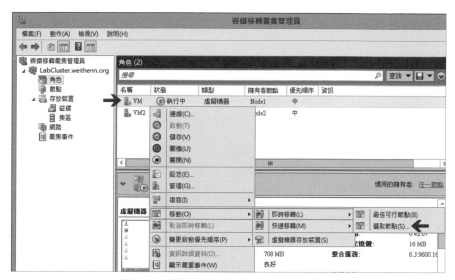

圖4-15　準備執行 VM 虛擬主機即時遷移

 若選擇「最佳可行節點」項目，則會由叢集資源自行判斷後，決定要遷移至哪台叢集節點當中。

此時，將彈出移動虛擬機器視窗，由於目前的容錯移轉叢集中只有二台節點主機，因此在此視窗中只會顯示剩餘的「Node 2」主機，請點選它並按下「確定」鈕進行即時遷移的動作。

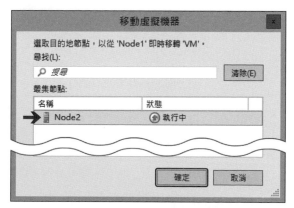

圖4-16　執行 VM 虛擬主機即時遷移作業

您可以看到目前移動 VM 虛擬主機的進度百分比，VM 虛擬主機的狀態也由原本的「執行中」轉換為「**即時移轉**」，當然在即時遷移過程當中 VM 虛擬主機仍然可以正常進行操作。

圖4-17　VM 虛擬主機即時遷移進度百分比

此時切換到 **Node 1** 主機中查看工作管理員，您可以看到我們所規劃優先用於遷移流量的 **MGMT 網路流量爆增**，也就是正在執行將 VM 虛擬主機的記憶體狀態，由 Node 1 主機即時遷移「**傳送**」到 Node 2 主機中。

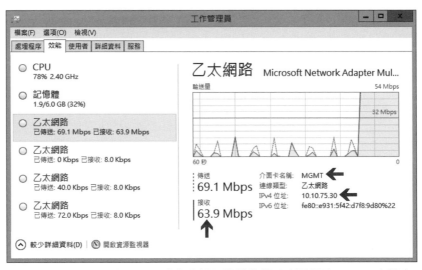

圖4-18　Node 1 主機將 VM 虛擬主機記憶體狀態即時遷移到 Node 2 主機中

同樣的切換到 **Node 2** 主機查看工作管理員網路流量資訊時,一樣可以看到我們所規劃優先於遷移流量的 **MGMT 網路流量爆增**,也就是 Node 2 主機正在「**接收**」Node 1 主機傳送過來的 VM 虛擬主機記憶體狀態。

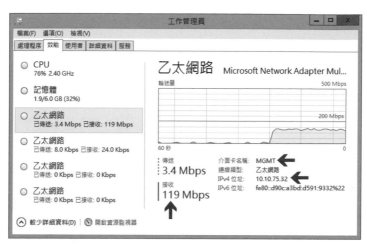

圖4-19　Node 2 主機正在接收 Node 1 主機傳送過來的 VM 虛擬主機記憶體狀態

當 Node 1 主機傳送完 VM 虛擬主機記憶體狀態時,在切換到 Node 2 主機的「**瞬間**」,您會看到 DC 主機對 VM 虛擬主機的持續 ping 封包掉了「**1～3 個**」,這是因為 VM 虛擬主機遷移到不同的 Host 主機(MAC Address 不同),因此實體交換器需要更新其 MAC Address Tables 所導致。並且本書實作環境是處於層層虛擬化環境的關係,所以才會掉了這麼多 ping 封包。

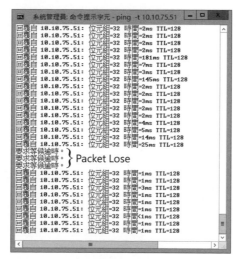

圖4-20　VM 虛擬主機遷移不同叢集節點的瞬間

在實務環境上，執行即時遷移動作之後應該是 **不會** 掉任何封包或者 **最多** 掉 1 個封包才對。若掉超過 1 個封包的話，那麼您應該要檢查實體網路環境中是否有過多的封包碰撞或其它因素，或者是網路環境因為大量混用而造成的回應延遲…等。

此外，如果您有持續開啟 VM 虛擬主機 Console 畫面進行觀察的話，在切換叢集節點的瞬間會看到 Console 畫面閃一下，自動由原本的 **NODE 1 切換為 NODE 2**。

在舊版 Hyper-V 2.0 版本時，執行完即時遷移的動作之後 VM 虛擬主機的 Console 連線，將會發生 **中斷** 的情況必須要重新連線才行。

至此，非常順利且快速的將 VM 虛擬主機，由原本的 Node 1 → Node 2 叢集節點，並且在遷移過程中不影響 VM 虛擬主機所提供的線上服務。

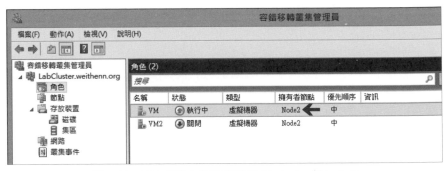

圖4-21　VM 虛擬主機順利遷移 Node 1 → Node 2

4-2　儲存即時遷移（Live Storage Migration）

在舊版本 Hyper-V 2.0 虛擬化平台時代，您必須要搭配 SCVMM 2008 R2（System Center Virtual Machine Manager）才能達成「**儲存快速遷移（Quick Storage Migration）**」，並且在遷移切換的過程中會有短暫的離線時間。

在新一代的 Hyper-V 3.0 虛擬化平台時代，您可以不需要建置 SCVMM 2012 SP1 / R2 環境，只要透過容錯移轉叢集管理員便可以達成「**儲存即時遷移（Live**

Storage Migration）」，除了在遷移及切換過程當中 **不** 會有停機時間之外，還支援「卸載式資料傳輸（Offloaded Data Transfer，ODX）」特色功能，但要注意VM 虛擬主機的儲存 **不** 可以使用 Pass Through Disk 的虛擬硬碟格式。

那麼，儲存即時遷移（Live Storage Migration）功能是如何運作呢？ 以下為儲存即時遷移的運作流程及運作示意圖：

1. 當觸發執行儲存即時遷移動作時，來源儲存裝置（Source Device）此時仍然在處理資料的「**讀取及寫入（Read / Write）**」動作。

2. 建立目的地儲存裝置（Destination Device），並將來源儲存裝置中的資料進行「**初始化複製（Single-Pass Copy）**」到目的地儲存裝置當中。

3. 當來源儲存裝置將資料初始化複製到目的地儲存裝的動作完成之後，此時「**資料寫入（Data Write）**」的動作會執行「**鏡像（Mirror）**」動作，也就是同時在「**來源／目的**」儲存裝置進行資料寫入的動作。

4. 當來源與目的端的儲存裝置內容「**完全一致**」時，便會通知VM 虛擬主機將其儲存資源的連結，由原本的來源端「**切換**」到目的地儲存裝置。

5. 當 VM 虛擬主機順利切換到目的地儲存裝置並且運作正常後，便會「**刪除**」來源儲存裝置的資料。但是，如果發生切換動作失敗的情況時，則會繼續使用來源儲存裝置，並且放棄目的地儲存裝置中的資料。

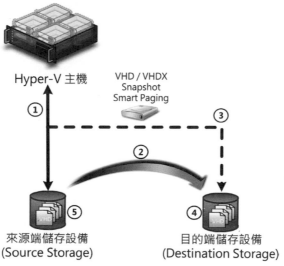

圖4-22　儲存即時遷移運作示意圖

4-2-1　容錯移轉叢集增加第二個共用儲存空間

▌iSCSI 主機格式化 201 GB 硬碟

　　還記得嗎？ 先前建立 iSCSI 主機時有規劃一顆「**201 GB**」的硬碟，本小節當中便是設定將這顆 201 GB 的硬碟，規劃用於叢集環境中 **第二個** 共用儲存空間的任務。請先將 201 GB 硬碟進行「**上線**」作業，準備執行硬碟初始化的前置動作，請點選離線硬碟後於右鍵選單中選擇「上線」項目。

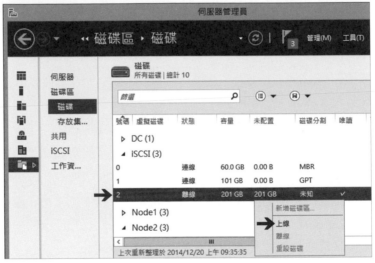

圖4-23　對離線硬碟進行上線作業

您可以想像成，原本的儲存設備空間不足，外加 JBOD 磁碟擴充櫃增加儲存空間，或者是叢集環境建立初期因為預算不夠的關係，導致當時所購買的儲存設備硬碟數較少。現在，預算補足後加入新的儲存空間，便可以透過儲存即時遷移的機制，線上不中斷的遷移 VM 虛擬主機的儲存資源。

　　此時，將會出現磁碟上線警告訊息，提示您如果此硬碟已經有其它伺服器掛載使用中（例如，該硬碟已設定 Pass-through），那麼強制執行磁碟上線作業可能會導致原有的資料遺失，不過這顆硬碟並沒有其它用途，所以可以放心的按下「是」鈕繼續執行，當磁碟上線作業完成之後，您會看到該硬碟狀態欄位轉變為「**連線**」，而唯讀欄位本來有打勾圖示也「**消失**」了。

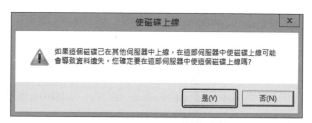

圖4-24　磁碟上線警告訊息

　　將離線硬碟上線作業完成後，接著針對該硬碟再次於右鍵選單中選擇「**初始化**」項目。

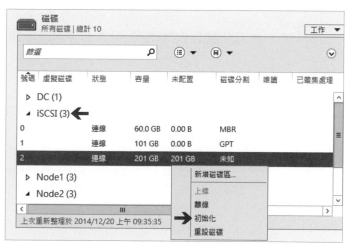

圖4-25　準備為該硬碟執行初始化作業

　　此時將會出現磁碟初始化警告訊息，提示您將會刪除該磁碟中所有資料並初始化為 **GPT** 格式的磁碟，若您希望將該磁碟初始化為傳統 MBR 格式，則請切換至 iSCSI 主機使用磁碟管理員進行操作，請按下「是」鈕執行磁碟初始化的動作。

若採用傳統 MBR（Master Boot Record）格式，則 **不** 支援 2TB 以上磁碟空間。
若採用新一代的 GPT（GUID Partition Table）格式，則支援超過 2 TB 磁碟空間。詳細資訊請參考 Microsoft KB 2581408。

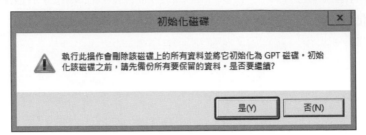

圖4-26　磁碟初始化警告訊息

　　當磁碟初始化作業完成之後，您會看到該顆硬碟的磁碟分割欄位狀態由未知轉變為「**GPT**」。接著，針對該硬碟再次於右鍵選單中選擇「新增磁碟區」項目。

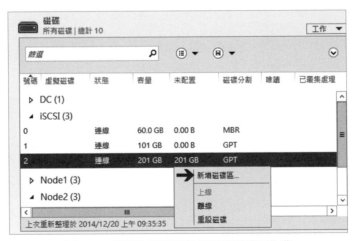

圖4-27　準備為該硬碟執行新增磁碟區作業

　　此時，將會彈出新增磁碟區精靈視窗，您可以勾選「不要再顯示這個畫面」項目，以便後續處理硬碟時能略過此畫面，請按「下一步」鈕繼續新增磁碟區程序。在選取伺服器和磁碟頁面中，首先在伺服器區塊中您會看到受管理的四台伺服器，預設情況下會自動選取 iSCSI 主機，而在磁碟區塊中會顯示已經 **上線、初始化** 處理流程的硬碟，因為只有一顆硬碟所以預設情況下會自動選取該磁碟，請按「下一步」鈕繼續新增磁碟區程序。

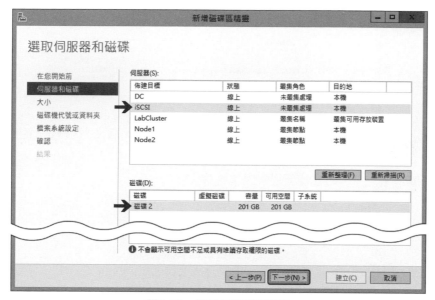

圖4-28　選取伺服器和磁碟

　　在指定磁碟區大小頁面中，請指定您要建立的磁碟區大小，舉例來說，您可以在一顆硬碟中建立多個不同大小的分割區，此實作中我們直接將所有磁碟空間指派也就是 201 GB，請按「下一步」鈕繼續新增磁碟區程序。

圖4-29　指定您要建立的磁碟區大小

在指派成磁碟機代號或資料夾頁面中，請選擇「磁碟機代號」項目而在磁碟機代號下拉式選單中，採用預設的「**F 槽**」即可，請按「**下一步**」鈕繼續新增磁碟區程序。

圖4-30　指派磁碟機代號為 F 槽

在選取檔案系統設定頁面中，檔案系統保持採用預設的「**NTFS**」而配置單位大小也採用「**預設**」即可，在磁碟區標籤欄位中請填入「**Chassis2**」以利識別，請按「**下一步**」鈕繼續新增磁碟區程序。

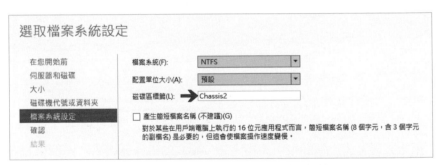

圖4-31　選取檔案系統並設定磁碟區標籤

在確認選取項目頁面中，將相關的設定值重新檢視一遍確認無誤後按下「建立」鈕，立即進行磁碟區格式化、指派磁碟機代號、指派磁碟區標籤…等作業。

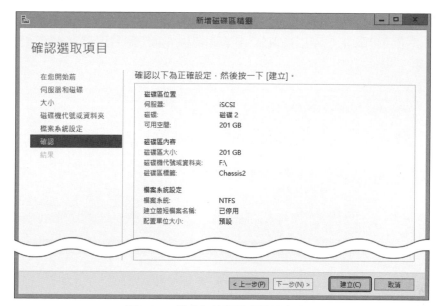

圖4-32 格式化前相關資訊再次確認

完成磁碟區格式化作業後,請按下「關閉」鈕以關閉作業視窗。

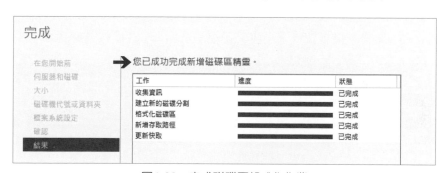

圖4-33 完成磁碟區格式化作業

4-2-2 iSCSI 主機新增第三顆 iSCSI 虛擬磁碟 (Storage2 Disk)

先前我們已經為 iSCSI 主機建立二顆虛擬磁碟 (Quorum、Storage1),接著將剛才格式化完成的 201 GB 磁碟,在其中建立 **第三顆** 虛擬磁碟 (Storage2)。您可以想像成 iSCSI 儲存設備空間不足,外加 JBOD 磁碟擴充櫃增加儲存空間之後,便能夠將 VM 虛擬主機儲存資源,由原本舊有儲存空間搬移至新的儲存空間當中。

請在 DC 主機端開啟伺服器管理員，切換到 iSCSI 項目選擇「新增 iSCSI 虛擬磁碟」項目，以建立容錯移轉叢集環境當中「**第二個共用儲存磁碟（Storage 2）**」。

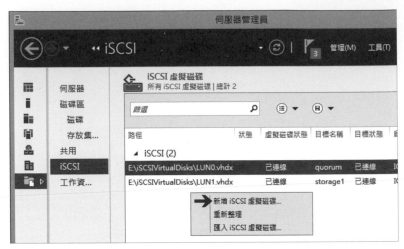

圖4-34　準備建立第三個 iSCSI 虛擬磁碟

在彈出的新增 iSCSI 虛擬磁碟精靈視窗中，請在依磁碟區選取區塊中點選剛才格式化的「**F槽**」後，按「下一步」鈕繼續新增 iSCSI 虛擬磁碟程序。

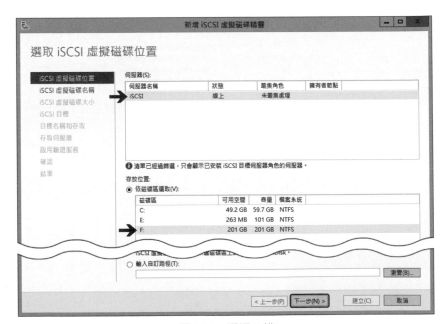

圖4-35　選擇 F 槽

在指定 iSCSI 虛擬磁碟名稱頁面中，請在「名稱」欄位輸入 iSCSI 虛擬磁碟名稱「**LUN2**」在輸入的同時您會看到在「路徑」欄位中會建立 LUN2.vhdx 檔案，在描述欄位輸入此 iSCSI 虛擬磁碟用途「Failover Cluster Shared Storage2 Disk」，確認無誤後按「下一步」鈕繼續新增 iSCSI 虛擬磁碟程序。

圖4-36　指定 iSCSI 虛擬磁碟名稱

 還記得嗎？ 先前虛擬磁碟名稱中第一顆 LUN0 為 Quorum Disk，而第二顆 LUN1 則為 Storage1 Disk。

在指定 iSCSI 虛擬磁碟大小頁面中，請在大小欄位中輸入數字「**200**」單位為預設的 GB 即可，請按「下一步」鈕繼續新增 iSCSI 虛擬磁碟程序。

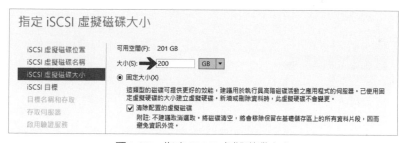

圖4-37　指定 iSCSI 虛擬磁碟大小

 請注意!! 因為我們採用效能較佳的「**固定大小**」磁碟格式，但因為系統的磁碟空間單位大小不一致的關係，所以這裡請鍵入「**200**」GB即可。若是採用「動態擴充」磁碟格式則可鍵入「201」GB。

在指派 iSCSI 目標頁面中，選擇「**新增 iSCSI 目標**」後按「下一步」鈕，接著在指定目標名稱頁面中，請於名稱欄位輸入「**Storage2**」，並在描述欄位輸入此 iSCSI 虛擬磁碟用途「Failover Cluster Shared Storage2 Disk」，確認無誤後按「下一步」鈕繼續新增 iSCSI 虛擬磁碟程序。

圖4-38　選擇 新增 iSCSI 目標 項目

在指定存取伺服器頁面中，請按下「**新增**」鈕準備新增允許的 iSCSI Initiator 名稱。在彈出的新增啟動器識別碼視窗中，由於先前已經查詢過 Node 1、Node 2 主機的 iSCSI Initiator 名稱因此可以直接選取，請分別將 Node 1、Node 2 主機啟動器名稱加入。

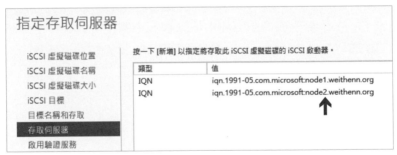

圖4-39　新增 Node 1、Node 2 主機的 iSCSI Initiator 名稱

在啟用驗證頁面中，因為本書實作未使用 CHAP 驗證機制，請直接按「下一步」鈕。在確認選取項目頁面中，再次檢視相關的組態設定內容確認無誤後，便可以按下「建立」鈕新增 iSCSI 虛擬磁碟。

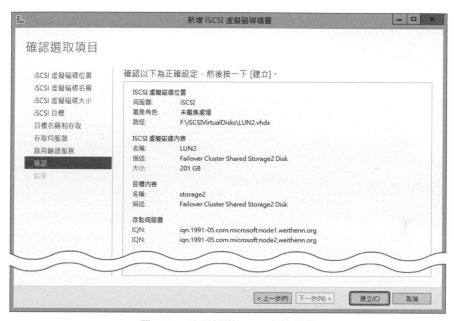

圖4-40　確認新增 iSCSI 虛擬磁碟

在檢視結果頁面中，您會看到新增 iSCSI 虛擬磁碟的作業程序已經完成，請按下「關閉」鈕即可。

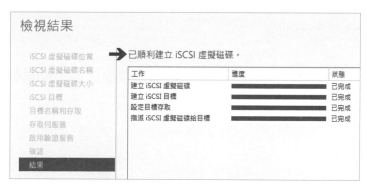

圖4-41　完成新增 iSCSI 虛擬磁碟

> 請注意!! 如果您採用的虛擬磁碟格式是「**固定大小**」，並且又鍵入大小為
> 「**201**」GB的話（等同硬碟空間），那麼將會因為系統的磁碟空間單位大小不一
> 致的情況，導致建立出來的固定大小虛擬磁碟會 **超過** 硬碟空間，因而產生錯誤!!

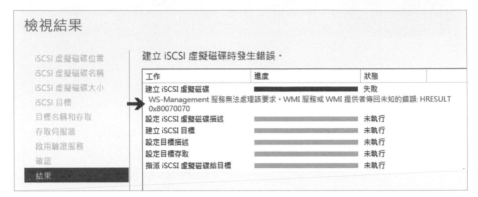

圖4-42　建立的虛擬磁碟等於硬碟空間，因為單位不一致的關係將會超過硬碟空間導致錯誤

　　回到伺服器管理員視窗當中，可以看到因為採用的是固定大小的虛擬磁碟格
式，因此系統正在執行清除磁碟內容並初始化的動作。

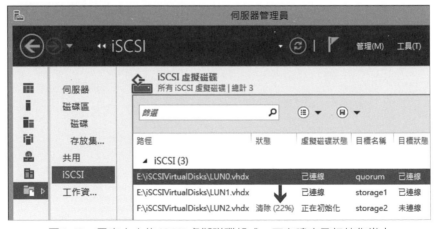

圖4-43　固定大小的 iSCSI 虛擬磁碟格式，正在建立及初始化當中

回到伺服器管理員視窗當中，我們已經將 Storage2 的 iSCSI 虛擬磁碟建立完成，並允許 Node 1、Node 2 主機可透過 iSCSI Initiator 存取 iSCSI Target 資源。

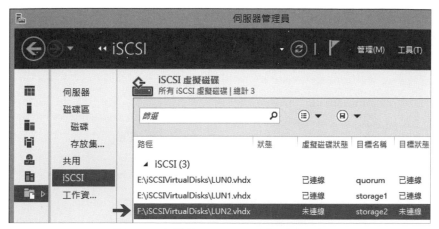

圖4-44　新增第三顆 iSCSI 虛擬磁碟完成

4-2-3　Node 1 主機 iSCSI Initiator MPIO 設定

為 iSCSI 主機新增虛擬磁碟完成後，我們必須為 Node 1、Node 2 叢集節點主機，再次設定存取此儲存空間的 MPIO 多重路徑組態。

請於 **Node 1** 主機端開啟 iSCSI 啟動器，並切換至「目標」頁籤後點選「**重新整理**」鈕，將會出現「iqn.1991-05.com.microsoft:iscsi-**storage2**-target」目標按下「連線」鈕，再彈出的連線到目標視窗中，請勾選「**啟用多重路徑**」項目後按下「進階」鈕。在下拉式選單項目中，依序選擇為「Microsoft iSCSI Initiator、192.168.**75**.31、192.168.**75**.20 / 3260」，後按下「確定」鈕完成 **第一組** MPIO 連線設定。

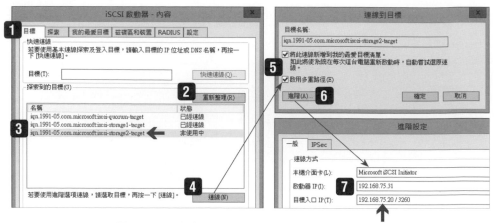

圖4-45　設定第三個 iSCSI 目標的第一組 MPIO 連線

再次點選「iqn.1991-05.com.microsoft:iscsi-**storage2**-target」目標後，按下「內容 > 新增工作階段」鈕並勾選「啟用多重路徑」項目後，按下「進階」鈕設定 **第二組** MPIO 連線，在下拉式選單項目中，依序選擇為「Microsoft iSCSI Initiator、192.168.**76**.31、192.168.**76**.20 / 3260」，後按下「確定」鈕完成第二組 MPIO 連線設定。

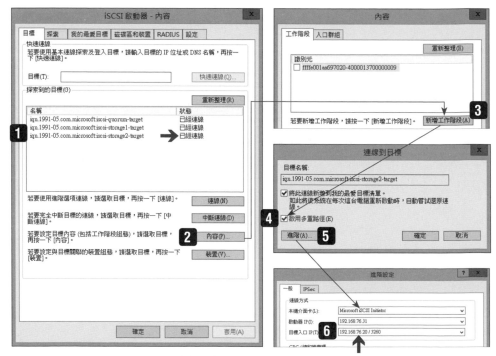

圖4-46　設定第三個 iSCSI 目標的第二組 MPIO 連線

回到 iSCSI 啟動器視窗中，請切換到「我的最愛目標」頁籤，您會看到多出二筆 記錄（總共六筆記錄）也就是每個 iSCSI 目標共有二個 MPIO 連線，請點選新增的二筆記錄後按下「詳細資料」鈕進行確認。

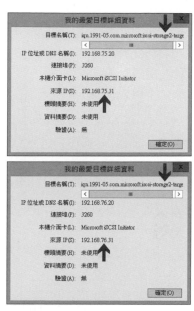

圖4-47　我的最愛目標多出二筆記錄

最後，再次確認多重路徑 MPIO 所採用的負載平衡原則為何，請切換到「目標」頁籤後按下「裝置」鈕在彈出的裝置視窗中按下「MPIO」鈕，在負載平衡原則下拉式選單中確認目前採用「循環配置資源（Round Robin）」方式即可。

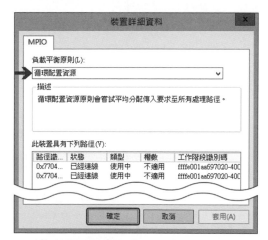

圖4-48　採用循環配置資源（Round Robin）負載平衡原則

4-2-4 Node 1 主機掛載 Storage 2 磁碟資源

Node 1 主機設定 MPIO
多重路徑機制完畢後，便可
以準備掛載 Storage 2 磁碟。
在 iSCSI 啟動器視窗中，請
切換到「**磁碟區和裝置**」頁
籤後按下「**自動設定**」鈕以
掛載 Storage 2 資源。此時，
您將會看到多出「一筆」記
錄（總共三筆記錄，原本的
Quorum、Storage 1 加上新增
的 Storage 2）。

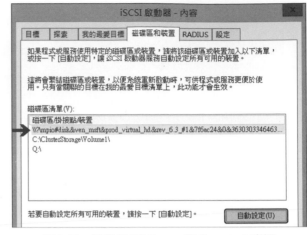

圖4-49　掛載 iSCSI Target 的 Storage 2 資源

請開啟磁碟管理工具，針對這顆「**離線**」的 200 GB 磁碟進行「**連線**」作業。

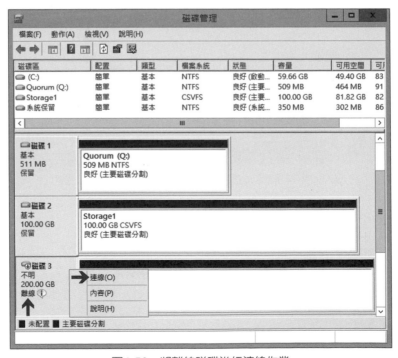

圖4-50　將離線磁碟進行連線作業

連線作業完畢後，針對該硬碟進行「**初始化磁碟**」作業，以便稍後可以進行格式化的動作。

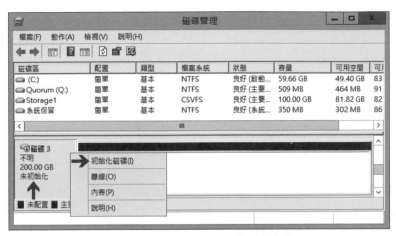

圖4-51　對磁碟進行初始化磁碟作業

在彈出的初始化磁碟視窗中，由於硬碟容量未超過 **2 TB** 大小，因此使用傳統的 **MBR** 磁碟分割樣式即可，請按下「確定」鈕進行初始化磁碟作業。

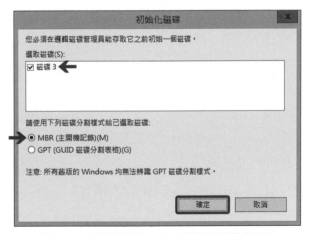

圖4-52　使用傳統的 MBR 磁碟分割樣式即可

 若採用伺服器管理員處理這顆磁碟時，那麼在磁碟分割樣式的部份會 **自動採用 GPT 格式**。

請在右鍵選單中選擇「新增簡單磁碟區」項目，進行磁碟格式化作業。

圖4-53　對 200 GB 磁碟進行格式化動作

透過新增簡單磁碟區精靈互動式設定，我們將「磁碟 3（200 GB）」格式化完畢，並且給予「**V 槽**」磁碟機代號以及「**Storage 2**」磁碟區標籤。

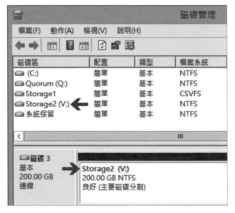

圖4-54　指派 V 槽磁碟機代號及 Storage 2 磁碟區標籤

4-2-5　Node 2 主機 iSCSI Initiator MPIO 設定

請於 **Node 2** 主機端開啟 iSCSI 啟動器，並切換至「目標」頁籤後點選「**重新整理**」鈕，將會出現「iqn.1991-05.com.microsoft:iscsi-**storage2**-target」目標按下「連線」鈕，再彈出的連線到目標視窗中，請勾選「**啟用多重路徑**」項目後按下「進階」鈕。在下拉式選單項目中，依序選擇為「Microsoft iSCSI Initiator、192.168.**75**.32、192.168.**75**.20 / 3260」，後按下「確定」鈕完成 **第一組** MPIO 連線設定。

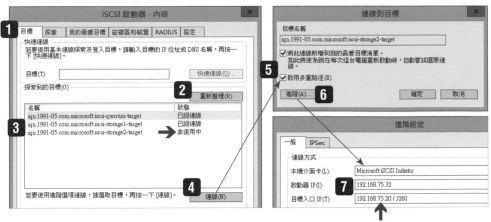

圖4-55 設定第三個 iSCSI 目標的第一組 MPIO 連線

再次點選「iqn.1991-05.com.microsoft:iscsi-**storage2**-target」目標後,按下「內容 > 新增工作階段」鈕並勾選「啟用多重路徑」項目後,按下「進階」鈕設定 **第二組** MPIO 連線,在下拉式選單項目中,依序選擇為「Microsoft iSCSI Initiator、192.168.**76**.32、192.168.**76**.20 / 3260」,後按下「確定」鈕完成第二組 MPIO 連線設定。

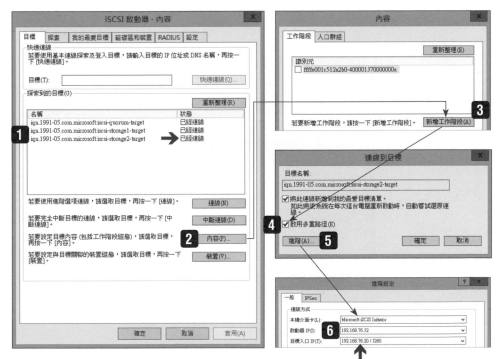

圖4-56 設定第三個 iSCSI 目標的第二組 MPIO 連線

　　回到 iSCSI 啟動器視窗中，切換到「我的最愛目標」頁籤，您會看到多出「二筆」記錄（總共六筆記錄）也就是每個 iSCSI 目標共有二個 MPIO 連線，請點選新增的二筆記錄後按下「詳細資料」鈕即可。

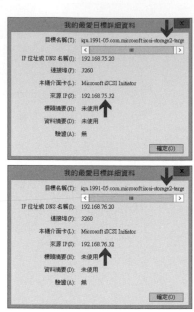

圖4-57　我的最愛目標多出二筆記錄

　　最後，再次確認多重路徑 MPIO 所採用的負載平衡原則為何，請切換到「目標」頁籤後按下「裝置」鈕在彈出的裝置視窗中按下「MPIO」鈕，在負載平衡原則下拉式選單中確認目前採用「循環配置資源（Round Robin）」方式即可。

圖4-58　採用循環配置資源（Round Robin）負載平衡原則

4-2-6　Node 2 主機掛載 Storage 2 磁碟資源

　　設定 MPIO 多重路徑機制完畢後，便可以準備掛載 Storage 2 磁碟。在 iSCSI 啟動器視窗中，請切換到「磁碟區和裝置」頁籤後按下「自動設定」鈕，將會看到在磁碟區清單區塊中多出一筆記錄，也就是剛才新增的 Storage 2 磁碟。

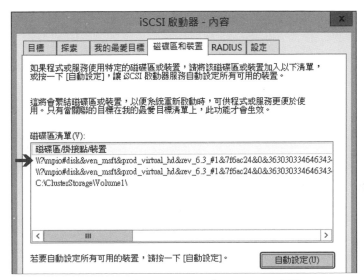

圖4-59　掛載 iSCSI Target 的 Storage 2 資源

　　開啟磁碟管理工具，您可以看到多出一顆「離線」磁碟 200 GB，請將此離線磁碟進行「**連線**」作業。

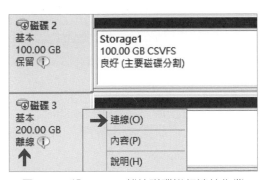

圖4-60　將 200 GB 離線磁碟進行連線作業

由於剛才 Node 1 主機已經完成磁碟格式化的動作，所以進行磁碟連線作業後，便可以直接看到磁碟機代號以及磁碟區標籤，但是 Node 2 主機的「磁碟機代號」與 Node 1 主機「**可能不同**」，因此請將二台主機的磁碟機代號調整成「**相同**」，以免後續發生不可預期的錯誤。

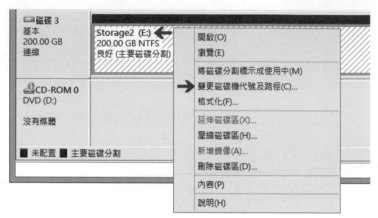

圖4-61　變更磁碟機代號

請將 Node 2 主機中的 Storage 2 磁碟，變更成與 Node 1 主機相同的「**V 槽**」。

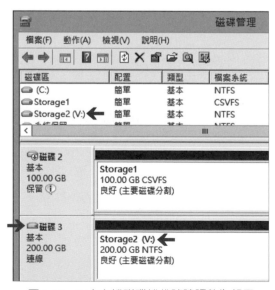

圖4-62　二台主機磁碟機代號請調整為相同

4-2-7 新增第二顆叢集共用磁碟 CSV

二台叢集節點 Node 1、Node 2 主機,都完成連線 Storage 2 磁碟及 MPIO 多重路徑設定後,請切換回 DC 主機端開啟容錯移轉叢集管理員,並依序點選「存放裝置 > 磁碟 > 新增磁碟」項目,準備將 Storage 2 磁碟新增至容錯移轉叢集當中。

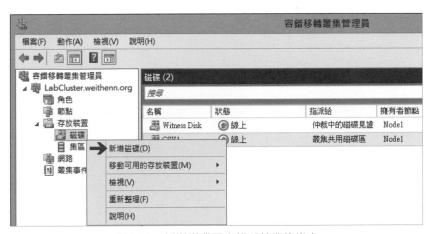

圖4-63 新增磁碟至容錯移轉叢集當中

在彈出將磁碟新增到叢集視窗當中,便會出現剛才為 iSCSI 主機新增的 iSCSI Target 資源,並且 Node 1、Node 2 主機掛載完成的「**200 GB**」磁碟,確認勾選該磁碟後請按下「確定」鈕。

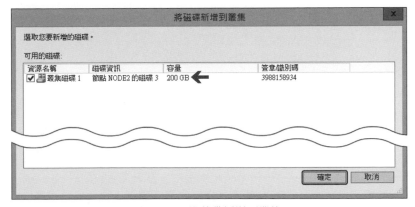

圖4-64 將磁碟新增到叢集

　　磁碟新增到叢集完畢後，您會看到該磁碟在指派欄位中為「**可用存放裝置**」，且磁碟區代號為「**V 槽**」並採用「**NTFS**」檔案系統。請將此磁碟轉換為叢集共用磁碟區 CSV，才能使 Node 1、Node 2 主機同時存取該儲存空間，並於右鍵選單中選擇「**新增至叢集共用磁碟區**」項目。

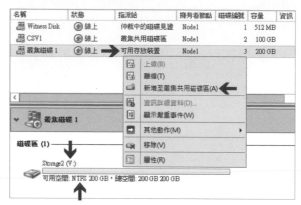

圖4-65　磁碟轉換為叢集共用磁碟區 CSV

　　轉換程序完畢之後，您會看到叢集磁碟 1 的指派欄位，由原本的「可用存放裝置」轉換為「**叢集共用磁碟區**」，並且目前擁有者節點為「Node 2」，而磁碟區資訊則由原本的「**V 槽**」轉換為「**C:\ClusterStorage\Volume2**」，檔案系統也由原本的「NTFS」轉變成「**CSVFS**」。

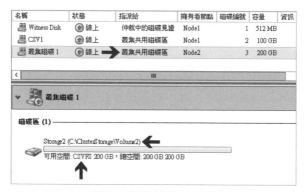

圖4-66　順利轉換為叢集共用磁碟區 CSV

 當叢集磁碟調整為「CSV 叢集共用磁碟區」之後，就會自動改為「**掛載點（Mount Point）**」的方式，由 C:\ClusterStorage\Volume2 掛載點來進行資料讀寫的動作。

此外，為新加入的叢集磁碟命名以利識別。請在容錯移轉叢集管理員中點選 200 GB 叢集磁碟，在右鍵選單中點選「屬性」項目，並於彈出視窗的「名稱」欄位內填入新的名稱，請為第二個叢集共用磁碟區命名為「**CSV2**」。

圖3-67　修改叢集磁碟名稱以利識別

4-2-8　實測儲存即時遷移（Live Storage Migration）

目前 VM 虛擬主機運作在 Node 2 主機上，且 VM 虛擬主機的儲存資源存放於 iSCSI Target 共用儲存當中，現在我們就測試在 VM 虛擬主機運作中的情況下，線上不中斷將 VM 虛擬主機的儲存資源（例如，虛擬硬碟檔、檢查點（快照）、組態設定檔…等），從原本的「**Storage 1 → Storage 2**」當中。

在開始執行 VM 虛擬主機儲存即時遷移以前，我們先準備好測試環境以方便稍後觀察遷移過程是否如我們所規劃一般，請先在 DC 主機開啟命令提示字元持續 ping 此台 VM 虛擬主機，此實作中輸入「ping –t 10.10.75.51」。

圖4-68　DC 主機持續 ping 執行儲存遷移的 VM 虛擬主機

　　除此之外，因為此實作為執行 VM 虛擬主機的儲存即時遷移，所以在稍後執行儲存即時遷移期間，我們會在 C 槽下「test」資料夾當中，依序建立「**5,000 個 1 KB 檔案**」來模擬遷移執行期間，VM 虛擬主機線上服務仍有資料不斷寫入的情況。

　　因此，請在該 VM 虛擬主機中開啟命令提示字元，建立「test」資料夾後切換至該資料夾內，接著鍵入下列指令但是先不要執行，等稍後執行儲存即時遷移程序時再執行。

```
for /l %i in（1,1,5000）do fsutil file createnew %i 1024
```

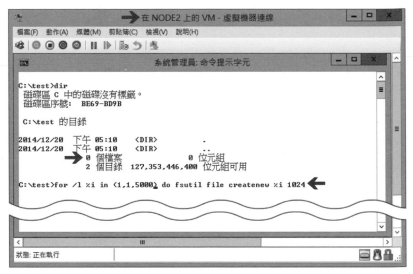

圖4-69　VM 虛擬主機執行儲存即時遷移時模擬檔案寫入

　　在容錯移轉叢集管理員視窗當中，當您點選運作於 Node 2 主機上的 VM 虛擬主機時，在下方資源區塊中可以看到，存放裝置目前指向至「**C:\ ClusterStorage\Volume1**」（包含：虛擬硬碟、檢查點檔案、智慧型分頁處理檔案⋯等），請在右鍵選單中依序點選「**移動 > 虛擬機器存放裝置**」。

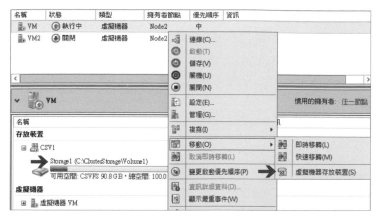

圖4-70　VM 虛擬主機儲存資源，目前存放於 C:\ClusterStorage\Volume1 當中

在彈出的移動虛擬機存放裝置視窗當中，請配合按下 Shift 鍵將虛擬機器 VM 的儲存（VM.vhdx、檢查點、智慧型分頁處理、目前設定）同時選取後，按下「**複製**」鈕。

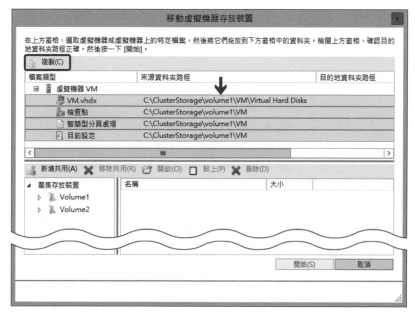

圖4-71　由 C:\ClusterStorage\Volume1 複製 VM 虛擬主機儲存

接著在移動虛擬機存放裝置視窗下方，請點選叢集存放裝置中的「**Volume2**」資料夾後按下「**貼上**」鈕。此時，在移動虛擬機存放裝置視窗上方「**目的地資料夾路徑**」欄位，可以看到顯示 C:\ClusterStorage\Volume2 路徑，確認進行 VM 虛擬主機儲存移動請按下「**開始**」鈕。

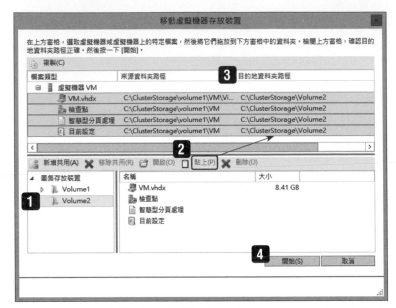

圖4-72　進行 VM 虛擬主機儲存移動至 C:\ClusterStorage\Volume2 的動作

此時回到容錯移轉叢集管理員視窗中，您可以在該 VM 虛擬主機的資訊欄位中，看到目前顯示的資訊為「**正在開始虛擬機器存放裝置移轉**」。

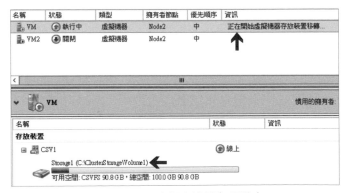

圖4-73　VM 虛擬主機儲存移動中

　　您可能已經發現在容錯移轉叢集管理員視窗中，看不到儲存即時遷移的「**進度百分比**」。此時，您可以開啟 Hyper-V 管理員，便能夠看到儲存移轉作業的進度百分比。

圖4-74　查看儲存移轉作業進度百分比

　　當然，在儲存即時遷移過程中 VM 虛擬主機仍然可以正常進行操作，請開啟 VM 虛擬主機的 Console 視窗，將剛才準備好模擬資料寫入的指令按下 Enter 鍵開始執行，您可以看到開始執行迴圈指令，並依序建立 1～5,000 個 1 KB 大小檔案。

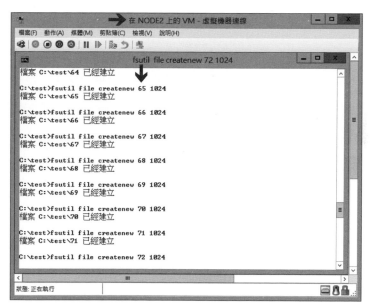

圖4-75　在儲存即時遷移執行期間模擬資料寫入

此時切換到 iSCSI 主機中查看工作管理員中的網路功能，您可以看到我們所規劃專用於 iSCSI Target / iSCSI Initiator 之間，儲存傳輸流量的「**MPIO-1、MPIO-2 網卡流量爆增**」當中，表示正在將 VM 虛擬主機的儲存由 Storage 1 即時遷移到 Storage 2 當中（別忘了，此時資料仍不斷寫入當中）。

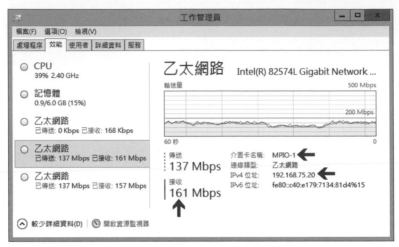

圖4-76　iSCSI 主機 MPIO 流量爆增

切換到提供 VM 虛擬主機運作的 **Node 2** 主機中，查看工作管理員顯示的網路功能流量，您可以看到「**MPIO-1、MPIO-2 網卡流量也爆增**」當中。

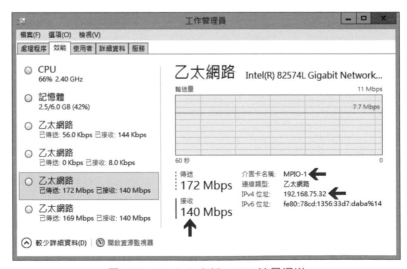

圖4-77　Node 2 主機 MPIO 流量爆增

　　至於 Node 1 主機,目前並沒有運作任何 VM 虛擬主機,因此 MPIO 網路並沒有任何流量。

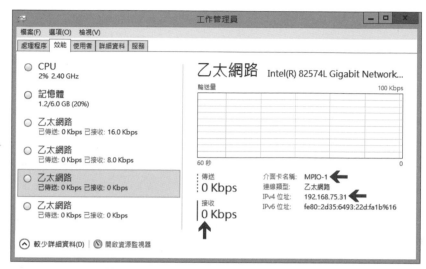

圖4-78　Node 1 主機 MPIO 網路沒有流量

　　當 VM 虛擬主機的儲存遷移作業完畢後,在切換虛擬儲存的瞬間(Storage1 → Storage2),DC 主機對 VM 虛擬主機的持續 ping 封包都 **不** 會有掉封包的情況,頂多是 ping 封包的回應時間會有拉長的現象(因為資料不斷寫入及層層虛擬化的關係)。

圖4-79　切換儲存資源,不會有掉 ping 封包的情況

　　當儲存即時遷移作業完畢後，點選 VM 虛擬主機在其存放裝置資訊中可以看到，由先前的「C:\ClusterStorage\Volume1」儲存路徑切換到「C:\ClusterStorage\Volume2」。

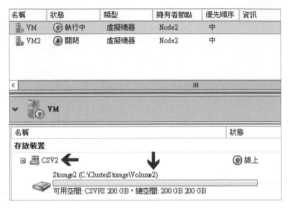

圖4-80　儲存路徑切換到 C:\ClusterStorage\Volume2

　　切換到 VM 虛擬主機 Console 畫面中，可以看到剛才在儲存即時遷移執行期間 5,000 個 1 KB 檔案，全部都順利建立完成且沒有任何中斷或錯誤的情況發生。

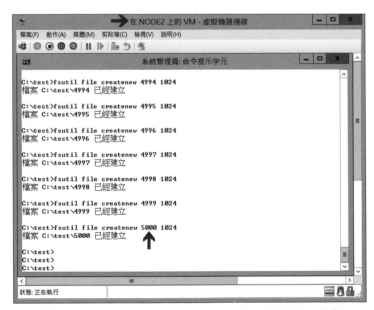

圖4-81　5,000 個 1 KB 檔案在儲存即時遷移期間建立完成

4-3 無共用儲存即時遷移 (Shared-Nothing Live Migration)

在初級篇中，我們已經說明及實作「無共用儲存即時遷移（Shared-Nothing Live Migration）」機制。您已經知道無共用儲存即時遷移，其實等同於結合「即時遷移（Live Migration）+ 儲存即時遷移（Live Storage Migration）」二項功能，並且可用於下列情境中：

◆ 在沒有共用儲存環境運作環境中，可以將 VM 虛擬主機在二台 Hyper-V 主機之間，進行遷移「記憶體及儲存資源」的動作。

◆ 在運作環境當中，有 Windows Server 2012 及 Windows Server 2012 R2 版本時，可以透過無共用儲存即時遷移機制，達成「跨版本即時遷移（Cross Version Live Migration）」以進行版本升級。

下列為無共用儲存即時遷移的運作流程，以及運作流程示意圖：

1. 來源端 Hyper-V 主機，透過 VMMS（Virtual Machine Management Service）也就是 vmms.exe 執行程式，觸發啟用 Live Migration Connection 機制跟目的端 Hyper-V 主機進行連接。

2. 透過 Storage Migration 機制，在目的端 Hyper-V 主機上建立 VM 虛擬主機的 VHD / VHDX 虛擬硬碟檔案，以及其它儲存檔案（利用「初始化複製、鏡像」機制）。

3. 從來源端 Hyper-V 主機，遷移 VM 虛擬主機記憶體狀態（Memory Status），到目的端 Hyper-V 主機（Migrate Virtual Machine Memory Status）。

4. 從來源端 Hyper-V 主機中，刪除VM 虛擬主機的 VHD / VHDX 虛擬硬碟檔案，以及其它儲存資源等相關檔案，完成後中斷 Live Migration Connection。

設定檔
Configuration
File

儲存資源
VHD / VHDX
Snapshot
Smart Paging

記憶體狀態
Memory
Page

Hyper-V 主機 A
(單機 或 叢集)

① Live Migration Connection

② Mirror VHD/VHDX File

③ Migration VM State

Hyper-V 主機 B
(單機 或 叢集)

圖4-82　無共用儲存即時遷移運作示意圖

經過上述介紹之後，您應該了解到在 Hyper-V 3.0 虛擬化架構中，您的 VM 虛擬主機可以在 **單機、叢集、跨叢集** 資料中心環境當中自由移動不受限制，達成高彈性及高可用性的營運環境。

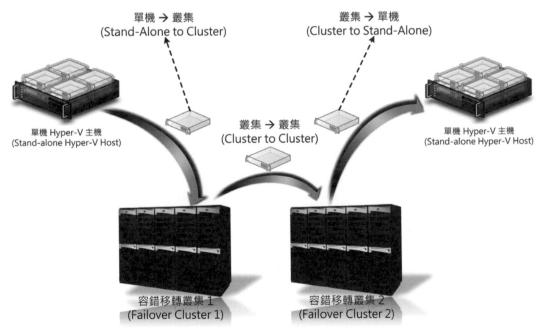

單機 → 叢集
(Stand-Alone to Cluster)

叢集 → 單機
(Cluster to Stand-Alone)

單機 Hyper-V 主機
(Stand-alone Hyper-V Host)

叢集 → 叢集
(Cluster to Cluster)

單機 Hyper-V 主機
(Stand-alone Hyper-V Host)

容錯移轉叢集 1
(Failover Cluster 1)

容錯移轉叢集 2
(Failover Cluster 2)

圖4-83　Hyper-V 3.0 虛擬化平台中 VM 虛擬主機可自由移動不受限制

現在，讓我們來試想一種運作情境及需求，當企業或組織的研發人員平常都在開發主機上操作，當研發進度接近尾聲時，如何以最快的速度將 VM 虛擬主機，從測試研發環境遷移到線上營運環境，並且賦予 VM 虛擬主機高可用性角色？

本小節，將模擬這樣的運作情境並實作如何達成這樣的需求，我們將會在一台「**單機（Standalone）**」的 Hyper-V 主機（DevNode），將其上運作的研發 VM 虛擬主機，透過無共用儲存即時遷移機制線上不中斷的，將 VM 虛擬主機由「**單機 → 容錯移轉叢集**」環境中，最後設定 VM 虛擬主機具備「**高可用性角色**」。

4-3-1　單機 Hyper-V 主機初始化

因為單機的 Hyper-V 初始化作業，在初級篇中已經有詳細說明及操作步驟在此便不再贅述，我們僅將需要注意的環境設定進行說明。請在 VMware Player 中新增一台 VM 虛擬主機，在處理器的部份給 1 顆即可，而記憶體的部份則給予 4 GB，網路卡的部份只配置 1 張（NAT）即可，最後命名為 DevNode 並安裝 Windows Server 2012 R2 作業系統。

安裝作業系統完畢後，同樣的初始化步驟先調整預設輸入法，設定其固定 IP 位址為「**10.10.75.41**」及電腦名稱為「**DevNode**」，重新啟動主機後加入「**weithenn.org**」網域環境中。切換至 DC 主機，可以看到 DevNode 主機加入網域環境後，所產生的電腦帳戶及 DNS 正反向解析記錄。

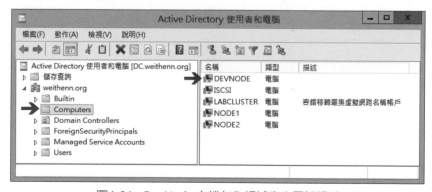

圖4-84　DevNode 主機加入網域產生電腦帳戶

圖4-85　DevNode 主機加入網域後產生 DNS 正向解析

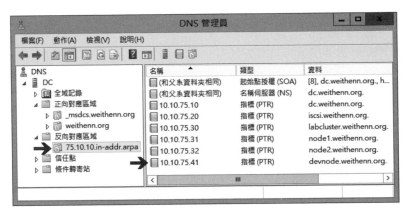

圖4-86　DevNode 主機加入網域後產生 DNS 反向解析

　　接著為 DevNode 主機安裝 Hyper-V 角色，同時設定虛擬交換器名稱為「**VMs-Switch**」，以便屆時可以將 VM 虛擬主機無縫遷移到叢集環境中。

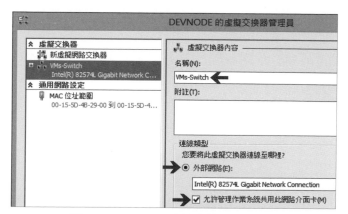

圖4-87　DevNode 主機虛擬交換器資訊

 因為 DevNode 研發機只有配置 **1 張**網路卡，所以 VM 虛擬主機線上服務、Hyper-V 主機管理流量、遷移流量…等，全部網路流量都在 1 張網路卡上混用。這樣的應用情境，也是真實模擬企業或組織當中，研發測試機通常硬體配備較為精簡的概念。

最後，在 DevNode 主機上建立一台 VM 虛擬主機（VM3），屆時將實作如何線上不中斷將這台 VM 虛擬主機，由單機環境遷移至叢集節點 Node 1 當中，並且賦予高可用性角色。

圖4-88　DevNode 主機建立VM 虛擬主機（VM3）

 VM3 虛擬主機安裝作業系統完畢後，請記得將安裝 ISO 映像檔進行卸載的動作，否則將導致後續執行遷移動作時發生錯誤。

4-3-2　Hyper-V 主機委派設定

我們已經了解無共用儲存即時遷移機制，其實是一次執行二個遷移任務，也就是結合了「即時遷移（Live Migration）＋儲存即時遷移（Live Storage Migration）」機制。此外，叢集節點 Node 1 主機已經由叢集資源，統一管制遷移機制因此不必設定，而單機的 **DevNode** 則需要啟用「**即時移轉、存放裝置移轉**」功能。

在 DevNode 主機的 Hyper-V 設定視窗中，請點選即時移轉項目並勾選「**啟用連入與連出即時移轉**」選項，在連入即時移轉區塊中請選擇「**使用任何可用的網路來進行即時移轉**」項目。

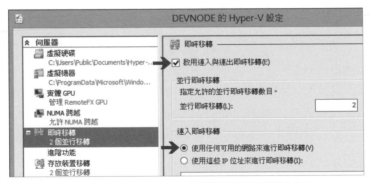

圖4-89　為 DevNode 主機啟用即時移轉功能

接著點選進階功能項目，在驗證通訊協定區塊中請選擇「**使用 Kerberos**」項目，而效能選項區塊中保持預設的「**壓縮**」項目即可。

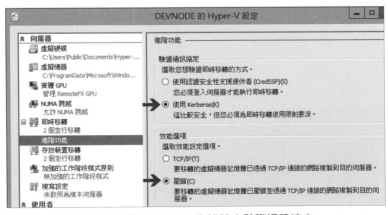

圖4-90　為 DevNode 主機設定驗證通訊協定

　　存放裝置移轉的部份預設啟用且數值為「2」，請保留預設值並按下「確定」
鈕即可。

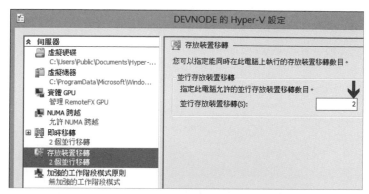

圖4-91　確認 DevNode 主機啟用存放裝置移轉功能

　　請切換至 DC 主機，開啟 Active Directory 使用者和電腦設定 **Node 1** 主機
的信任委派設定，允許信任 **DevNode** 主機的「**cifs、Microsoft Virtual System
Migration Service**」服務。

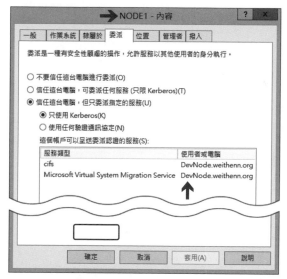

圖4-92　Node 1 主機信任 DevNode 主機委派服務

　　同樣的，在 **DevNode** 主機的委派設定中，也必須要允許信任 **Node 1** 主機的
「**cifs、Microsoft Virtual System Migration Service**」服務，以便稍後的無共用儲
存即時遷移能夠順利運作。

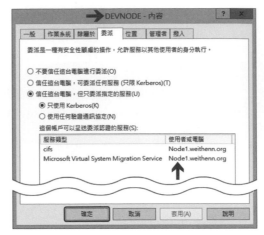

圖4-93　DevNode 主機信任 Node 1 主機委派服務

4-3-3 實測無共用儲存即時遷移 （Shared-Nothing Live Migration）

目前 VM3 虛擬主機運作在 DevNode 主機上（運算資源），且虛擬硬碟、組態檔案、智慧型分頁…等也儲存於 DevNode 主機上（儲存資源）。現在，我們就測試在 VM3 虛擬主機運作中的情況下，線上不中斷將其「**運算資源 / 儲存資源**」，一口氣全都遷移到叢集節點 Node 1 主機當中。

在開始執行無共用儲存即時遷移以前，請再次查看 VM3 虛擬主機的設定，確定儲存資源都存放在 DevNode 主機中，並運作於 DevNode 主機之上。

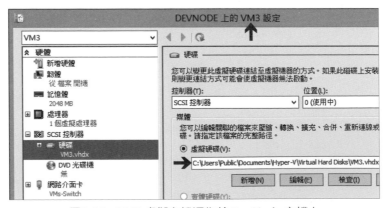

圖4-94　VM3 虛擬主機運作於 DevNode 主機上

一切準備就緒後便可以執行無共用儲存即時遷移的動作。請在 DevNode 主機 Hyper-V 管理員視窗中，點選 VM3 虛擬主機於右鍵選單中選擇「**移動**」項目，準備執行 VM 虛擬主機無共用儲存即時遷移。

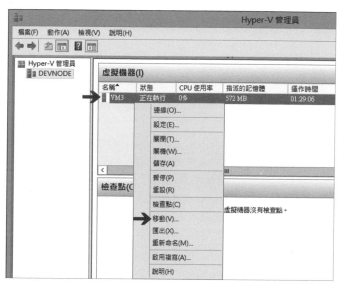

圖4-95　準備執行 VM 虛擬主機無共用儲存即時遷移

此時，將會彈出移動精靈視窗，在選擇移動類型頁面中，我們要同時移動 VM3 虛擬主機的運算及儲存資源（DevNode → Node 1），因此請選擇「**移動虛擬機器**」項目後按「下一步」鈕，繼續無共用儲存即時遷移程序。

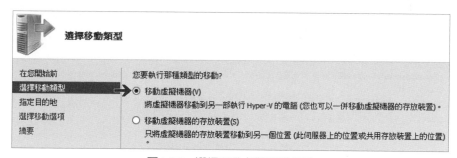

圖4-96　選擇移動虛擬機器項目

在指定目的電腦頁面中，請按下「瀏覽」鈕於選取電腦的視窗中輸入「node1」後，按下「檢查名稱」鈕後接著按「確定」鈕，通過檢查程序後主機名稱將顯示為大寫的 NODE1 並返回視窗，請按「下一步」鈕繼續無共用儲存即時遷移程序。

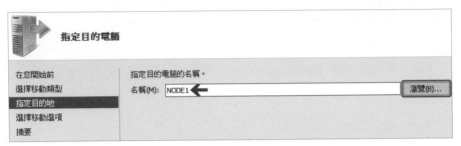

圖4-97　指定 VM 虛擬主機無共用儲存即時遷移的目的地電腦

在選擇存放裝置移動選項頁面中，因為我們要將 VM 虛擬主機的運算及儲存資源，由原本的 DevNode 主機遷移至 **Node 1** 主機，因此選擇第一個選項「**將虛擬機器的資料移動到單一位置**」，也就是將 VM 虛擬主機的儲存資源「一起搬移」包括 虛擬硬碟（.vhdx）、設定檔（.xml）、檢查點（CheckPoint）、智慧型分頁（Smart Paging）…等。請按「下一步」鈕繼續無共用儲存即時遷移程序。

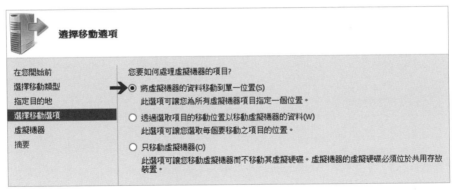

圖4-98　選擇將虛擬機器的所有資料移動到單一位置項目

在為虛擬機器選擇新位置頁面中，按下「瀏覽」鈕選取要存放 VM3 虛擬主機儲存資源的路徑，請選擇 NODE1 主機的「**C:\ClusterStorage\volume2**」資料夾後按下「選擇資料夾」鈕，回到頁面中確認無誤後按「下一步」鈕，繼續無共用儲存即時遷移程序。

圖4-99　選擇將 VM3 虛擬主機遷移至 C:\ClusterStorage\volume2\ 資料夾下

在正在完成移動精靈頁面中，確認無誤後請按下「完成」鈕執行無共用儲存即時遷移作業。

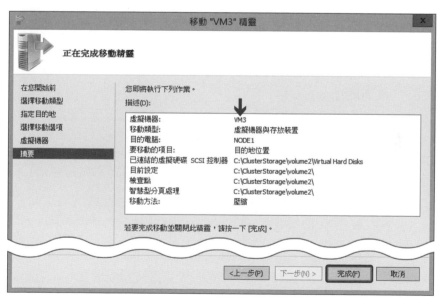

圖4-100　按下完成鈕執行無共用儲存即時遷移作業

在執行無共用儲存即時遷移作業期間，於 Hyper-V 管理員視窗中，您可以看到目前移動 VM 虛擬主機及儲存的進度百分比，當然在遷移過程當中 VM3 虛擬主機仍然可以正常進行操作。

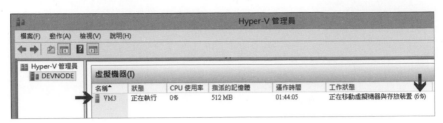

圖4-101　Hyper-V 管理員中，可看到移動 VM3 虛擬主機的進度百分比

開啟 DevNode 工作管理員查看網路流量，您可以看到 **網路卡流量爆增** 當中，表示正在將 VM 虛擬主機的運算及儲存資源，即時遷移 **傳送** 到 Node 1 主機叢集共用磁碟區 Storage2 當中。

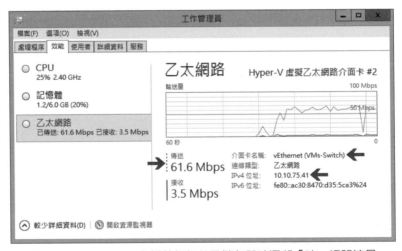

圖4-102　DevNode 主機執行無共用儲存即時遷移「時」網路流量

接著請切換至 **Node 1** 主機查看網路流量，正在 **接收** VM3 虛擬主機的儲存資源，可以看到規劃專用於遷移流量的 **MGMT 網路流量爆增** 當中。此外，因為指定存放至叢集共用磁碟區 Storage2 當中，所以會看到 **MPIO** 多重路徑也有流量產生。

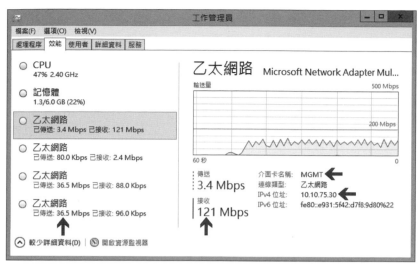

圖4-103　Node 1 主機執行無共用儲存即時遷移「時」網路流量

 此時，切換到 iSCSI 主機也會發現 MPIO 網路流量升高當中。

　　等待一段遷移時間之後，您可以看到 VM3 虛擬主機（運算及儲存資源），已經消失在 DevNode 主機。但是，您會發現在 DC 主機的容錯移轉叢集管理員視窗中，並沒有看到 VM3 虛擬主機？ 此時，請先在 DC 主機開啟 Hyper-V 管理員，點選 **Node 1** 主機便可以看到 VM3 虛擬主機，並且儲存資源也都遷移至叢集共用磁碟區 **Storage2** 當中。

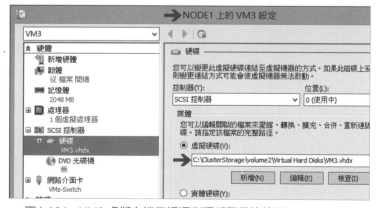

圖4-104　VM3 虛擬主機已經順利遷移至叢集節點 Node 1 主機

在容錯移轉叢集管理員視窗中，看不到 VM3 虛擬主機的主要原因，是因為我們還 **沒有** 賦予高可用性角色所致。請在容錯移轉叢集管理員視窗中，點選「角色」後在右鍵選單中選擇「設定角色」項目，準備賦予 VM3 虛擬主機高可用性角色。

圖4-105　準備賦予 VM3 虛擬主機高可用性角色

在彈出的高可用性精靈視窗於選取角色頁面中，請點選「**虛擬機器**」項目後，按「下一步」鈕準備賦予 VM3 虛擬主機高可用性角色。

圖4-106　點選虛擬機器項目

在選取虛擬機器頁面中，將會看到在叢集節點 Node 1 主機上運作的 VM3 虛擬主機，請勾選後按「下一步」鈕繼續賦予高可用性角色流程。

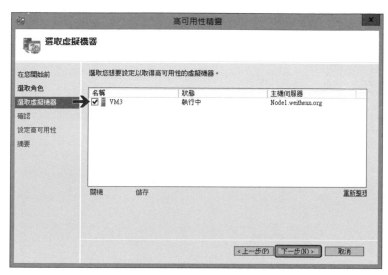

圖4-107 勾選 VM3 虛擬主機

在確認頁面中，確定顯示 VM3 虛擬主機後，按「下一步」鈕將進行 VM 虛擬主機的高可用性角色檢查作業。

圖4-108 確定顯示 VM3 虛擬主機

　　高可用性檢查作業完成後，在摘要頁面中，將會顯示檢查結果及 VM3 虛擬主機，是否已經成功賦予高可用性角色，請按下「**檢查報告**」鈕查看詳細資訊，或按下「完成」鈕完成設定 VM3 虛擬主機高可用性角色的動作。

圖4-109　點選檢查報告鈕查看詳細資訊

圖4-110　檢查報告詳細資訊

　　成功賦予 VM3 虛擬主機高可用性角色後，在容錯移轉叢集管理員視窗中，便能夠看到 VM3 虛擬主機。至此，完成將 Hyper-V 單機環境上的 VM 虛擬主機，線上不中斷的遷移至容錯移轉叢集環境當中，並且賦予高可用性角色。

圖4-111　已經能透過容錯移轉叢集管理員管理 VM3 虛擬主機

心得筆記

CHAPTER 5

非計畫性
停機解決方案

5-1 受保護的網路（Protected Network）

從 Windows Server 2012 版本開始，便已經支援原生的「網路卡小組（NIC Teaming）」機制，有效解決網路卡負載平衡及容錯備援的需求。但是，如果發生的中斷事件是網路卡小組當中，所有的成員網卡同時損壞？或者是成員網卡的網路線被踢掉？VM 虛擬主機對外服務的交換器損壞？…等事件呢？

> 如果 Hyper-V 主機的實體網路卡是「單片雙 Port」，而網路卡小組又設定在同一片網路卡的話，那麼就容易發生網路卡小組成員網卡同時損壞的情況。正確的網路卡小組規劃方式，應該要將**「不同」**片實體網路卡的 Port 互相建立網路卡小組，以避免實體網路卡損壞時連帶影響所有成員網卡。

在 Windows Server **2012** 版本時，若發生的事件是 Hyper-V 主機實體網路對外斷線，對於運作其上的 VM 虛擬主機來說並不知道對外連線已中斷，因此 VM 虛擬主機仍繼續提供線上服務，但其實使用者端已經無法從外部連線進來存取服務了。

新一代的 Windows Server **2012 R2** 雲端作業系統，新增「**受保護的網路（Protected Network）**」機制來因應這樣的網路中斷事件。當 Hyper-V 主機當中，負責 VM 虛擬主機的實體網路發生中斷事件後，此時 Hyper-V 主機若有其它線路能與其它主機溝通，那麼便會立即透過「即時遷移」的方式，將 VM 虛擬主機遷移至其它 Hyper-V 主機上繼續運作。

因此，當 VM 虛擬主機所在的虛擬交換器（VM-Traffic），雖然底層已啟用網路卡小組機制進行保護，但是當網路卡小組所有成員網卡「**同時**」中斷連線時，此時 Node 1 主機的 MGMT 網路還能與 Node 2 溝通，便會執行「即時遷移」的動作，將 VM 虛擬主機遷移至 Node 2 主機上繼續運作。此時，使用者端便能繼續存取 VM 虛擬主機的線上服務。

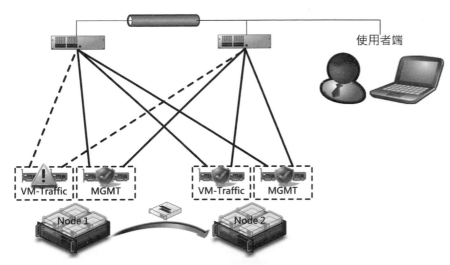

圖5-1 受保護的網路運作機制示意圖

5-1-1 確認受保護的網路機制啟用狀態

預設情況下,受保護的網路機制已經「**自動啟用**」,但是有個重要的前提是必須在「**有**」容錯移轉叢集的運作環境下才能運作,若是「單機」的運作環境(如初級篇),那麼受保護的網路機制便 **不 會**作用。

雖然預設情況下,受保護的網路機制會自動啟用,但在實測之前還是先確認一下 VM 虛擬主機是否啟用。請在 DC 主機端開啟的容錯移轉叢集管理員視窗中,點選 VM 虛擬主機查看設定內容,展開「網路介面卡」項目在「進階功能」當中,請確認「**受保護的網路**」選項已經勾選。

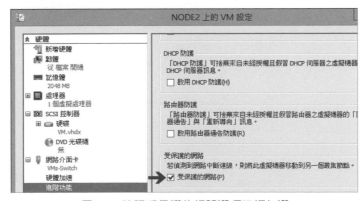

圖5-2 確認受保護的網路選項已經勾選

您也可以開啟 PowerShell 視窗鍵入指令，當指令執行結果為「**True**」時，表示已經開啟受保護的網路機制。

```
Get-VMNetworkAdapter  - VMName VM | fl ClusterMonitored
```

圖5-3　以 PowerShell 確認是否已經開啟受保護的網路機制

5-1-2　實測受保護的網路機制

在測試受保護的網路機制之前，有個很重要的前提必須注意。因為，受保護的網路機制是座落在虛擬交換器上，由「**叢集資源（Cluster Resource）**」在「**每隔 60 秒**」的間隔時間中，自動檢查虛擬交換器當中 VM 虛擬主機「對外」的連線狀態。

因此，在測試時必須要模擬出 Hyper-V 主機當中，實體網路卡發生「**網路中斷（Disconnection）**」的情況，而非將網路卡進行「**停用（Disable）**」。因為，當實體網路卡發生網路中斷事件時，此時實體網路卡仍為「啟用（Enable）」狀態，所以受保護的網路機制便會觸發運作，但若網路卡狀態為停用則不會觸發運作。

目前，測試受保護的網路機制的 VM 虛擬主機，運作在叢集節點 **Node 2** 主機上，並且連接至虛擬交換器「**VMs-Switch**」，它是由實體網路卡「**Ethernet2、Ethernet3**」建立網路卡小組「**VM-Traffic**」所組合而成，透過 PowerShell 指令便可以得知相關資訊。

```
Get-NetLbfoTeamMember  - Team VM-Traffic
```

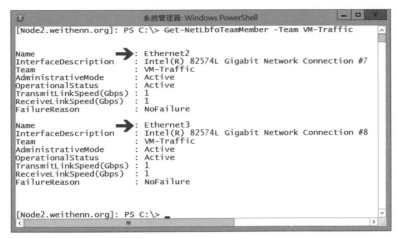

圖5-4　確認虛擬交換器的實體網路卡

接著，鍵入 PowerShell 指令即可得知網路卡小組及實體網路卡的連線狀態，以便稍後實測受保護的網路機制時，可以知道網路卡的連線狀態。

```
Get-NetAdapter  - Name  VM-Traffic,Ethernet2,Ethernet3
```

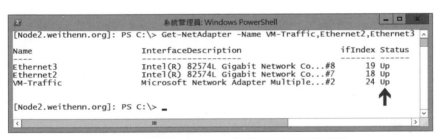

圖5-5　了解網路卡小組及實體網路卡的連線狀態

一切準備就緒後就開始測試吧。首先，模擬 **Node 2** 主機的「**Ethernet 2**」實體網路卡，發生網路中斷事件。

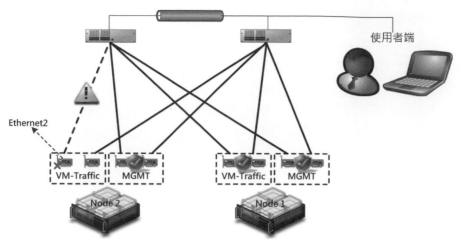

圖5-6　模擬 Node 2 主機的 Ethernet 2 網路卡中斷連線

請切換至 Node 2 主機的 VMware Player Console 畫面，依序點選「Player > Manage > Virtual Machine Settings」項目，在彈出的 VM 設定視窗中，點選「**Network Adapter 3**」網卡，並「**取消**」勾選右方的「**Connected**」項目後按下「OK」鈕。

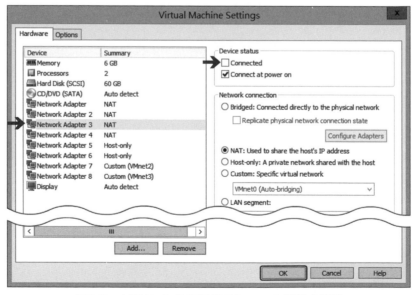

圖5-7　中斷 Node 2 主機的 Ethernet 2 網路卡連線

如果您無法確認是哪一片網路卡的話，可以比對 node2.vmx 內容中 MAC Address，以及在 Windows Server 2012 R2 中 Ethernet 的 MAC Address，互相交叉比對之後即可得知。

回到 Node 2 主機的網路連線畫面，你可以看到 Ethernet2 實體網路卡，確認發生網路中斷的情況，該網路卡狀態為「**已拔除網路線**」。

圖5-8　Ethernet2 網路卡狀態為已拔除網路線

雖然 Ethernet2 網路卡發生中斷事件，不過 VM-Traffic 網路卡小組當中，仍有 Ethernet3 網路卡為連線狀態，所以 VM 虛擬主機的運作不會受到任何影響。

此時，我們直接在 Node 2 主機端，以剛才檢查狀態的 PowerShell 指令，來看看目前的網路資訊為何。從結果中可以看到 **Ethernet2** 網卡的運作狀態轉變為「**Failed**」，而失敗的原因為「**PhysicalMediaDisconnected**」，並且 Ethernet2 網路卡的連線狀態變為「**Disconnected**」。

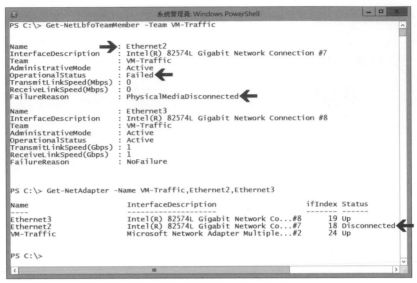

圖5-9　Ethernet2 網路卡發生中斷事件時其網路狀態

如果是「停用」網路卡的話，運作狀態同樣為「**Failed**」但失敗的原因則為「**NicNotPresent**」，而連線狀態則是「**Disabled**」。

接著，我們模擬 **Node 2** 主機的「**Ethernet 3**」實體網路卡，也發生網路中斷事件。此時 VM 虛擬主機所連接的虛擬交換器 VMs-Switch，並沒有任何網路通道可以對外提供服務，我們來看看屆時是否會「**觸發**」受保護的網路機制。

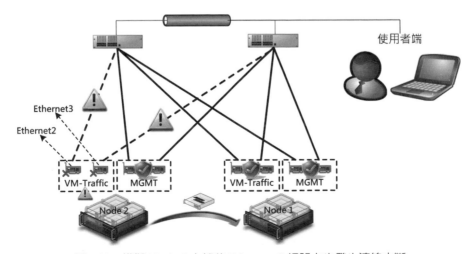

圖5-10　模擬 Node 2 主機的 Ethernet 3 網路卡也發生連線中斷

同樣的，請切換至 Node 2 主機後依序點選「Player > Manage > Virtual Machine Settings」項目，在彈出的 VM 設定視窗中，點選「**Network Adapter 4**」網卡，並「**取消**」勾選右方的「**Connected**」項目後按下「OK」鈕。

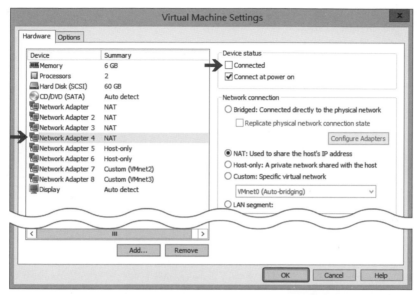

圖5-11　中斷 Node 2 主機的 Ethernet 3 網路卡連線

回到 Node 2 主機的網路連線畫面，你可以看到 Ethernet3 實體網路卡，確認發生網路中斷的情況，該網路卡狀態為「**已拔除網路線**」。此外，因為 VM-Traffic 網路卡小組的成員網卡 Ethernet2、Ethernet3，已經全部都發生了網路中斷事件，因此除了中斷對外連線之外，連帶的 VMs-Switch 虛擬交換器也受到影響。

圖5-12　Ethernet3 網路卡狀態為已拔除網路線

此時，我們直接在 Node 2 主機端，以剛才檢查狀態的 PowerShell 指令，來看看目前的網路資訊為何。從結果中可以看到 VM-Traffic、Ethernet2、Ethernet3 網卡，連線狀態都轉變為「**Disconnected**」。

```
系統管理員: Windows PowerShell
PS C:\> Get-NetLbfoTeamMember -Team VM-Traffic

Name                     : Ethernet2
InterfaceDescription     : Intel(R) 82574L Gigabit Network Connection #7
Team                     : VM-Traffic
AdministrativeMode       : Active
OperationalStatus        : Failed
TransmitLinkSpeed(Mbps)  : 0
ReceiveLinkSpeed(Mbps)   : 0
FailureReason            : PhysicalMediaDisconnected

Name                     : Ethernet3
InterfaceDescription     : Intel(R) 82574L Gigabit Network Connection #8
Team                     : VM-Traffic
AdministrativeMode       : Active
OperationalStatus        : Failed
TransmitLinkSpeed(Mbps)  : 0
ReceiveLinkSpeed(Mbps)   : 0
FailureReason            : PhysicalMediaDisconnected


PS C:\> Get-NetAdapter -Name VM-Traffic,Ethernet2,Ethernet3

Name                      InterfaceDescription                    ifIndex Status
----                      --------------------                    ------- ------
Ethernet3                 Intel(R) 82574L Gigabit Network Co...#8      19 Disconnected
Ethernet2                 Intel(R) 82574L Gigabit Network Co...#7      18 Disconnected
VM-Traffic                Microsoft Network Adapter Multiple...#2      24 Disconnected

PS C:\>
```

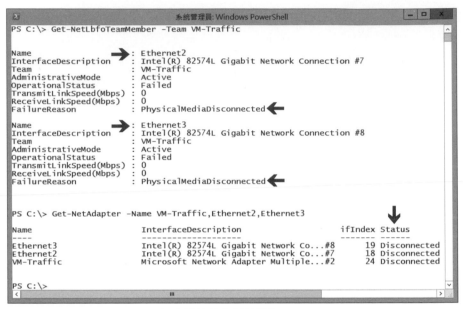

圖5-13　網卡連線狀態都轉變為 Disconnected

在本小節一開始已經說明，受保護的網路機制「**每隔 60 秒**」便會檢查連線狀態。事實上，它並非網路中斷時才觸發連線狀態偵測行為，而是「無時無刻」都在檢查連線狀態。因此，當您將 Node 2 主機 Ethernet3 網卡中斷連線後，其實最慢在「**60 秒之內**」就會觸發即時遷移的動作，同時在容錯移轉叢集管理員中，就會看到 VM 虛擬主機正在進行即時遷移。

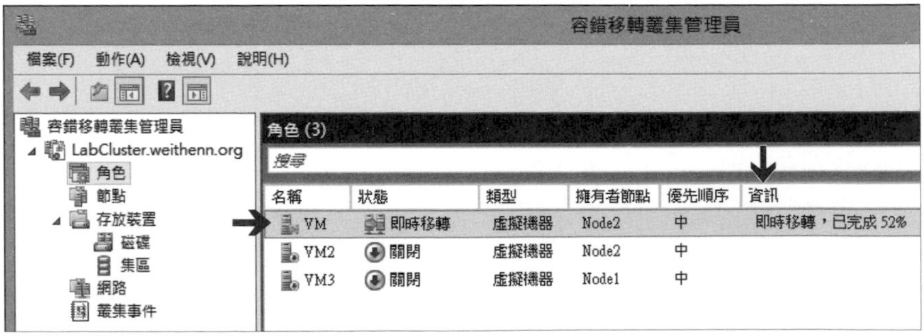

圖5-14　觸發受保護的網路機制

因為 Node 2 主機，只有 VM 虛擬主機對外網路中斷連線，但管理及遷移用的 **MGMT** 網路並沒有中斷，因此可以看到此時的 MGMT 網路流量增加，也就是正在遷移 VM 虛擬主機至 Node 1 主機上。

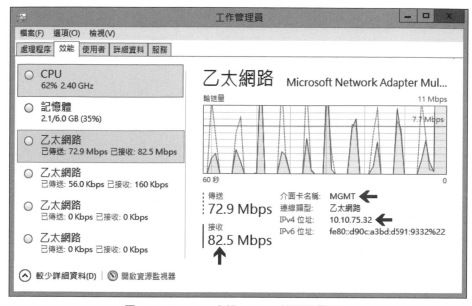

圖5-15　Node 2 主機 MGMT 網路流量增加

經過一小段遷移時間後，順利將 VM 虛擬主機遷移至叢集節點 Node 1 主機上繼續運作。

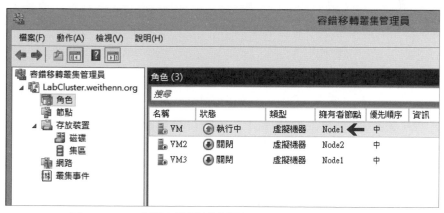

圖5-16　VM 虛擬主機順利遷移至 Node 1 主機上繼續運作

在容錯移轉叢集管理員事件中，可以看到剛才叢集節點 Node 2 主機的**網路中斷事件**，觸發了受保護的網路機制以及「**1255**」事件識別碼。

圖5-17　受保護的網路機制運作並觸發 1255 叢集事件

經過本小節的實測後，證明「受保護的網路（Protected Network）」運作機制，能夠因應 Hyper-V 主機發生非計畫性的網路中斷事件時，自動觸發保護機制在最短時間之內，將 VM 虛擬主機遷移至別台叢集節點繼續提供線上服務。請將叢集節點 Node 2 主機上，實體網路卡 Ethernet2 及 Ethernet3 恢復連線，以便進入下一章節快速遷移實作。

5-2 快速遷移（Quick Migration）

在舊版本 Hyper-V 2.0 虛擬化平台時代，您必須要採用 Windows Server 2008 R2 **Enterprise** 或 **DataCenter** 版本，才能建置容錯移轉叢集（Failover Cluster）、叢集共用磁碟（Cluster Shared Volume，CSV）…等環境，進而達成「快速遷移（Quick Migration）」功能。但是，在新一代 Hyper-V 3.0 虛擬化平台中，不管您是使用 Windows Server 2012 R2 **Standard** 或 DataCenter 版本都可以建置此環境。

在前一章節的實作中「即時遷移（Live Migration）」機制，其實是適用於「**計劃性停機**」的需求，舉例來說 Hyper-V 主機要進行歲休維護，或者其它檢修作業需要暫時中止服務（例如，增加記憶體、UPS 電力維護、電源模組更換…等），便可以採用即時遷移技術將其上運作的 VM 虛擬主機，線上不中斷的移動到其它台 Hyper-V 主機繼續運作。

在前一小節當中，當 Hyper-V 主機的 VM 網路無預警發生中斷時，也可以透過受保護的網路機制來因應。但是，倘若 Hyper-V 實體主機硬體或電力，突然無預警的發生故障這種「**非計劃性停機**」事件呢？ 例如，Hyper-V 主機實體伺服器的 電源模組損壞、主機板損壞、電力線被踢掉…等，非預期的因素使 Hyper-V 主機無預警斷電或故障，此時就適合使用本節所要介紹及實作的「**快速遷移（Quick Migration）**」機制來因應。

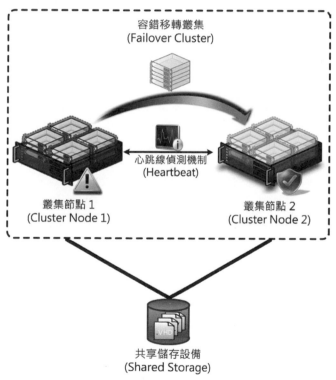

圖5-18　快速遷移運作示意圖

快速遷移運作流程：

1. 當 Hyper-V 實體主機無預警發生故障，此時使用者端連線中斷無法存取 VM 虛擬主機服務。

2. 叢集資源將 VM 虛擬主機目前運作狀態，立即「**儲存（Save State）**」起來。

   i. 此時 VM 虛擬主機以及使用的叢集資源，將會呈現「**離線（Offline）**」狀態。

   ii. 根據 VM 虛擬主機偏好設定內容，自動「**移動（Move）**」到其存活的叢集節點主機上。

   iii. 將 VM 虛擬主機及使用的叢集資源，進行「**上線（Online）**」的動作。

   iv. VM 虛擬主機「**啟動（Power On）**」，並回到剛才儲存時的狀態繼續運作。

3. 使用者端「**重新連線**」後，便可以再次連接到 VM 虛擬主機所提供的服務。

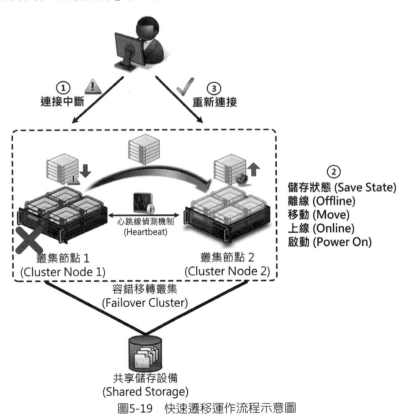

圖5-19　快速遷移運作流程示意圖

5-2-1 手動執行快速遷移

事實上，快速遷移這個特色功能，最先在 Windows Server 2008 版本出現，也就是 Hyper-V 1.0 虛擬化平台上。當時，因為尚未實作出 CSV 叢集共用磁碟區機制，所以無法達成線上不中斷的即時遷移機制。因此，你會發現快速遷移這個機制是可以「**手動**」觸發執行的，我們可以先手動執行以了解整個運作流程。

目前 VM 虛擬主機運作於「**Node 1**」主機上，而 VM 的儲存資源則是存放於叢集共用磁碟「**C:\ClusterStorage\Volume2**」當中。

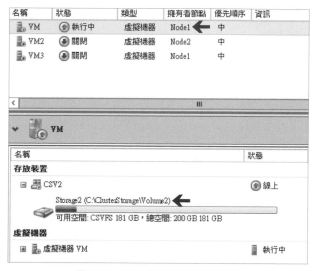

圖5-20　VM 虛擬主機運作資訊

我們在 DC 主機端開啟命令提示字元，鍵入「ping –t 10.10.75.51」持續執行 ping 的動作，以便觀察稍後快速遷移時，VM 虛擬主機需要多久才恢復狀態。

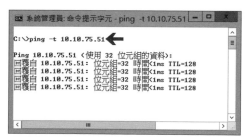

圖5-21　持續 ping 以觀察快速遷移後，VM 虛擬主機需要多久才恢復狀態

在 VM 虛擬主機端，也持續對外進行 ping 的動作，以觀察快速遷移後 VM 虛擬主機恢復狀態，是否還會繼續執行對外 ping 的動作。

圖5-22　VM 虛擬主機端持續對外 ping

請在容錯移轉叢集管理員視窗中，點擊 VM 虛擬主機後依序點選「移動 > 快速移轉 > 選取節點」項目，準備針對 VM 虛擬主機進行快速遷移的動作。

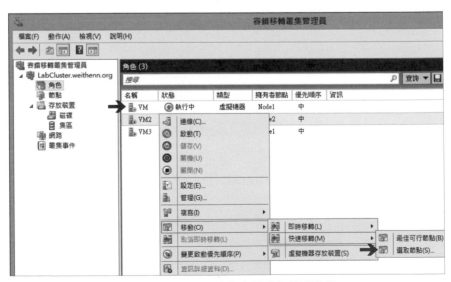

圖5-23　針對 VM 虛擬主機執行快速遷移

在彈出的移動虛擬機器視窗中，因為叢集內只有二台叢集節點，因此僅顯示 Node 2 主機可供選擇，點選後按下「**確定**」鈕執行快速遷移。

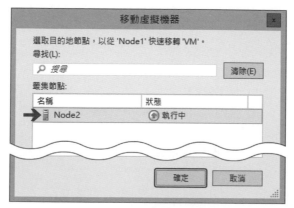

圖5-24　確定執行快速遷移

此時，可以看到 VM 虛擬主機的狀態為「**正在儲存**」，並在資訊欄位看到目前的儲存進度百分比。

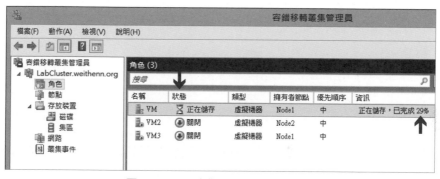

圖5-25　VM 虛擬主機儲存運作狀態

切換到 VM 虛擬主機的操作畫面，將會看到畫面變成「**灰色**」並且無法進行任何的操作動作。當然，這時候的 VM 虛擬主機已經無法提供任何服務，證明快速遷移機制會有「**停機時間（DownTime）**」。

圖5-26　VM 虛擬主機正在儲存狀態，無法進行任何操作

 此時，不論是 VM 虛擬主機線上服務，或者是持續的 ping 動作都是「**中斷**」的情況。

　　完成 VM 虛擬主機儲存狀態的動作後，接著就是「離線 > 移動 > 上線 > 啟動」等動作。此時，在容錯移轉叢集管理員視窗中，可以看到擁有者節點已經從「**Node 1 → Node 2**」，同時 VM 虛擬主機狀態為「**正在啟動**」。

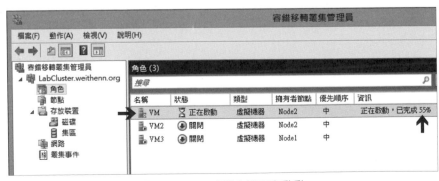

圖5-27　VM 虛擬主機正在啟動

從觸發快速遷移機制開始，VM 虛擬主機經過「**儲存狀態 > 離線 > 移動 > 上線 > 啟動**」等程序，到順利在另一台叢集節點主機重新上線，此實作環境的測試結果大約會掉「**5 ~ 7**」個 ping 封包。

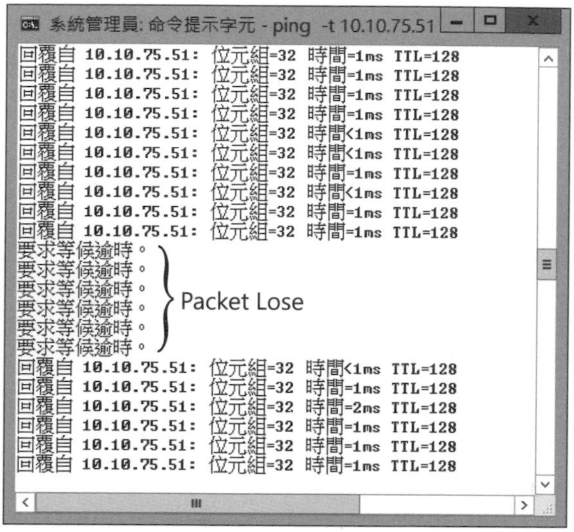

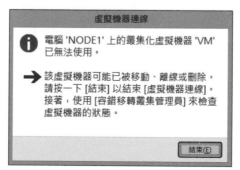

圖5-28　快速遷移機制所產生的停機時間

 當然，在企業及組織正式營運環境當中，還有許多週邊的環節，例如：網路環境、儲存設備效能…等，都會影響快速遷移整體的中斷時間。

當 VM 虛擬主機上線後，原本的 VM 虛擬主機連線畫面會中斷，您必須要重新連線才能開啟 VM 虛擬主機 Console 畫面。

圖5-29　VM 虛擬主機連線畫面中斷必須重新連線

5-2-2　實測快速遷移

　　剛才的快速遷移實作演練，相信已經讓您了解整體運作流程及 VM 虛擬主機的狀態變化。現在，我們要模擬叢集節點無預警發生故障事件，觀察是否會透過快速遷移機制搬移 VM 虛擬主機之外，也會將該叢集節點上的「**叢集資源**」，自動遷移到其它存活的叢集節點上繼續運作。

　　目前 VM 虛擬主機運作在 Node 2 主機上（運算資源），並且 虛擬硬碟、組態設定、檢查點、智慧型分頁…等檔案，則儲存於叢集共用磁碟 CSV 2 當中（儲存資源）。

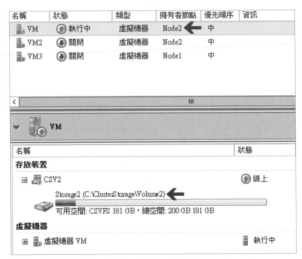

圖5-30　VM 虛擬主機的運算及儲存資源資訊

　　點選至「存放裝置 > 磁碟」，可以看到「**仲裁磁碟**」以及「**叢集共用磁碟**」，目前的擁有者節點都是 **Node 2** 主機。

圖5-31　Node 2 主機為叢集儲存資源的擁有者節點

點選叢集共用磁碟後，依序點選「移動 > 選取節點」便可以手動調整擁有者節點。但「**仲裁磁碟**」則無法手動調整，除非發生故障事件才會自動切換。

稍後，我們將測試在 VM 虛擬主機運作中的情況下，把叢集節點 Node 2 主機「**對外連線網路全部中斷**」，模擬 Node 2 主機無預警發生故障事件，看看 VM 虛擬主機是否會自動將「**運算資源 / 儲存資源**」遷移，同時 Node 2 主機的「**叢集資源**」也都快速移動到 Node 1 主機當中。

 目前的 VMware Player 版本，在 VM 虛擬主機電力選項中並沒有「**斷電（Power Off）**」機制，只有等同於「關機（Shutdown）」的機制。採用 VMware WorkStation 才有斷電選項可使用。

同樣的，在開始測試以前先準備好測試環境，以便等一下方便觀察遷移過程是否如我們所規劃一般。請在 DC 主機開啟命令提示字元，持續 ping 此台 VM 虛擬主機「ping –t 10.10.75.51」。

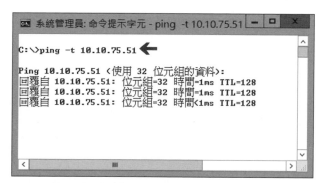

圖5-32　持續 ping 運作中的 VM 虛擬主機

請開啟 Node 2 主機的 PowerShell 視窗鍵入指令，將 Node 2 主機所有網卡全部停用，也就是將 Node 2 主機「**對外連線網路全部中斷**」，模擬 Node 2 主機無預警發生故障事件。

```
Disable-NetAdapter  - Name  *  - Confirm:$false
```

圖5-33　以 PowerShell 將 Node 2 主機所有網卡全部停用

　　在 VM 虛擬主機方面，可以看到原本在 Node 2 主機上的 VM、VM 2，都透過快速遷移機制移動到 Node 1 主機上繼續運作。

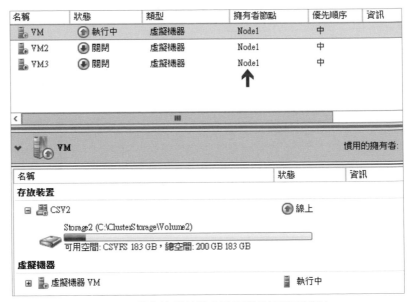

圖5-34　叢集節點故障自動觸發快速遷移機制

　　雖然，快速遷移機制會盡量快速封存 VM 虛擬主機的運作狀態，不過有時 VM 虛擬主機數量過多，或是 VM 虛擬主機正好繁忙中導致來不及封存時，那麼 VM 虛擬主機就會等同於是「**強迫關機**」，因此登入後便會出現電腦意外關機訊息。

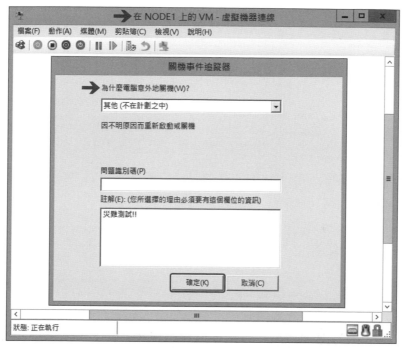

圖5-35　因 VM 虛擬主機來不及封存運作狀態，等同不當關機

　　在叢集儲存資源方面，可以看到由另一台存活叢集節點 Node 1 主機，接手所有的叢集儲存資源。

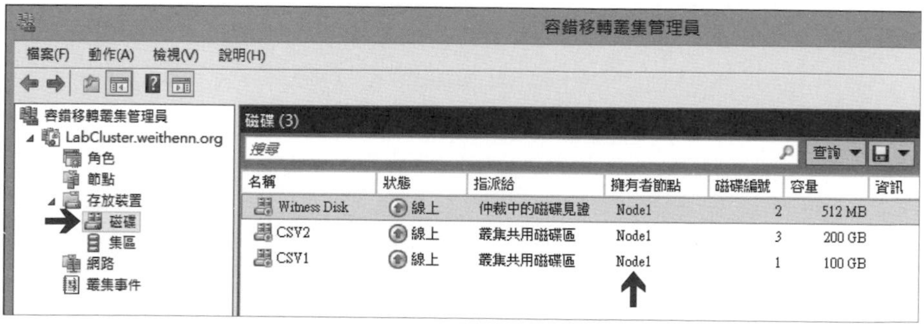

圖5-36　Node 1 主機接手叢集儲存資源

查看叢集「**節點**」的運作狀態，可以看到 Node 2 叢集節點，目前狀態為「**非執行中**」。

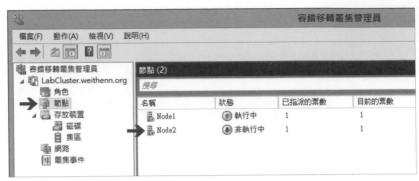

圖5-37　Node 2 叢集節點狀態為非執行中

查看叢集節點的「**網路**」運作狀態，可以看到 Node 2 叢集節點的網路資訊，目前相關的網路狀態皆為「**無法使用**」。

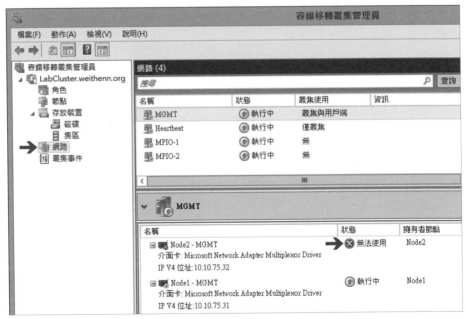

圖5-38　Node 2 叢集節點網路狀態為無法使用

在叢集事件中，可以看到因為 Node 2 叢集節點發生故障事件，觸發了快速遷移機制以及「**1135**」事件識別碼。

圖5-39　Node 2 叢集節點發生故障事件觸發 1135 事件

從偵測到叢集節點 Node 2 主機發生故障，到自動觸發快速遷移機制移動 VM 虛擬主機，最後 VM 虛擬主機恢復運作狀態，或是來不及封存運作狀態而重新開機，整個自動切換流程實測結果大約掉「**27 ~ 32**」個 ping 封包。

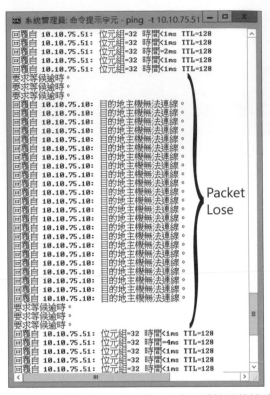

圖5-40　叢集節點發生故障事件，自動切換流程停機時間

CHAPTER 6

異地備援
解決方案

6-1 Hyper-V 複本（Hyper-V Replica）

從 Windows Server **2012** 版本開始，便新增了一項 Hyper-V 伺服器角色「**Hyper-V 複本（Hyper-V Replica）**」，也就是說必須要 Hyper-V 3.0 虛擬化平台中才有此功能，在舊版本的 Hyper-V 1.0 / 2.0 虛擬化平台中並沒有此角色。簡單來說 Hyper-V 複本機制，就是用於「保持業務連續性以及異地備援（Business Continuity and Disaster Recovery，BCDR）」的解決方案。

Hyper-V 複本機制，允許 VM 虛擬主機運作在「**主要站台（Primary Site）**」，透過「**非同步**」傳輸機制複寫到「**次要站台（Replica Site）**」，以便運作於主要站台上的 VM 虛擬主機發生災難時，可以在最短的時間內讓次要站台上的 VM 虛擬主機接手原有服務。

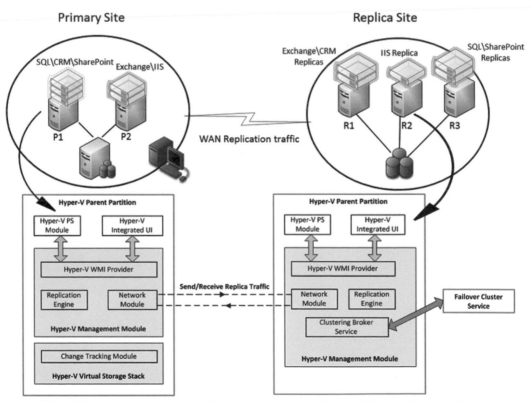

圖片來源：Understand and Troubleshoot Hyper-V Replica in Windows Server 8 Beta
（http://goo.gl/0wBHEf）

圖6-1　Hyper-V 複本機制運作示意圖

在新一代 Windows Server **2012 R2** 雲端作業系統中,除了主要與次要站台之外更支援 **第三份** 副本機制,並且還能與 Windows Azure HRM(Hyper-V Recovery Manager)協同運作,達成高彈性且更為全面的異地備援機制。

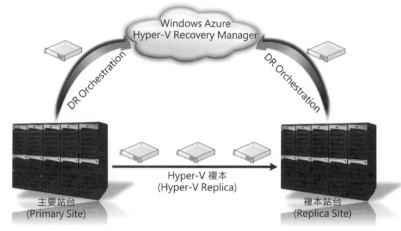

圖6-2 Windows Azure HRM 複本機制運作示意圖

在開始實作之前,先了解 Hyper-V 複本機制是如何運作,同時具備哪些功能特色:

◆ 採用「**檢查點(Checkpoint Based)**」及「**非同步(Asynchronous)**」的資料傳輸機制,您可以視網路運作環境,指定每隔「**30秒、5分鐘、15分鐘**」進行一次資料複寫。

◆ 「主要 / 次要」站台之間 **不需要** 共用儲存設備或特定的儲存設備。

◆ 支援「獨立伺服器 / 容錯移轉叢集」的運作環境,或者二種環境的混合也可以,所以主機可以處於同一網域或者不需要加入網域。

◆ 「主要 / 次要」站台之間可以實體共置(LAN),或者是放在相隔遙遠的兩地(WAN)。

◆ 支援「**測試容錯移轉**」機制,以便您測試複寫過去的 VM 虛擬主機是否能順利運作。

◆ 支援「**計劃性的容錯移轉**」機制,任何未複寫的變更資料都會先複寫到複本站台之後,VM 虛擬機器才會執行容錯移轉,屬於「**VM 虛擬主機等級(VM Level)**」的保護機制(**不會** 發生資料遺失的情況!!)。

◆ 支援「**非計劃性的容錯移轉**」機制，因應 Hyper-V 實體主機發生無預警災難時，進行 VM 虛擬機器的容錯移轉，屬於「**Hyper-V 主機等級（Host Level）**」的保護機制（**可能** 發生資料遺失的情況!!）。

 在 Windows Server **2012** 版本時，VM 虛擬主機的狀態儲存機制稱之為「**快照（Snapshot）**」，在 Windows Server **2012 R2** 版本將快照改為與 SCVMM 同名的「**檢查點（Checkpoint）**」。此外，在 Windows Server **2012** 版本時並無法指定資料複寫時間，系統將視網路通訊情況每隔「**5 ~ 15 分鐘**」自動進行一次資料複寫動作。

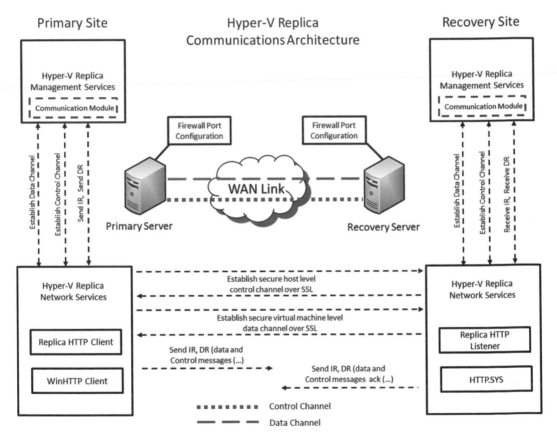

圖片來源：Understand and Troubleshoot Hyper-V Replica in Windows Server 8 Beta
（http://goo.gl/0wBHEf）

圖6-3　Hyper-V 複本機制通訊架構示意圖

6-1-1 新增 Hyper-V 複本代理人

在初級篇當中的 Hyper-V 複本機制，因為並 **沒有** 容錯移轉叢集運作環境，因此當「主要 / 次要」站台之間若硬體架構無誤便能運作順利，但倘若「主要」站台發生硬體故障事件時，其實複本抄寫機制便會 **中斷** 同步作業。

倘若是運作在 **有** 容錯移轉叢集運作環境當中，當「主要 或 次要」站台發生硬體故障事件時，叢集資源將會透過「**Hyper-V 複本代理人 (Hyper-V Replica Broker)**」機制，由存活的叢集節點接手並居中「**協調**」後，繼續進行 Hyper-V 複本抄寫作業。

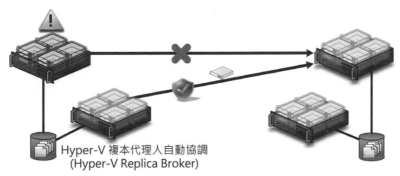

圖6-4　Hyper-V 複本代理人運作示意圖

▋建立 Hyper-V 複本代理人高可用性角色

請於 DC 主機開啟容錯移轉叢集管理員，依序點選「角色 > 設定角色」項目，準備新增 Hyper-V 複本代理人高可用性角色。

圖6-5　準備新增 Hyper-V 複本代理人高可用性角色

在彈出的高可性精靈視窗於選取角色頁面中，請點選「**Hyper-V 複本代理**
人」項目後按「下一步」鈕繼續高可用性精靈新增程序。

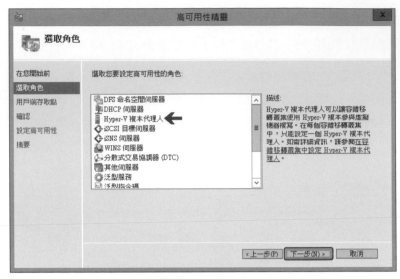

圖6-6　點選 Hyper-V 複本代理人項目

在用戶端存取點頁面中，請輸入 Hyper-V 複本代理人名稱此實作輸入
「**ReplicaBroker**」，接著輸入 Hyper-V 複本代理人的 IP 位址「**10.10.75.35**」後，
按「下一步」鈕繼續高可性精靈新增程序。

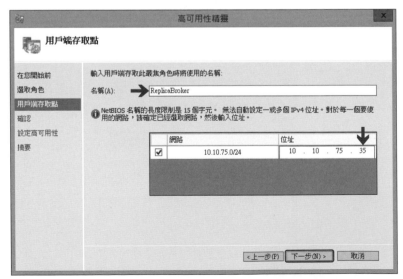

圖6-7　輸入 Hyper-V 複本代理人名稱及 IP 位址

在確認頁面中，再次檢視相關的組態設定值後，按「下一步」鈕將會檢查並設定高可用性機制。

圖6-8　再次檢視相關的組態設定值

在摘要頁面中，您會看到顯示訊息為「已順利為角色設定高可用性」，請按下「檢視報告」鈕來查看建立過程詳細資訊。

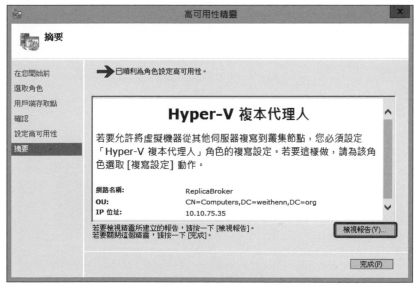

圖6-9　檢視報告內容

在檢視報告內容頁面中，您會看到剛才的精靈建立 Hyper-V 複本代理人的程序，若有任何警告或錯誤訊息則會顯示於其中。

圖6-10　檢視 Hyper-V 複本代理人建立程序

回到容錯移轉叢集管理員視窗中，在角色項目內會看到出現 Hyper-V 複本代理人「ReplicaBroker」，以及剛才設定的「10.10.75.35」IP 位址，並且運作在叢集節點 Node 1 主機上。

圖6-11　Hyper-V 複本代理人運作中

請於 DC 主機開啟「Active Directory 使用者和電腦」後，切換到 Computers
容器您將看到多了「**ReplicaBroker**」電腦帳戶。

圖6-12　建立 Hyper-V 複本代理人電腦帳戶

開啟「DNS」管理員工具後，點選到「正向對應區域 > weithenn.org」項
目，將會看到多了一筆「**ReplicaBroker 10.10.75.35**」DNS 正向解析記錄。

圖6-13　Hyper-V 複本代理人 DNS 正向解析記錄

點選到「反向對應區域 > 75.10.10.in-addr.arpa」項目，將會看到多了一筆
「**10.10.75.35　replicabroker.weithenn.org**」DNS 反向解析記錄。

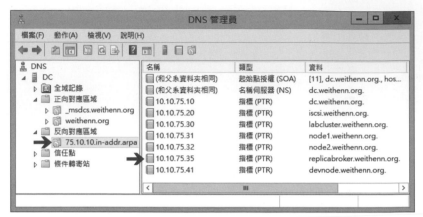

圖6-14　Hyper-V 複本代理人 DNS 反向解析記錄

 若沒有看到 Hyper-V 複本代理人 DNS 反向解析記錄，請至正向對應區域內
ReplicaBroker 設定內容中，重新勾選「更新關聯的指標（PTR）記錄」項目後重
新套用即可。

6-1-2　容錯移轉叢集啟用複本機制

在初級篇當中，由於我們 **未** 架設容錯移轉叢集環境，所以我們必須要針對
「**每一台**」Hyper-V 主機，依序啟用「複寫設定」的功能才行。然而，本書中我
們已經建置好容錯移轉叢集運作環境，因此只需要在容錯移轉叢集管理員中「**統
一設定**」複寫機制即可。

請於 DC 主機開啟容錯移轉叢集管理員後，點選「ReplicaBroker」在右鍵選
單中選擇「複寫設定」項目。

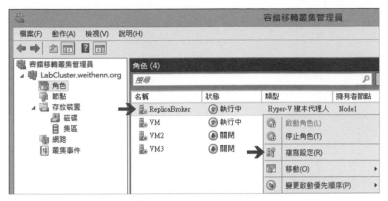

圖6-15 準備為叢集節點啟用複本機制

在彈出的 Hyper-V 複本代理人設定視窗中,請勾選「**啟用此叢集做為複本伺服器**」項目,接著在驗證與連接埠區塊中勾選「**使用 Kerberos (HTTP)**」項目,指定連接埠的部份採用預設的「**80**」即可,請先別急著按下確定鈕,您還需要設定授權與存放裝置。

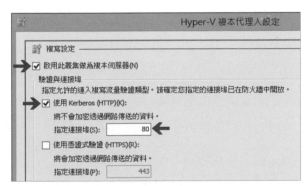

圖6-16 啟用複寫設定及使用 HTTP 傳輸

請將視窗捲軸往下拉至授權與存放裝置區後按下「**新增**」鈕,於彈出的新增授權項目視窗中,在指定主要伺服器欄位輸入「***.weithenn.org**」,表示接受 weithenn.org 網域中任何一台主機成為主要伺服器,接著點選瀏覽鈕選擇叢集共用磁碟「**C:\ClusterStorage\volume2**」路徑,表示要將複寫過來的 VM 虛擬主機存放於此,最後在指定信任群組欄位中輸入屆時「**主要 / 次要**」站台之間,所要溝通用的密碼「**MyLabReplica**」後,按下「**確定**」鈕完成授權與存放裝置設定。

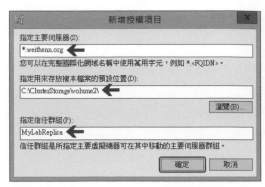

圖6-17　設定 Hyper-V 複本授權與存放裝置區

　指定主要伺服器為「*.weithenn.org」的用意在於，主要伺服器及複本伺服器二者角色在發生災難事件後，後續的修復作業中角色可能會互相交換，因此這樣的設定較具彈性。

確認 Hyper-V 複本機制（啟用、HTTP、主要伺服器、存放裝置、信任群組）設定無誤後，請按下「確定」鈕完成設定。

圖6-18　Hyper-V 複本代理人設定機制完成設定

當您按下「確定」鈕時，系統還會貼心提醒您記得要允許 Hyper-V 複本機制防火牆規則通過，以便稍後的實作得以順利進行。

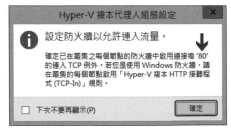

圖6-19　提醒必須允許 Hyper-V Replica 防火牆規則

若採用 Windows Server **2012** 版本，系統將會「**自動**」允許 Hyper-V 複本機制防火牆規則。採用新一代 Windows Server **2012 R2** 版本時，則必須「**手動**」允許 Hyper-V 複本機制防火牆規則。

　　順利啟用叢集節點的複寫設定後，我們開啟 Hyper-V 管理員分別查看 Node 1、Node 2 主機，確認複寫設定是否真的都已經套用。

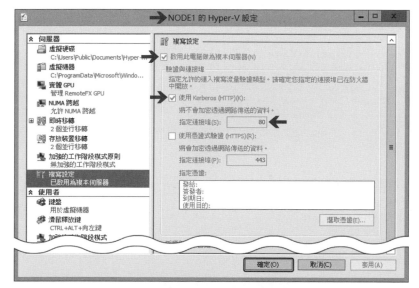

圖6-20　叢集節點 Node 1 主機複寫設定已套用

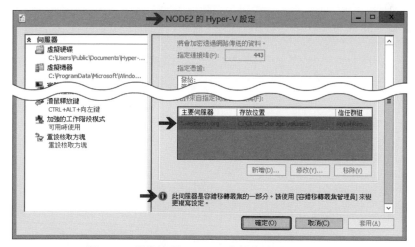

圖6-21　叢集節點 Node 2 主機複寫設定已套用

叢集節點啟用複本機制防火牆規則

在 DC 主機開啟叢集節點 Node 1、Node 2 主機的 PowerShell 後，準備啟用 Hyper-V 複本機制防火牆規則（允許複寫流量通過）。

在開啟的 PowerShell 執行視窗當中，請先輸入啟用 Hyper-V 複本機制通過的防火牆規則指令，接著查詢防火牆規則是否啟用。

```
Set-NetFirewallRule  - DisplayName  "Hyper-V * HTTP *"  - Enabled  True
Get-NetFirewallRule  - DisplayName  "Hyper-V * HTTP *"
```

圖6-22　為叢集節點 Node 1 主機啟用Hyper-V 複本防火牆規則

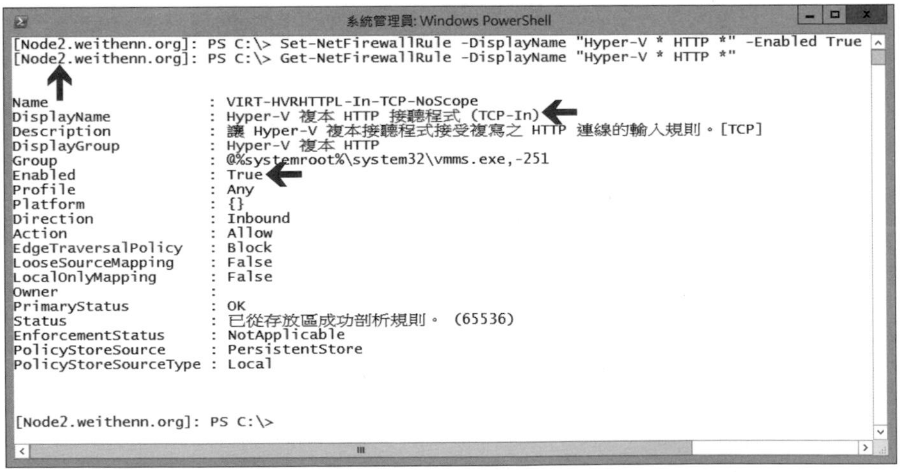

圖6-23　為叢集節點 Node 2 主機啟用 Hyper-V 複本防火牆規則

當然如果您還是擔心防火牆規則沒有啟用，那麼您可以切換到 Node 1、Node 2 主機，查看防火牆規則是否真的已經啟用。

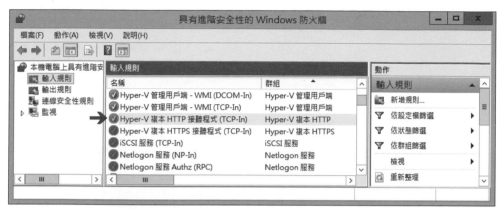

圖6-24　確認 Hyper-V 複本防火牆規則是否真的已經啟用

 若沒看到 Hyper-V 複本防火牆規則啟用的話，請按一下「重新整理」圖示即可。

6-1-3　建立分公司主機

我們知道 Hyper-V 複本機制，可以適用於「**單機 → 叢集、叢集 → 單機**」之間的環境，因此我們著手建立「**二台單機**」環境的主機，分別模擬擔任分公司主機的角色，後續也將模擬當母公司資料中心發生災難事件時，分公司主機該如何在最快時間內上線服務。

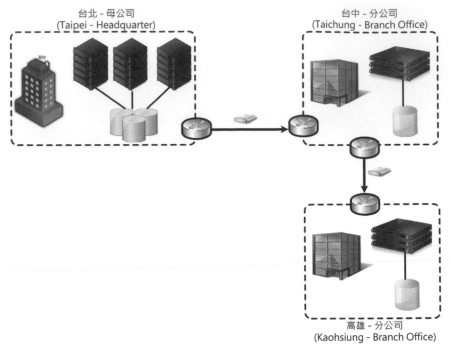

圖6-25　Hyper-V 複本機制運作示意圖

 當然母公司及分公司之間，採用 Site-to-Site VPN 或 MPLS VPN 如何互相串連溝通，就不在本書的討論範圍之內了。

　　我們快速在 VMware Player 上，建立二台 Windows Server 2012 R2 虛擬主機，用以擔任「台中 / 高雄」分公司主機的角色，由於安裝及初始設定步驟相信您已經非常熟悉了，因此我們只會重點式的說明分公司主機環境。

　　分公司主機安裝好 Windows Server 2012 R2 作業系統後，分別設定電腦名稱及 IP 位址為「**Taichung、10.10.75.101**」，以及「**Kaohsiung、10.10.75.151**」。完成後，將二台分公司主機加入「**weithenn.org**」網域後，切換到 Computers 容器便看到多了 二筆 電腦帳戶。

圖6-26 分公司主機電腦帳戶

 實作環境中，保留給「台中」分公司的 IP 網段為 10.10.75.**101 ~ 150**，而保留給「高雄」分公司的 IP 網段為 10.10.75.**151 ~ 200**。

當然，也請確認在 DNS 管理員當中，二台分公司主機是否都擁有 DNS 正反向解析記錄。

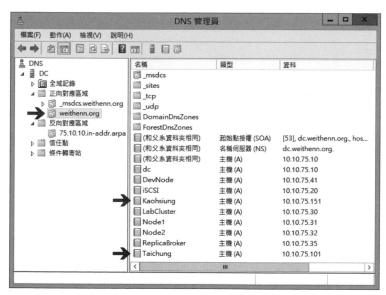

圖6-27 分公司主機 DNS 正向解析記錄

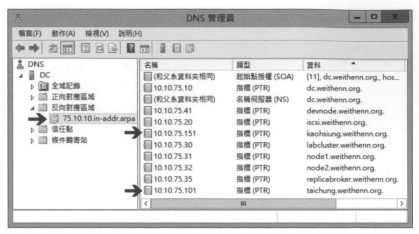

圖6-28　分公司主機 DNS 反向解析記錄

　　請為二台分公司主機安裝「**Hyper-V 角色**」，並將虛擬交換器名稱改為「**VMs-Switch**」。此外，請建立「**C:\ReplicaVM**」資料夾，以存放稍後由母公司的容錯移轉叢集運作環境，所傳送過來的複本 VM 虛擬主機。

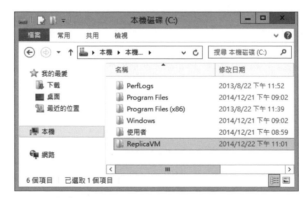

圖6-29　台中及高雄分公司主機建立 C:\ReplicaVM 資料夾

　　切換回到 DC 主機端，開啟 Hyper-V 管理員加入二台分公司主機統一管理後，在右鍵選單中選擇「**Hyper-V 設定**」項目後，設定下列 Hyper-V 複本機制：

◆ 勾選「**啟用此叢集做為複本伺服器**」項目

◆ 勾選「**使用 Kerberos（HTTP）**」項目、指定連接埠為「**80**」

◆ 主要伺服器為「***.weithenn.org**」

◆ 存放位置為「**C:\ReplicaVM**」

◆ 信任群組為「**MyLabReplica**」

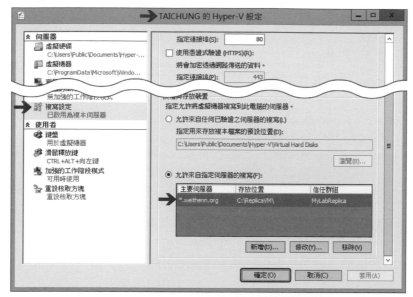

圖6-30　台中分公司主機 Hyper-V 複寫設定

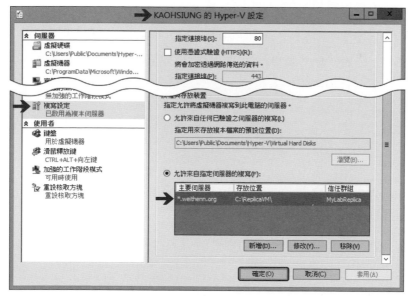

圖6-31　高雄分公司主機 Hyper-V 複寫設定

最後，請別忘了幫二台分公司主機，「**啟用**」Hyper-V 複本機制防火牆規則。

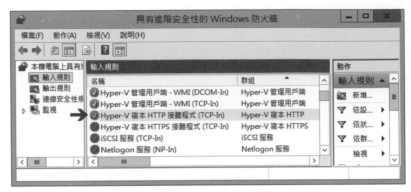

圖6-32　啟用 Hyper-V 複本機制防火牆規則

6-1-4　VM 虛擬主機啟用複本機制

完成容錯移轉叢集運作環境，建立 Hyper-V 複本代理人高可用性角色，以及二台分公司主機 Hyper-V 複本機制設定後，請在容錯移轉叢集管理員視窗中，點選運作中的 VM 虛擬主機選擇「**複寫 > 啟用複寫**」項目，準備為 VM 虛擬主機啟動 Hyper-V 複本機制。

圖6-33　準備為 VM 虛擬主機啟動 Hyper-V 複本機制

在彈出的 VM 啟用複寫精靈視窗中，確認為 VM 虛擬主機啟動 Hyper-V 複本機制的話，請按「下一步」鈕繼續啟用程序。

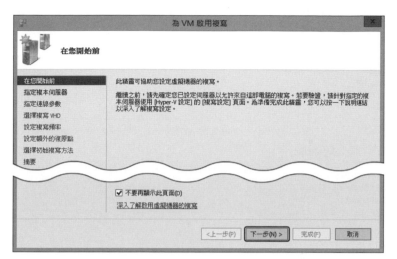

圖6-34　VM 虛擬主機啟動 Hyper-V 複本機制

在指定複本伺服器頁面中，請按下「瀏覽」鈕將台中分公司主機「**Taichung**」加入，通過檢查步驟後主機名稱將顯示為大寫並返回視窗，請按「下一步」鈕繼續啟用程序。

圖6-35　指定複本伺服器

在指定連線參數頁面中，再次確認複本伺服器是否為分公司主機 **Taichung. weithenn.org**，採用 HTTP 及連接埠 80 作為屆時的傳輸方式，並確認勾選「**壓 縮透過網路傳輸的資料**」項目以便加快傳輸速度，請按「下一步」鈕繼續啟用程 序。

圖6-36　確認複本伺服器及傳輸方式

在選擇複寫 VHD 頁面中，會顯示該台 VM 虛擬主機的儲存（虛擬硬碟、分 頁檔…等），建議採用預設值全部都進行複寫即可，請按「下一步」鈕繼續啟用 程序。

圖6-37　選擇複寫 VM 虛擬主機的儲存

在設定複寫頻率頁面中，你可以依網路情況及 VM 虛擬主機的資料增長量，衡量要複寫資料到複本伺服器的頻率，在下拉式選單中共有「30 秒、5 分鐘、15 分鐘」可供選擇，此實作環境選擇預設的「**5 分鐘**」複寫頻率，請按「下一步」鈕繼續啟用程序。

圖6-38　指定複寫頻率

在設定復原歷程記錄頁面中，您可以指定要儲存的復原點數量，如果您選擇建立額外的復原點，則可以調整復原時數最多為 **24 小時** 的涵蓋範圍，此外還可以結合系統內建的 VSS 機制，來複寫增量快照其頻率為 1～12 小時（預設為 4 小時），此實作選擇「**只保留最新的復原點**」項目也就是 VM 虛擬主機僅採用最新的複寫資料，請按「下一步」鈕繼續啟用程序。

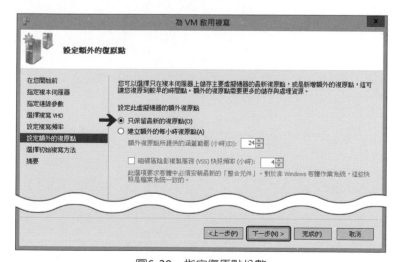

圖6-39　指定復原點份數

　　在選擇初始複寫方法頁面中，您可以看到目前 VM 虛擬主機其虛擬硬碟初始複本大小（8.35 GB），因為 WAN 頻寬有可能很小，所以您可以配合使用外部媒體傳送第一次的複本（例如，DVD、USB、外接式硬碟），以減少 WAN 頻寬的耗用及等待時間，或者您可以排定在離峰時間進行第一次 VM 虛擬主機的初始複本同步作業。此實作環境是處於同一虛擬網路因此直接進行傳輸，請選擇「**透過網路傳送初始複本**」及「**立即開始進行複寫**」項目後，按「下一步」鈕繼續啟用程序。

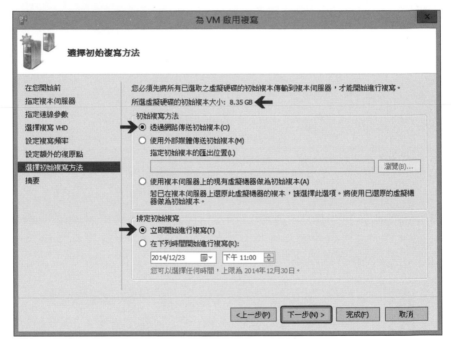

圖6-40　指定初始複寫的方法

　　於正在完成啟用複寫精靈頁面中，再次檢視相關組態設定值確認無誤後按下「完成」鈕。此時，將會立即執行 VM 虛擬主機複寫至台中分公司的作業程序。

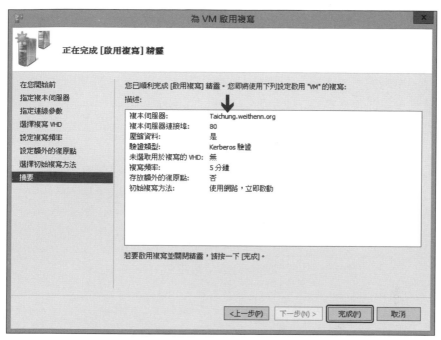

圖6-41　完成啟用複寫精靈設定

　　此時將會彈出已順利啟用複寫的視窗。如果在視窗下方訊息中，您看到說明複本虛擬機器「**未連線**」到任何網路的資訊，表示分公司主機的虛擬交換器名稱，與母公司虛擬交換器名稱「**不同**」所導致（母公司與分公司很有可能網路規劃環境不同），此時您可以按下「設定」鍵進行調整。

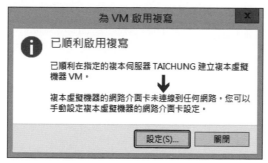

圖6-42　幫複本虛擬機器調整所連接的虛擬交換器

　　因為分公司主機並非叢集成員，所以我們在 Hyper-V 管理員視窗中，比較容易觀看複寫情況。複寫作業開始後，你可以看到主要伺服器（Node 1）中的 VM 虛擬主機，在建立 **初始複本檢查點** 之後開始「**傳送**」資料至複本伺服器（Taichung）。

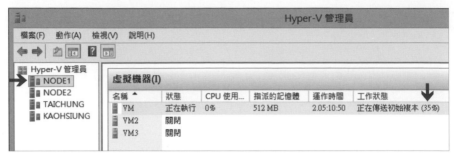

圖6-43　主要伺服器傳遞 VM 虛擬主機初始複本資料

在容錯移轉叢集管理員中，也可以看到「**傳送**」初始複本資訊。但是，因為分公司主機並非叢集成員主機，所以切換到 Hyper-V 管理員以便觀看二端的複寫資訊。

　　此時的複本伺服器 Taichung 主機，將會產生一台 VM 虛擬主機並且狀態為「**接收變更**」。

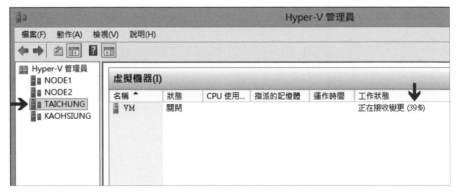

圖6-44　複本伺服器接收 VM 虛擬主機初始複本資料

在 Hyper-V 管理員視窗中,點選 VM 虛擬主機後,可以切換至「**複寫**」頁籤了解目前的複寫資訊。

圖6-45　Hyper-V 管理員查看 VM 虛擬主機複寫資訊

當然,您在容錯移轉叢集管理員視窗中,點選 VM 虛擬主機後,也可以透過「**摘要**」頁籤了解目前的複寫資訊。

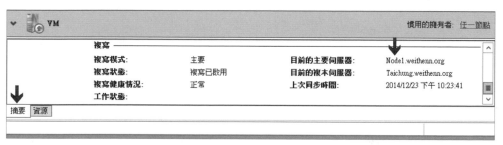

圖6-46　容錯移轉叢集管理員了解 VM 虛擬主機複寫資訊

6-1-5　查看複本機制健康情況

在剛才的複本機制設定內容當中,每隔「5 分鐘」便執行一次非同步的資料複寫動作,如果您想要查看複寫資料動作的詳細資訊時,請在容錯移轉叢集管理員中點選該 VM 虛擬主機後,於右鍵選單中選擇「**複寫 > 檢視複寫健康情況**」。

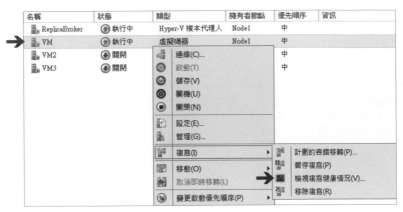

圖6-47　準備查看複寫健康情況

　　在彈出的複寫健康情況視窗中，您可以看到目前「主要 / 複本」伺服器主機名稱以及健康情況，此外 Hyper-V 複本機制的「開始 / 結束」時間以及傳輸資料量跟複寫次數，還有最新一次執行資料複寫的時間點。

圖6-48　複寫健康情況詳細資訊

　　首先，我們來測試看看，將 VM 虛擬主機由目前運作在「**Node 1**」主機，即時遷移至叢集節點「Node 2」主機後，觀察 Hyper-V 複本機制是否仍然持續複寫運作。

圖6-49　VM 虛擬主機即時遷移（Node 1 → Node 2）

VM 虛擬主機執行即時遷移程序中。

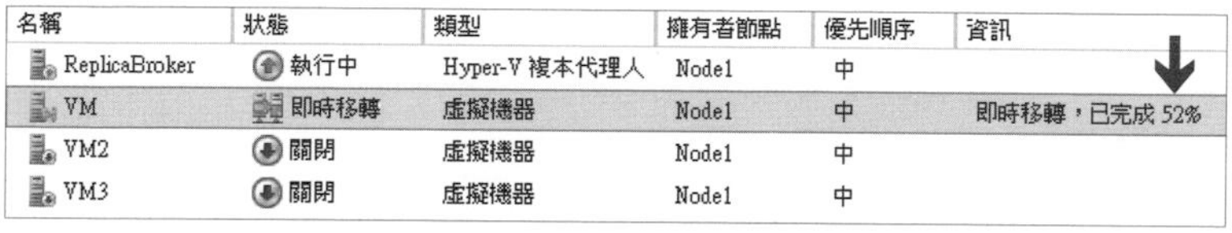

名稱	狀態	類型	擁有者節點	優先順序	資訊
ReplicaBroker	執行中	Hyper-V 複本代理人	Node1	中	
VM	即時移轉	虛擬機器	Node1	中	即時移轉，已完成 52%
VM2	關閉	虛擬機器	Node1	中	
VM3	關閉	虛擬機器	Node1	中	

圖6-50　執行即時遷移程序中

　　確認 VM 虛擬主機遷移至「**Node 2**」主機後，待經過複寫間隔（5 分鐘）後再次查看複寫健康情況。

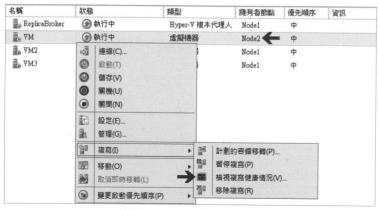

圖6-51　即時遷移作業完畢

在複寫健康情況視窗中，除了可以看到主要伺服器「**自動**」變更為「**Node 2**」主機之外，在「成功的複寫週期」欄位也由剛才的 5 次變更為「**8 次**」，表示複本機制仍持續運作中且完全沒有中斷（這就是 Hyper-V Replica Broker 自動協調機制）。

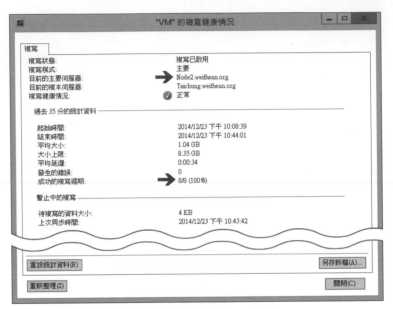

圖6-52　複本機制持續運作中

因為 DC 主機也有納管台中分公司主機，您可以開啟 PowerShell 指令視窗，或切換到台中分公司主機端，確認「**C:\ReplicaVM**」資料夾內是否真的有資料複寫過來。

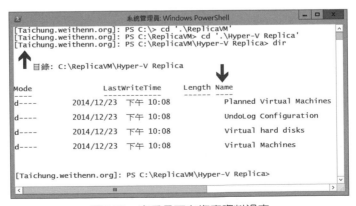

圖6-53　查看是否有複寫資料過來

6-1-6 指定複寫 VM 虛擬主機不同 IP 位址

因為 Hyper-V 複本機制為異地備援解決方案，因此很有可能複本伺服器與主要伺服器的網路架構不同導致 IP 位址網段「不同」，當發生容錯移轉事件時有可能會導致複本伺服器上的 VM 虛擬主機，雖然已經順利啟動並接手相關網路服務，但是卻因為網路環境的 IP 網段不同導致服務不通的情況。

關於這點 Hyper-V 複本機制已經考慮到了，您只要在該 VM 虛擬主機的設定當中，點選「**網路介面卡 > 容錯移轉 TCP/IP**」，便可以為複本伺服器的 VM 虛擬主機，設定符合所在網路架構的 IP 位址網段。

請在 Hyper-V 管理員視窗中，點選 **Taichung** 主機上的 VM 虛擬主機進行設定，勾選「為虛擬機器使用下列 IPv4 位址配置」項目，接著輸入保留給台中分公司的可用 IP 位址 10.10.75.102 ~ 150，此實作輸入「10.10.75.**110**、255.255.255.0、10.10.75.254、**168.95.1.1、8.8.8.8**」後，按下「確定」鈕即可。

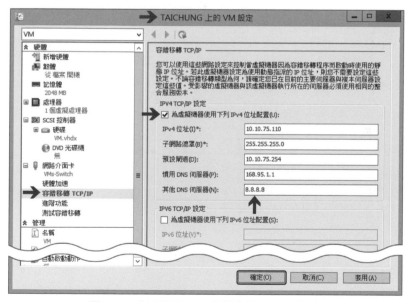

圖6-54 指定複寫 VM 虛擬主機不同 IP 位址

 設定 Public DNS 的用意在於，當母公司資料中心發生災難事件之後，分公司主機接手可能沒有內部 DNS 伺服器可以提供名稱解析服務，因此便設定外部 DNS 名稱解析伺服器。

6-1-7　延伸複寫（Extend Replication）

　　新一代的 Windows Server 2012 R2 版本中，除了主要與次要站台之外更支援 **第三份** 複本機制，同時還能與 Windows Azure HRM（Hyper-V Recovery Manager）協同運作，達成更具彈性更全面的異地備援機制。事實上，「**延伸複寫 (Extend Replication)**」機制，其實跟第二份複本的實作一模一樣，只有一些小細節的地方需要注意一下即可。

　　當您在複本伺服器（台中分公司）中，點選由主要伺服器複寫過來的 VM 虛擬主機後，你可以發現在複寫右鍵選單中多了「**延伸複寫**」項目。

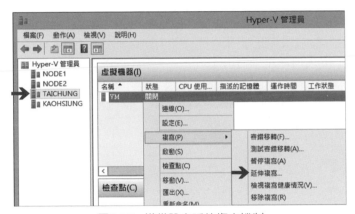

圖6-55　準備設定延伸複本機制

　　您會發現絕大部份的設定，跟前一小節在設定複本機制時幾乎相同。在指定複本伺服器頁面中，請按下「瀏覽」鈕將 **高雄** 分公司主機「**Kaohsiung**」加入，通過檢查步驟後主機名稱將顯示為大寫並返回視窗，請按「下一步」鈕繼續啟用程序。

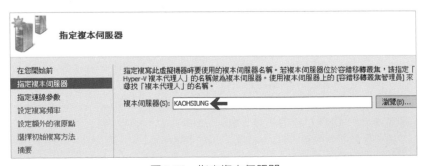

圖6-56　指定複本伺服器

在設定複寫頻率時，您將會發現 **僅 剩「5 分鐘、15 分鐘」**的設定，因為您目前要設定的是「**第三份複本**」，所以這樣的複寫時間頻率是可以理解的。

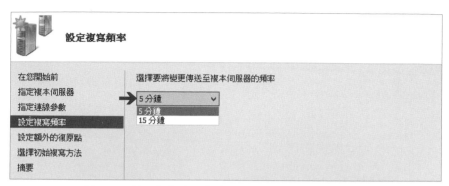

圖6-57　第三份複本，複寫頻率僅剩 5 分鐘及 15 分鐘

在指定額外的復原點頁面中，因為是將原本的第二份複本再次抄寫第三份到異地，因此可以發現並沒有整合 VSS（磁碟區陰影複製服務）的項目。

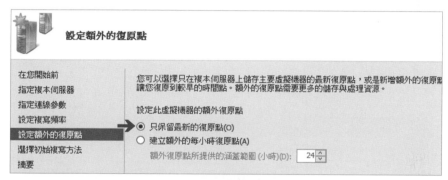

圖6-58　延伸複寫的復原點設定

第三份複本抄寫成功之後，此時，當您點選 **台中** 分公司的 VM 虛擬主機時，在複寫頁籤中可以看到這台 VM 虛擬主機，目前是叢集節點 Node 2 主機的「複本伺服器」，而高雄分公司主機則是「延伸複本伺服器」。

VM			
複寫模式：	複本	主要伺服器：	Node2.weithenn.org
複寫狀況：	複寫已啟用	複本伺服器：	Taichung.weithenn.org
複寫健康情況：	正常	上次同步時間：	2014/12/24 下午 09:22:32
延伸複寫狀態：	複寫已啟用	延伸複本伺服器：	Kaohsiung.weithenn.org
延伸複寫健康情況：	正常	上次同步時間：	2014/12/24 下午 09:22:32

摘要　記憶體　網路功能　複寫

圖6-59　第二、三份複本資訊

因為 DC 主機也有納管高雄分公司主機，同樣的您可以開啟 PowerShell 執行視窗，或切換到高雄分公司主機端，確認「**C:\ReplicaVM**」資料夾是否真的有資料複寫過來。

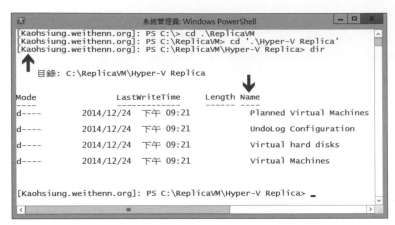

圖6-60　查看是否有資料複寫到高雄分公司主機

最後，也請幫 **Kaohsiung** 主機上的 VM 虛擬主機設定容錯移轉 IP 位址，請勾選「為虛擬機器使用下列 IPv4 位址配置」項目，接著輸入保留給高雄分公司的可用 IP 位址 10.10.75.152 ～ 200，此實作輸入「10.10.75.**160**、255.255.255.0、10.10.75.254、168.95.1.1、8.8.8.8」後，按下「確定」鈕即可。

圖6-61　指定複寫 VM 虛擬主機不同 IP 位址

6-2 測試容錯移轉

在開始測試後續計畫性以及非計畫性容錯移轉機制以前，我們先測試複寫過去的 VM 虛擬主機，是否都能正常運作並且資料都有正確抄寫過去。請開啟在主要伺服器上運作的 VM 虛擬主機，登入後開啟命令提示字元，輸入指令建立複寫測試資料夾以及建立 100 個 1 KB 檔案，模擬運作中的 VM 虛擬主機資料新增的情況。

```
cd \ > md replica-test > cd replica-test
for /l %i in ( 1,1,100 ) do fsutil file createenew %i 1024
```

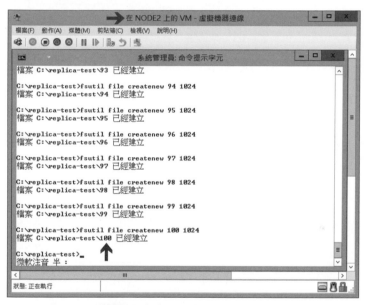

圖6-62　模擬運作中的 VM 虛擬主機資料新增的情況

確認再次執行複寫資料的動作後，請在 Hyper-V 管理員點選複本伺服器（Taichung）中的複本 VM 虛擬主機，然後在右鍵選單中選擇「**複寫 > 測試容錯移轉**」項目，準備進行容錯移轉測試。

 在查詢複寫健康情況的視窗中，按下重新整理鈕檢查**最後一次同步時間**，便能判斷是否有再次執行資料複寫。

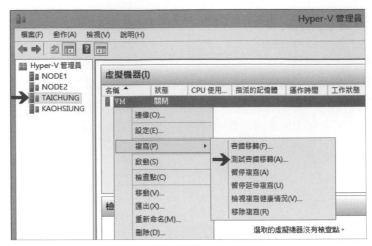

圖6-63　準備進行容錯移轉測試

　　此時將會彈出測試容錯移轉視窗，如果先前有設定保留多份復原點的話，此時便可以選擇您要使用哪個復原點來建立 VM 虛擬主機，本實作環境中因為我們先前選擇僅最新的復原點項目，因此會以最新一次的複寫資料來建立 VM 虛擬主機，確認復原點後請按下「**測試容錯移轉**」鈕，以便自動建立 VM 虛擬主機進行測試。

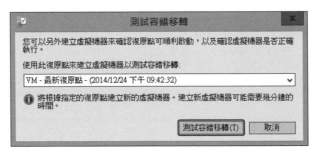

圖6-64　選擇復原點來建立 VM 虛擬主機

　　此時，系統將會以最新復原點資料，建立一個原本 VM 虛擬主機的名稱加上「**- 測試**」的 VM 虛擬主機，並且產生的測試用 VM 虛擬主機是 **可以開機 (Power On)** 的。基本上，若您想要針對複本 VM 虛擬主機進行開機動作的話將會發生錯誤，因為 **接收** 複本抄寫的 VM 虛擬主機是 **無法開機** 的。

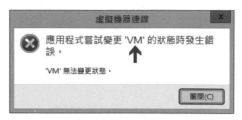

圖6-65　複本 VM 虛擬主機無法開機

現在，將測試容錯移轉的 VM 虛擬主機開機之後，查詢剛才模擬運作中 VM 虛擬主機新增資料是否有複寫過來。請切換至 C:\replica-test 資料夾，查詢後發現確實有 100 個 1 KB 的檔案。

 登入測試容錯移轉的 VM 虛擬主機，你會發現它 **未** 使用任何網路介面卡，預設情況下也不會連接到任何虛擬交換器上，以避免發生網路資訊衝突的情況。若想要指定測試容錯移轉時的虛擬網路，請在 VM 虛擬主機設定中，依序點選「**網路介面卡 > 測試容錯移轉**」項目，便可以選擇測試容錯移轉機制時的虛擬網路交換器。

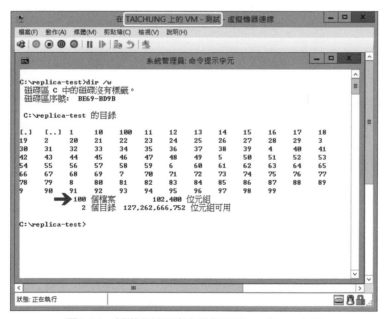

圖6-66　新增資料確實自動複寫至 Taichung 主機

同樣的測試容錯移轉操作步驟，請確認資料是否也複寫至 **Kaohsiung** 主機當中。

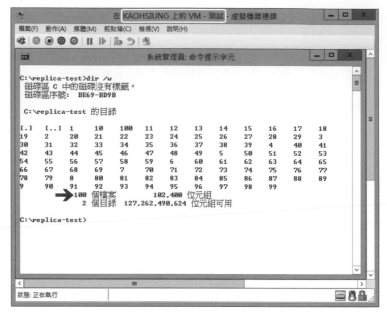

圖6-67　新增資料確實自動複寫至 Kaohsiung 主機

刪除測試容錯移轉 VM 虛擬主機

確認複寫過來的 VM 虛擬主機，能夠順利開機運作且異動資料也都有複寫過來後，便可以放心將測試的 VM 虛擬主機關機刪除，請點選複本伺服器中正在接收複本抄寫的 VM 虛擬主機，在右鍵選單中選擇「**複寫 > 停止測試容錯移轉**」項目，準備將剛才測試完畢的 VM 虛擬主機刪除。

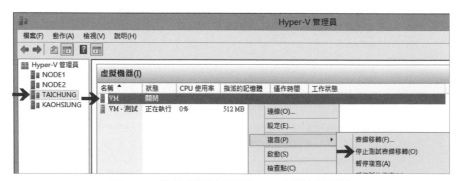

圖6-68　準備將測試完畢的 VM 虛擬主機刪除

在彈出的停止測試容錯移轉視窗中，當按下「**停止測試容錯移轉**」鈕之後，便會將剛才產生用於測試容錯移轉的 VM 虛擬主機「**自動關機並刪除**」。

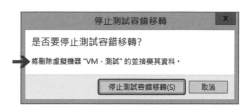

圖6-69　確認將測試容錯移轉的 VM 虛擬主機刪除

6-3 計畫性容錯移轉

計畫性的容錯移轉適用時機為何？舉例來說，運作於主要伺服器的 VM 虛擬主機，因為歲休維護或者其它檢修作業需要中止（如 電力維護），或者突然發生網路中斷事件短時間內無法排除。

此時，便可以啟動計畫性容錯移轉功能，讓複本伺服器上的 VM 虛擬主機自動啟動以快速接手服務。由於是執行計畫性的容錯移轉作業，因此您必須要先以**手動** 的方式將主要站台中的 VM 虛擬主機 **關機**，以便模擬主要站台當中的 VM 虛擬主機因為歲休或檢修而正常停機，這樣複本站台中的 VM 虛擬主機才能接手，否則稍後執行「**計劃的容錯移轉**」時會產生錯誤訊息並彈出提示資訊，表示您應該要先將 VM 虛擬主機關機。

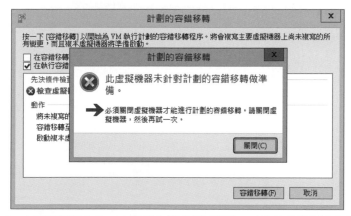

圖6-70　主要伺服器中的 VM 虛擬主機必須要關機，才能執行計劃性容錯移轉

當主要伺服器中的 VM 虛擬主機關機完成後（狀態由「執行中 → 關閉」），此時便可以點選 VM 虛擬主機，並於右鍵選單中選擇「**複寫 > 計劃的容錯移轉**」項目，準備讓複本伺服器的 VM 虛擬主機自動接手服務。

名稱	狀態	類型	擁有者節點	優先順序
ReplicaBroker	執行中	Hyper-V 複本代理人	Node1	中
VM	關閉	虛擬機器	Node2	中
VM2			Node1	中
VM3			Node1	中

連線(C)...
啟動(T)
儲存(V)
關機(U)
關閉(N)
設定(E)...
管理(G)...
複寫(I) ▶   計劃的容錯移轉(P)... ←
移動(O) ▶   暫停複寫(P)
取消即時移轉(L)   檢視複寫健康情況(V)...
變更啟動優先順序(P) ▶   移除複寫(R)

圖6-71　準備執行計劃性容錯移轉

在彈出計劃的容錯移轉視窗中，預設已經勾選「**在執行容錯移轉之後啟動複本虛擬機器**」選項，表示當執行完容錯移轉的檢查作業並且通過測試之後，便會將複本伺服器中的 VM 虛擬主機「**自動啟動（Auto Power On）**」。

此外，因為我們的測試環境有「**第三份複本**」存在，所以若您勾選「**在容錯移轉後反轉複寫方向**」項目，便會發生錯誤。原因是，如果「**反轉**」複寫方向的話，那麼原來「第二份 → 第三份」複本之間的關係便會被破壞掉，因此在錯誤訊息中可知，必須要取消此選項或移除延伸複寫才能繼續。

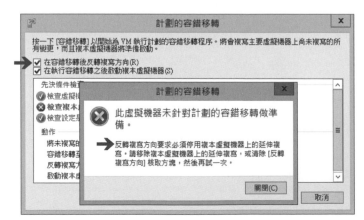

圖6-72　在第三份延伸複寫環境中，第二份複本無法進行反轉複寫方向

事實上，在 Windows Server **2012** 版本時，並沒有「在容錯移轉後反轉複寫方向」選項可以勾選，也就是一定要進行角色反轉的動作。因為，在 Windows Server 2012 版本中，尚未支援「第三份複本」機制，所以運作上並不會有任何問題產生。

在此，我們先取消「**在容錯移轉後反轉複寫方向**」項目，稍後進行非計畫性容錯移轉時，再來實作及說明如何反轉複寫方向。請按下「**容錯移轉**」鈕進行檢查及測試作業，當容錯移轉所有的檢查作業完畢且通過測試之後，系統將會自動把複本伺服器當中的 VM 虛擬主機啟動（Power On）。

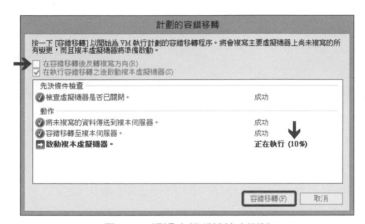

圖6-73　通過容錯移轉檢查測試

此時切換到 Hyper-V 管理員視窗中，您可以發現複本伺服器（Taichung）上的 VM 虛擬主機真的自動啟動了。登入 VM 虛擬主機中，查看網路資訊可以發現是我們先前所設定的容錯移轉設定，包括變成固定 IP 位址 10.10.75.**110** 之外，DNS 也採用我們所設定 Public DNS 的 IP 位址。

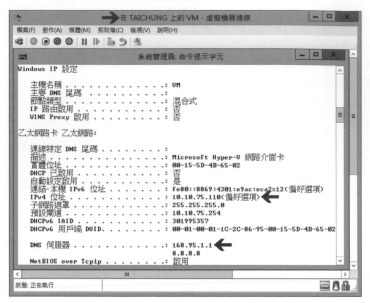

圖6-74　查詢容錯移轉 TCP/IP 設定是否套用

　　由於剛才的計畫性容錯移轉演練，因為我們並沒有執行「**反轉**」複寫方向的動作，因此請先恢復原本的複本抄寫運作環境，準備本章的最後一項演練非計畫性容錯移轉。請依下列方式進行操作，即可恢復原本的複本機制：

1. 請將 Taichung 主機上的 VM 虛擬主機「關機」。

2. 點選 Node 2 主機上的 VM 虛擬主機，選擇「複寫 > 取消計畫的容錯移轉」。

3. 點選 Taichung 主機上的 VM 虛擬主機，選擇「複寫 > 取消容錯移轉」。

4. 將 Node 2 主機上的 VM 虛擬主機「開機」。

5. 檢查複寫運作環境是否恢復正常。

6-4 非計畫性容錯移轉

上一小節當中的計畫性容錯移轉機制，適用於 VM 虛擬主機因歲休維護或其它檢修作業需要中止時，這種「**VM 虛擬主機等級（VM Level）**」的服務接手進行容錯移轉。但若是 VM 虛擬主機所運作的實體主機發生災難呢？例如，主要伺服器（實體主機）電源模組損壞、主機板損壞、電力線被踢掉…等，非預期的因素使主要伺服器無預警關機，當發生這種「**Host 主機等級（Host Level）**」的災難事件時，就非常適合使用本小節所要介紹的「**非計畫性容錯移轉**」機制來因應。

6-4-1 母公司叢集環境損毀

不同於計畫性容錯移轉機制，VM 虛擬主機會在檢查測試完相關程序後「自動開機」以接手服務，非計畫性的容錯移轉因為是無預警的突發事件，所以複本的 VM 虛擬主機 **不會自動開機** 接手服務。

請切換到主要伺服器（目前為 Node 2 主機）視窗中，直接執行 **關機（Shutdown）**的動作，或開啟遠端 Node 2 主機 PowerShell 執行視窗輸入關機指令（別忘了，此時 VM 虛擬主機仍在運作中）。

```
Stop-Computer  localhost
```

圖6-75　將複寫機制中主要伺服器關機

 當然，您可以直接執行「斷電（Power Off）」的暴力動作，來模擬主要伺服器無預警損壞的情況。

此時，您可以在容錯移轉叢集管理員視窗當中，看到目前叢集節點 Node 2 主機為「**紅色下降**」圖示，並且 VM 虛擬主機已經自動遷移到 Node 1 主機。

圖6-76　叢集節點 Node 2 主機已經下線

 還記得嗎？因為容錯移轉叢集當中的「快速遷移（Quick Migration）」機制，發生效用所以自動遷移 VM 虛擬主機至其它存活節點，當然也包括該叢集節點所擁有的叢集資源。

在 Hyper-V Replica Broker 自動協調處理的機制下，目前改由叢集節點 Node 1 主機，接手成為複本機制當中的主要伺服器。

圖6-77　Hyper-V 複本機制仍正常運作中

剛才因為有容錯移轉叢集的高可用性保護機制，所以 Hyper-V 複本機制仍正常運作中，接著模擬更極端的情況把目前僅剩的 Node 1 叢集節點主機，也「**關機**」之後看看會發生什麼事情（模擬母公司資料中心發生災難事件!!）。

當 Node 1 叢集節點主機關機後，由於目前叢集中已經沒有任何存活的節點主機，所以在容錯移轉叢集管理員當中看不到任何資源，即使重新連線也失敗。

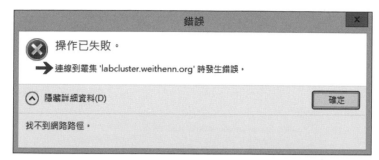

圖6-78　容錯移轉叢集管理員中看不到任何資源

此外，我們這次模擬的假想災難事件是北台灣電力大中斷的情況，所以台中分公司的主機也受到波及無法運作，請將 Taichung 主機也關機。

圖6-79　Taichung 主機關機

6-4-2　分公司主機接手服務

請切換到我們最後僅存的 Kaohsiung 主機，開啟 Hyper-V 管理員後此時的 VM 虛擬主機為「**關閉**」狀態，請點選 VM 虛擬主機在右鍵選單中選擇「**複寫 > 容錯移轉**」項目，準備接手服務以便讓目前的複本 VM 虛擬主機能夠「**開機 (Power ON)**」。

 因為在預設情況下，複本伺服器上的 VM 虛擬主機是無法開機的。

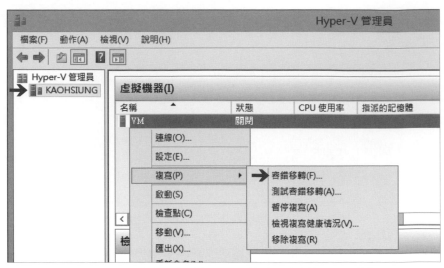

圖6-80　VM 虛擬主機執行容錯移轉（非計畫性容錯移轉）

在彈出的容錯移轉視窗當中，您可以選擇要使用的 VM 虛擬主機復原點，系統也會貼心提醒您目前要將複本伺服器上的 VM 虛擬主機進行上線，確認要進行非計畫性容錯移轉接手動作的話請按下「**容錯移轉**」鈕。

 當發生非計畫性突發事件時，資料可能已經新增但來不及進行複寫，所以可能會有資料遺失的情況發生。

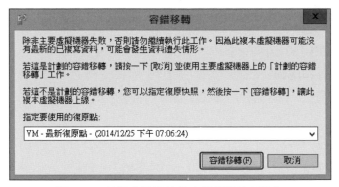

圖6-81　執行非計畫性的容錯移轉接手動作

此時在 Hyper-V 管理員視窗中，您可以看到複本伺服器上的 VM 虛擬主機已經順利啟動。

圖6-82 複本伺服器上的 VM 虛擬主機已經順利啟動

當您查看複寫健康情況時，將會看到狀態顯示為 **警告** 並提醒您應該設定「**反轉複寫方向**」，以便繼續執行 VM 虛擬主機的複寫作業。

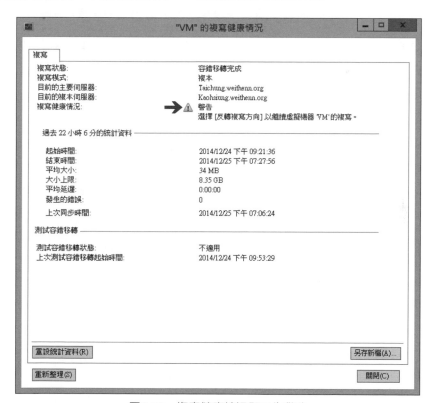

圖6-83 複寫健康情況顯示為警告

　　此時在 Kaohsiung 主機當中，VM 虛擬主機接手負責相關的線上服務，且線上服務的資料也都經過異動（新增／修改／刪除）等動作。現在，請登入 VM 虛擬主機，建立「**recovery-test**」資料夾並建立 100 個 1 KB 檔案，模擬接手服務的 VM 虛擬主機資料新增的情況。

```
for /l %i in（1,1,100）do fsutil file createnew %i 1024
```

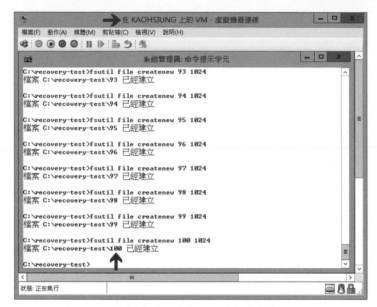

圖6-84　模擬接手服務的 VM 虛擬主機資料異動

　　此外，因為 Kaohsiung 主機的主要伺服器為 Taichung 主機，所以若是反轉複寫方向並不合理。因為，依常理來說，母公司的資料中心應該會優先修復才對，所以請將 Kaohsiung 主機中的 VM 虛擬主機「**移除複寫**」，以便後續可以回寫至母公司的資料中心當中。

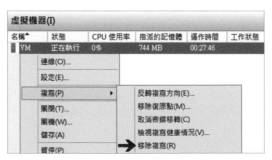

圖6-85　VM 虛擬主機移除複寫

> 如果您此次模擬的災難事件為母公司及高雄分公司損壞,那麼在 Taichung 主機的 VM 虛擬主機,便保持複寫機制等待母公司叢集節點主機重新上線後,進行「**反轉**」複寫方向即可。

6-4-3 母公司叢集環境修復

請將叢集節點 Node 1、Node 2 進行開機(Power On),模擬母公司資料中心已經排除災難並準備重新上線服務,當二台叢集節點主機開機完畢後,開啟容錯移轉叢集管理員再次連結叢集資源 LabCluster.weithenn.org。

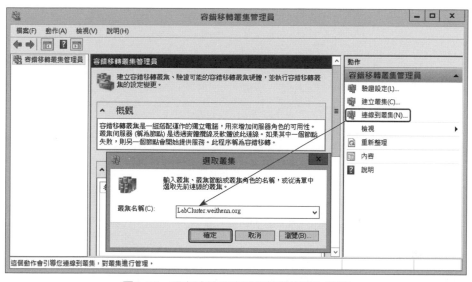

圖6-86　再次連線至容錯移轉叢集運作環境

順利登入容錯移轉叢集後,在叢集事件中發現有「**9 個錯誤**」,點選叢集事件項目後可以查看詳細的錯誤資訊。

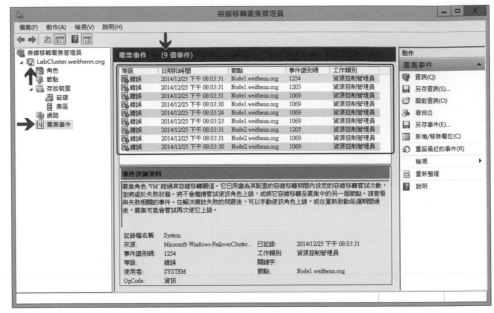

圖6-87　查看詳細的錯誤資訊

接著查看角色時，發現因為災難事件讓 VM 虛擬主機不正常關閉導致狀態為「**失敗**」，而 Hyper-V 複本代理人的狀態為「**已停止**」。

名稱	狀態	類型	擁有者節點	優先順序
ReplicaBroker	已停止	Hyper-V 複本代理人	Node1	中
VM	失敗	虛擬機器	Node1	中
VM2	關閉	虛擬機器	Node2	中
VM3	關閉	虛擬機器	Node1	中

圖6-88　VM 虛擬主機運作狀態為失敗

 事實上，我們已經讓高雄分公司的 VM 虛擬主機接手服務，稍後會複寫回來母公司。因此這台失敗的 VM 虛擬主機，稍後將會捨棄掉（刪除）。

先別急著複寫 VM 虛擬主機回來，應該先檢查叢集資源是否都運作正常才對。請先點選至「**節點**」項目，確認叢集節點 Node 1、Node 2 主機運作正常，並且取得叢集仲裁資源給予的票數。

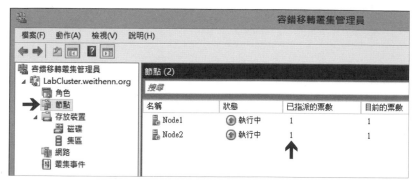

圖6-89　確認叢集節點主機運作正常

接著檢查叢集「**磁碟**」項目，除了確認仲裁磁碟及叢集共用磁碟區狀態為「**線上**」之外，也應確認叢集共用磁碟區的「路徑」是否正確。

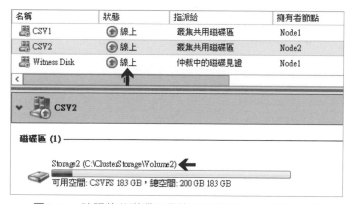

圖6-90　確認仲裁磁碟及叢集共用磁碟區是否運作正常

然後，確定叢集節點主機的「**網路**」環境是否正常運作。

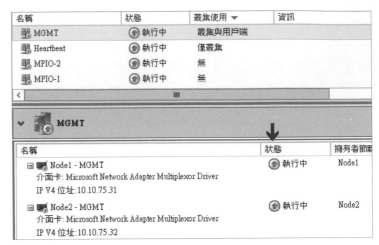

名稱	狀態	叢集使用 ▼	資訊
MGMT	⬆ 執行中	叢集與用戶端	
Heartbeat	⬆ 執行中	僅叢集	
MPIO-2	⬆ 執行中	無	
MPIO-1	⬆ 執行中	無	

⬇ MGMT			
名稱		狀態	擁有者節點
⊟ Node1 - MGMT		⬆ 執行中	Node1
介面卡: Microsoft Network Adapter Multiplexor Driver			
IP V4 位址:10.10.75.31			
⊟ Node2 - MGMT		⬆ 執行中	Node2
介面卡: Microsoft Network Adapter Multiplexor Driver			
IP V4 位址:10.10.75.32			

圖6-91 確認叢集節點主機網路功能正常

確認叢集節點主機相關功能運作正常後，請回到角色項目將 Hyper-V 複本代理人「**啟動角色**」，同時「**移除**」掉失敗的 VM 虛擬主機。最後，確認叢集資源都上線運作後，點選「LabCluster.**weithenn**.org」後在右邊動作窗格中，點選「**重設最近的事件**」項目，以便於觀察叢集重新上線後是否仍有錯誤。

名稱	狀態	類型	擁有者節點	優先順序
ReplicaBroker	⬆ 執行中	Hyper-V 複本代理人	Node1	中
VM2	⬇ 關閉	虛擬機器	Node2	中
VM3	⬇ 關閉	虛擬機器	Node1	中

⬇ ReplicaBroker		慣用的擁有者: 任

名稱	狀態	資訊
Hyper-V 複本代理人		
Hyper-V 複本代理人 ReplicaBroker	⬆ 線上	
伺服器名稱		
⊟ 名稱: ReplicaBroker	⬆ 線上	
IP 位址: 10.10.75.35	⬆ 線上	

圖6-92 Hyper-V 複本代理人重新上線

 當然，你可以先切換到叢集事件項目，把原有的錯誤事件先進行匯出備查之後，再按下重設最近的事件來進行清除的動作。

6-4-4 母公司服務重新上線

請點選 Kaohsiung 主機中的 VM 虛擬主機，在右鍵選單中選擇「**啟用複寫**」項目，準備複寫回母公司資料中心內。

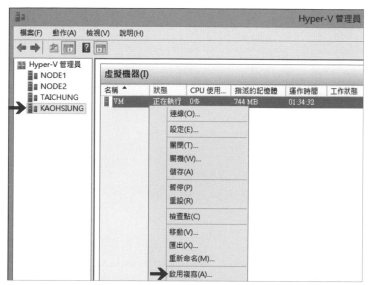

圖6-93　高雄分公司 VM 虛擬主機準備複寫回母公司

 如果您此次模擬的災難事件為母公司及高雄分公司損壞。此時，請點選 Taichung 主機的 VM 虛擬主機後，在右鍵選單中選擇「**複寫 > 反轉複寫方向**」即可。

在指定複本伺服器頁面中，因為我們是要複寫回容錯移轉叢集環境當中，因此選取 Hyper-V 複本代理人「**ReplicaBroker**」即可，請按「下一步」鍵繼續複寫機制程序。

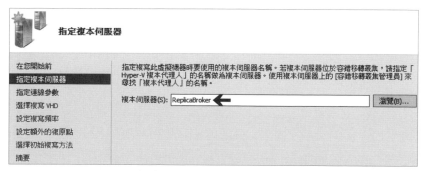

圖6-94　選擇複本伺服器為 Hyper-V 複本代理人

　　之後相關頁面則依照複寫精靈的指示即可。最後，確認相關組態正確無誤後按下「完成」鈕，便會執行複寫機制並套用相關組態設定。

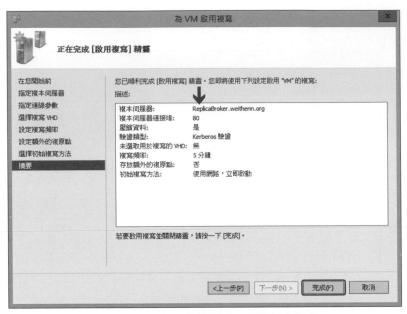

圖6-95　執行複寫機制並套用相關組態設定

　　開始複寫機制後，可以看到 **Kaohsiung** 主機成為「**主要伺服器**」，而 Hyper-V 複本代理人自動協調叢集節點 **Node 2** 主機成為「**複本伺服器**」。

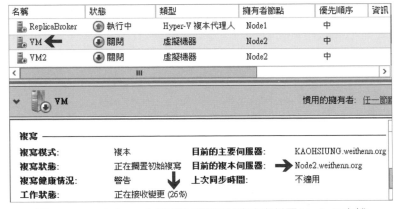

圖6-96　Kaohsiung 主機開始傳送初始複本資料至 Node 2 主機

複寫完畢後，同樣的使用「**測試容錯移轉**」機制，檢查剛才在災難期間 VM 虛擬主機接手服務後，所新增的「**recovery-test**」資料夾及檔案是否存在。

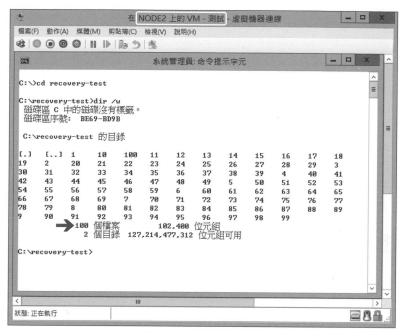

圖6-97　確認災難期間 VM 虛擬主機異動資料是否存在

當母公司資料中心重新修復上線，並將災難發生期間 VM 虛擬主機的資料複寫回來之後，就可以排定維護時間對 VM 虛擬主機進行「**計畫性容錯移轉**」機制，讓 Hyper-V 複本代理人再次成為主要伺服器。

至此，叢集環境的 Hyper-V 複本機制已經實作完畢，我們從一開始將複本機制啟用後，測試複寫過去的 VM 虛擬主機能否正確運作，到測試「**計畫性**」的容錯移轉機制，以便因應 VM 虛擬主機進行歲休或檢測需求，最後則測試「**非計畫性**」的容錯移轉機制，以因應母公司所有叢集節點主機無預警故障損壞，而分公司 VM 虛擬主機在最短時間內接手後上線服務，到母公司修復叢集節點主機上線服務後，重新複寫或反轉複寫方向，以便母公司叢集節點能重新上線並擔當主要伺服器的重任，相信讀者應該可以了解到 Hyper-V 複本機制，確實能夠提供給您異地備援需求的完整解決方案。

CHAPTER 7

監控應用程式
健康狀態

7-1 監控應用程式健康狀態（VM Monitoring）

在前面進階實作的章節當中，例如：即時遷移（Live Migration）、儲存即時遷移（Live Storage Migration）、快速遷移（Quick Migration）、Hyper-V 複本（Hyper-V Replica）…等，這些特色功能都是針對「VM 虛擬主機等級（VM Level）」或是「Hyper-V 主機等級（Host Level）」，進行計畫性移轉或發生災難時非計畫性移轉的因應機制。

但是，若發生的情況是 Hyper-V 主機及 VM 虛擬主機都運作正常，不過 VM 虛擬主機內所運作的「**應用程式不穩定或停止服務**」時該如何因應呢？

當然，您可以為 VM 虛擬主機建置「叢集服務（Guest Clustering）」，以達成「**應用程式感知（Application Aware）**」機制，當擔任 Active 角色的 VM 虛擬主機線上服務停止時，會經由叢集服務自動切換到 Standby 角色的 VM 虛擬主機繼續運作。

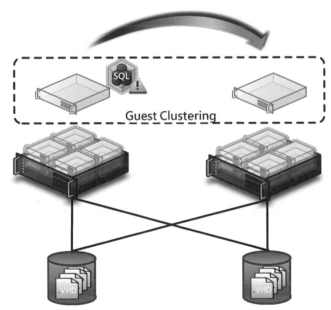

圖7-1　Guest Clustering 運作示意圖

雖然，從 Windows Server 2008 R2 開始，架設容錯移轉叢集難度已經大幅降低，但要為 VM 虛擬主機架構叢集服務仍須費一番功夫。那麼，有沒有簡單且快速的監控機制，可以幫助我們監控 VM 虛擬主機上運作的「**應用程式健康狀態**」

呢？ 有的 !! 在新一代 Windows Server 2012 R2 作業系統當中，內建的「**VM 虛擬主機應用程式監控（VM Monitoring）**」功能就是您的好幫手。

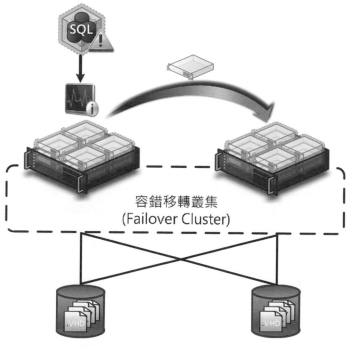

圖7-2　VM Monitoring 運作示意圖

　　在下列表格當中，針對 Hyper-V 主機容錯移轉叢集（Host Cluster）、VM 虛擬主機容錯移轉叢集（Guest Cluster）、VM 虛擬主機應用程式監控（VM Monitoring）等三種機制的特性進行比較：

項目	Host Cluster	Guest Cluster	VM Monitoring
作業系統健康情況監控	✅	✅	
VM 虛擬主機移動性	✅	✅	
VM 虛擬主機應用程式健康狀態監控		✅	
VM 虛擬主機應用程式移動性		✅	✅
機制設定簡單性			
事件檢視監控			✅
PowerShell 支援			✅

在 Hyper-V 3.0 虛擬化平台中，要達成「VM 虛擬主機應用程式監控（VM Monitoring）」環境的話，還需要注意如下需求項目：

◆ Hyper-V 主機及 Guest OS 都需要使用 Windows Server 2012 / 2012 R2。

◆ Guest OS 必須開啟相對應的防火牆規則。

◆ Guest OS 必須加入網域或信任網域。

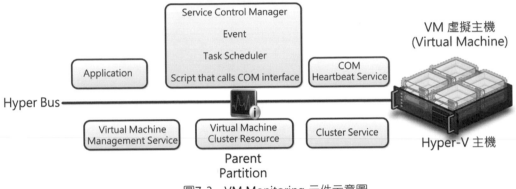

圖7-3　VM Monitoring 元件示意圖

VM 應用程式監控運作流程：

1. VM 虛擬主機透過 COM Interface，收集應用程式健康狀態並回報給 Hyper-V 主機。

2. Hyper-V 主機透過 VMMS（Virtual Machine Management Service），發送心跳偵測（Heartbeat）信號給 VM 虛擬主機。

3. Hyper-V 主機透過 VMR（Virtual Machine Resource），取得 VM 虛擬主機應用程式健康狀態。

4. 當 VM 虛擬主機「**前二次**」發生應用程式失敗事件時，將會透過 SCM（Service Control Manager）自動把應用程式重新啟動。

5. 當 VM 虛擬主機發生「**第三次**」應用程式失敗事件時，Hyper-V 主機將透過叢集服務（Cluster Service）執行應用程式復原程序，把 VM 虛擬主機重新啟動。

6. 當 VM 虛擬主機重新啟動後，若應用程式仍為啟動失敗狀態的話，此時將會嘗試把 VM 虛擬主機移動至其它叢集節點。

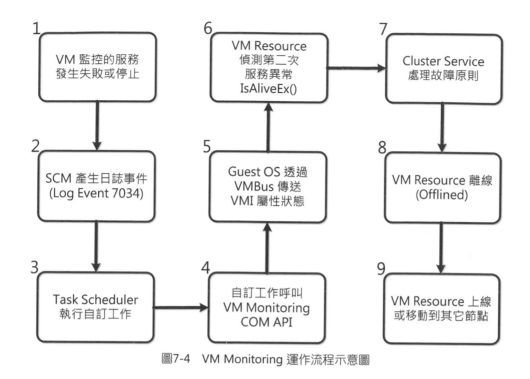

圖7-4　VM Monitoring 運作流程示意圖

7-2 實測前置作業

　　我們先將測試用的 VM 虛擬主機，進行相關的初始設定作業如：修改電腦名稱、加入網域、開啟防火牆規則⋯等。接著，在容錯移轉叢集當中進行相關設定，後續便能測試 VM Monitoring 機制是否運作，整個前置作業及測試流程如下：

1. VM 虛擬主機修改電腦名稱，並且加入 **weithenn.org** 網域。

2. 安裝「**列印和文件服務**」伺服器角色，稍後將以監控此服務健康狀態進行演練。

3. 開啟 VM 虛擬主機當中，用於「**虛擬機器監視**」的防火牆規則。

4. 在容錯移轉叢集當中，指定所要監控的 VM 虛擬主機 **Print Spooler** 服務健康狀態。

5. 模擬 VM 虛擬主機的 Print Spooler 服務，發生連續失敗的情況。

6. 了解「叢集服務（Cluster Service）」，如何將 VM 虛擬主機重新啟動，並且觸發哪些叢集事件。

VM 虛擬主機加入網域

請在容錯移轉叢集中建立高可用性 VM 虛擬主機，設定固定 IP 位址（10.10.75.52）並將 DNS 位址指向至 DC 主機（10.10.75.10）之後，修改電腦名稱為「**PrintVM**」後加入 weithenn.org 網域。

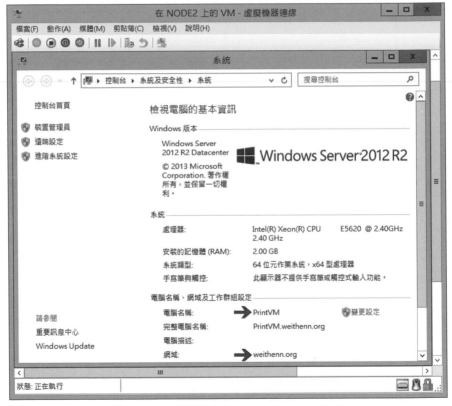

圖7-5　VM 虛擬主機加入 weithenn.org 網域

VM 虛擬主機新增列印角色

當 VM 虛擬主機加入網域重新啟動後，請開啟伺服器管理員安裝「**列印和文件服務**」伺服器角色，並確認伺服器角色安裝完畢。

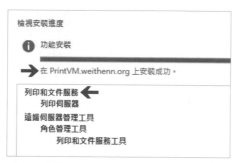

圖7-6　VM 虛擬主機安裝列印和文件服務伺服器角色

VM 虛擬主機允許防火牆規則

請開啟 VM 虛擬主機的 Windows 防火牆設定，在視窗當中按下「**允許應用程式或功能通過 Windows 防火牆**」連結，在彈出的允許應用程式視窗中，請勾選「**虛擬機器監視**」及「**網域**」項目即可，然後按下「確定」鈕完成設定。

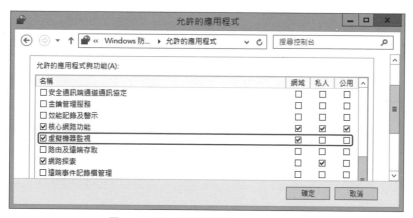

圖7-7　允許虛擬機器監視防火牆規則

VM 虛擬主機防火牆規則開啟完畢後，該如何確定叢集服務已經可以監視服務了呢？在容錯移轉叢集管理員視窗中，當您點選 VM 虛擬主機後於下方的顯示資訊區塊中，若「監視的服務」欄位顯示「**無法判斷監控的服務：找不到網路**

路徑。」表示叢集服務無法穿過 VM 虛擬主機防火牆進行監控。反之，若允許叢集服務監控的防火牆規則成功開啟的話，那麼監視的服務欄位將顯示為「**空白**」。

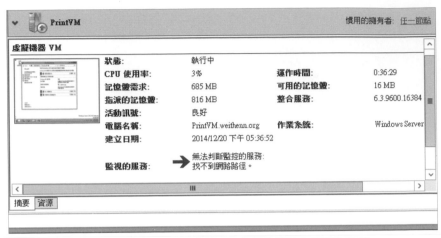

圖7-8　叢集服務無法穿過 VM 虛擬主機防火牆進行監控

7-3　監控 VM 虛擬主機應用程式

請在 DC 端開啟容錯移轉叢集管理員，點選 VM 虛擬主機後右鍵選單選擇「**其他動作 > 設定監控**」項目，準備設定要監控 VM 虛擬主機上哪些應用程式。

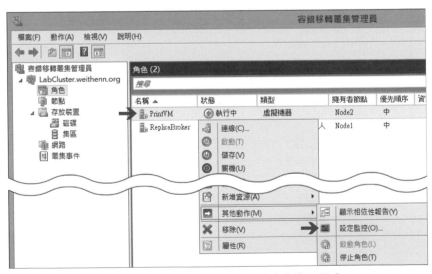

圖7-9　準備監控 VM 虛擬主機當中的應用程式

在彈出的選取服務視窗中,將會列出可監控健康狀態的服務清單,請勾選「**Print Spooler**」項目後按下「確定」鈕,以監控 VM 虛擬主機內運作的列印服務。

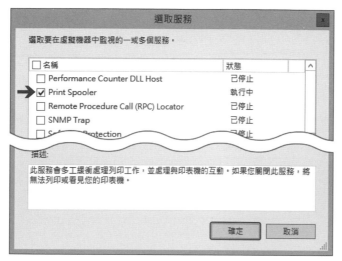

圖7-10　勾選 Print Spooler 項目

 倘若先前 VM 虛擬主機防火牆規則未正確開啟,彈出的選取服務視窗將會顯示「**正在從虛擬機器抓取服務清單**」資訊很久,最後顯示「**無法從虛擬機器 PrintVM.weithenn.org 抓取服務清單**」,並且沒有任何服務項目可進行勾選。

當監控服務設定完成後,此時在 VM 虛擬主機狀態「**監視的服務**」欄位,便會顯示所監控的服務名稱「**Print Spooler**」。

圖7-11　監控服務設定完畢

▎設定列印服務發生失敗時處理行為

　　請開啟 VM 虛擬主機的「電腦管理」工具，在開啟的電腦管理視窗中依序點選「服務與應用程式 > 服務 > Print Spooler」項目，在開啟的 Print Spooler 內容視窗中請切換到「**復原**」頁籤，在**第一次失敗**及**第二次失敗**下拉選單中請選擇至「**重新啟動服務**」，而後續失敗時下拉選單中請選擇至「**不執行任何動作**」，確認無誤後請按下「確定」鈕完成設定。

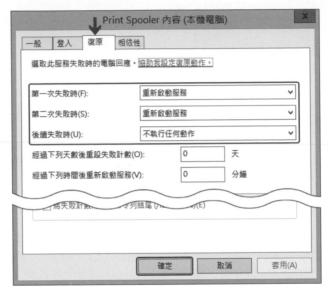

圖7-12　設定應用程式失敗時處理行為

7-4　測試 VM Monitoring 機制

　　請在 VM 虛擬主機中開啟 PowerShell 視窗，首先確認 Print Spooler 服務為「**執行中**」，可以看到此時的 Print Spooler ProcessID 為「**1060**」，接著執行指令停止 Print Spooler 服務（模擬第一次服務失敗 !!）。

　　接著，再次查看 Print Spooler 服務後發現 ProcessID 變更為「**1364**」，表示服務控制管理員 SCM（Service Control Manager），確實幫我們自動啟動 Print Spooler 服務（所以 ProcessID 改變），接著再次執行指令停止 Print Spooler 服務（模擬第二次服務失敗 !!）。

```
Get-Process spoolsv
Get-Process spoolsv | Stop-Process
```

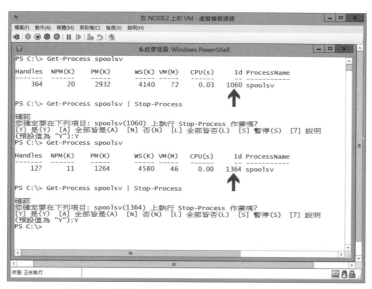

圖7-13　模擬 Print Spooler 服務發生二次失敗

當您再次執行停止 Print Spooler 服務的指令，模擬第 三 次服務發生失敗時，叢集服務便會將 VM 虛擬主機「**自動重新啟動**」。

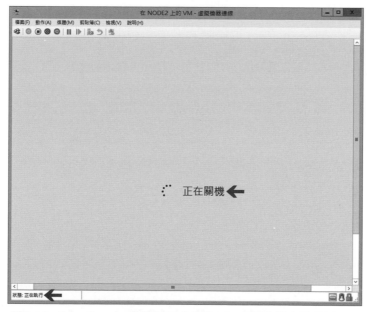

圖7-14　Print Spooler 服務第三次失敗 VM 虛擬主機自動重新啟動

> 叢集服務「**最慢 15 分鐘**」之內，便會重新啟動 VM 虛擬主機。實際上在多次的測試結果中，當發生**第三次**監控服務停擺時，大約 **1 ~ 2 分鐘** 便會重新啟動 VM 虛擬主機。

當 VM 虛擬主機自動重新啟動期間，此時回到容錯移轉叢集管理員視窗當中，您可以看 VM 虛擬主機的「**狀態**」顯示，由原本的執行中變成在結尾加上「**VM 中的應用程式狀態為嚴重**」。

圖7-15　狀態顯示為 VM 中的應用程式狀態為嚴重

此外，在「叢集事件」中您會看到出現一筆錯誤事件識別碼為「**1250**」，通知您 VM 虛擬主機當中監控的服務曾經發生異常。

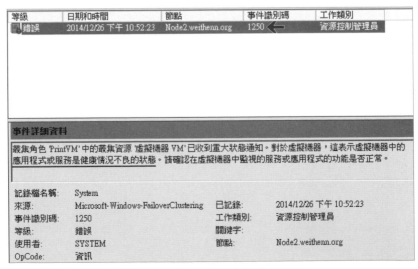

圖7-16　觸發叢集事件識別碼 1250

　　當 VM 虛擬主機啟動完畢後，若是監控的應用程式仍然出現錯誤無法運作時，那麼叢集服務會嘗試將 VM 虛擬主機遷移到其它叢集節點，而移動到哪一台叢集節點則視「**慣用的擁有者**」組態內容來決定。

圖7-17　慣用的擁有者設定內容

7-5　其它組態設定調整

　　請在容錯移轉叢集管理員視窗中，點選 VM 虛擬主機後切換下方窗格為「**資源**」頁籤，接著在右鍵選單中選擇「**屬性**」項目，準備查看或調整 VM Monitoring 其它組態設定。

圖7-18　準備查看或調整 VM Monitoring 其它組態設定

　　在彈出的虛擬機器 VM 內容視窗當中，請切換到「**設定**」頁籤後在「活動訊息設定」區塊中，請確保二個項目都有勾選，否則將會影響 VM Monitoring 機制的正常運作。

 活動訊號設定當中的二個勾選項目，便是 VM Monitoring 機制當中的 Heartbeat 心跳偵測設定。

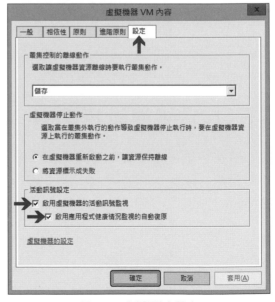

圖7-19　活動訊息設定

切換到「**原則**」頁籤中，您可以調整 VM Monitoring 對於監控應用程式失敗的回應方式，以及逾時的處理方式為何。

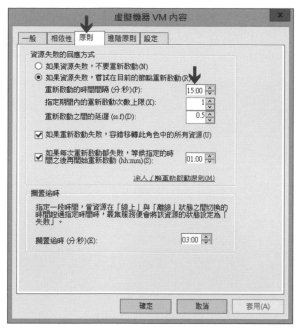

圖7-20 查看或調整 VM Monitoring 原則組態

切換到「**進階原則**」頁籤中，您可以調整 VM Monitoring 可能的擁有者，或者自訂對於應用程式健康情況的檢查間隔。

圖7-21 查看或調整 VM Monitoring 進階原則組態

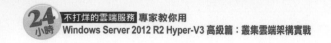

　　實作完 VM 虛擬主機應用程式監控（VM Monitoring）後，您是否也覺得這是 Windows Server 2012 R2 當中非常棒的功能，不需要費力的架設叢集服務或採購任何第三方軟體，只使用 **內建** 的功能就可以達到「應用程式感知（Application Aware）」機制，真令人感到興奮不是？

CHAPTER 8

叢集感知更新

8-1 叢集節點維護模式（Maintenance Mode）

雖然在規劃 Hyper-V 實體運作架構時，應該會採用適合長時間運作的伺服器（而不該使用 PC 主機或工作站），然而即使是伺服器等級的設備偶爾還是會需要進行 更新 Firmware 版本、增加記憶體、更換電源模組…等維運事宜，此時 Hyper-V 實體主機就必須要「**關機**」。

在舊版本 Windows Server 2008 R2 時代，若叢集節點要執行關機動作的話，管理人員必須要「手動」將叢集節點進行 暫停節點、移動群組、移動服務或應用程式到另一個節點…等手動作業程序（詳細資訊請參考 Microsoft KB 174799），或是運作環境中有建置 SCVMM 2008 R2 時，將 Hyper-V 主機放置到「Start Maintenance Mode」才行。

現在，新一代的 Windows Server 2012 R2 雲端作業系統完全簡化這一切，這些繁鎖的手動操作步驟全都包含在「**清空角色（Node Drain)**」（或稱為 Node Maintenance Mode）動作當中。執行此動作時，它會針對線上運作的 VM 虛擬主機採用即時遷移（Live Migration）機制，並且依照 VM 虛擬主機所設定的優先順序進行移轉動作，自動化的移動角色及工作負載（Role / Workloads）後關閉叢集節點，同時避免其它叢集節點將工作負載遷移過來。

此外，在 Windows Server 2012 版本時，如果管理人員忘記先將 Hyper-V 主機執行清空角色的動作，便將 Hyper-V 主機進行「**重新啟動或關機**」動作的話，那麼會採用「**快速遷移（Quick Migration)**」機制來遷移 VM 虛擬主機，這表示 VM 虛擬主機會發生「**服務中斷**」的情況，並且當遷移時間過久時甚至會直接「**關閉（Power Off)**」VM 虛擬主機，然後在其它叢集節點中重新啟動，這代表不僅線上服務中斷，還有可能因為直接關閉導致 Guest OS 作業系統損壞並遺失資料。

現在，新一代的 Windows Server 2012 R2 版本中，多了「**VM 關機清空 (VM Drain on Shutdown)**」機制，當管理人員忘記先將 Hyper-V 主機執行清空角色的動作，便將 Hyper-V 主機進行「重新啟動或關機」動作的話，將會改為採用「**即時遷移（Live Migration)**」機制，並搭配「**最佳可用節點（Best Available Node)**」演算（挑選最多 Free Memory 叢集節點）來遷移 VM 虛擬主機，或根

據 VM 虛擬主機的「**優先順序及慣用擁有者**」組態進行遷移的動作,最後才把 Hyper-V 主機重新啟動或關機。

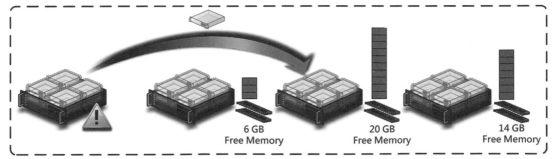

容錯移轉叢集
(Failover Cluster)

圖8-1 最佳可用節點演算示意圖

預設情況下,加入容錯移轉叢集當中的叢集節點將會自動啟用此機制,您也可以透過 PowerShell 指令確認機制是否啟動,指令執行結果中「**1= 啟用**」而「**0= 停用**」。

```
Get-Cluster | fl DrainOnShutdown
```

圖8-2 確認叢集節點是否啟用 VM 關機清空功能

但是,您將會發現 VM 關機清空機制,雖然會自動遷移運作中的 VM 虛擬主機,但是並 **不** 會遷移 Hyper-V 主機身上所擁有的「叢集資源」。因此,這並非是正確維護 Hyper-V 主機的方式,標準作法還是建議管理人員,應該先將 Hyper-V 主機進入維護模式之後,再將 Hyper-V 主機重新啟動或關機,進行維運事宜。

8-1-1 叢集節點進入維護模式（清空角色）

　　將叢集節點進入維護模式之前，也就是標準作法的「**清空角色（Node Drain）**」動作以前，讓我們先來了解一下清空角色的自動化執行步驟有哪些：

1. 當叢集節點進入維護模式之後，此時叢集節點將處於「**暫停狀態（Paused State）**」，以防止其它叢集節點將「角色（Roles）、工作負載（Workloads）」遷移過來。

2. 根據 VM 虛擬主機的「優先權 Priority」組態設定，以及所擔任的叢集角色或工作負載進行移轉程序，移轉方式採用「即時遷移（Live Migration）」以及「**記憶體智慧存放機制（Memory-Aware Intelligent Placement）**」進行判斷，所以移轉期間並不會有「停機事件（DownTime）」發生。

3. 將角色依照優先順序組態內容，自動分配到容錯移轉叢集當中的「**活動節點（Active Node）**」以便繼續運作。

4. 當叢集節點上所有角色及工作負載，都順利遷移到其它活動中的叢集節點時維護模式作業完成。

5. 叢集節點維護作業完畢，重新啟動之後仍維持在「**暫停狀態**」，必須由管理人員確認運作正常之後，再手動執行離開維護模式的動作。

▌Node 2 主機執行清空角色

　　目前 VM 虛擬主機運作於 Node 2 主機上，我們模擬因為容錯移轉叢集中的 VM 虛擬主機數量成長快速，所以叢集節點 Node 2 主機必須要「**關機**」以便增加記憶體模組。

圖8-3　VM 虛擬主機運作於 Node 2 主機上

　　請在容錯移轉叢集管理員視窗中，依序點選「節點 > Node2 > 暫停 > 清空角色」項目，準備將叢集節點 Node 2 主機進入維護模式，也就是將其上運作的 VM 虛擬主機及角色遷移到其它活動節點。

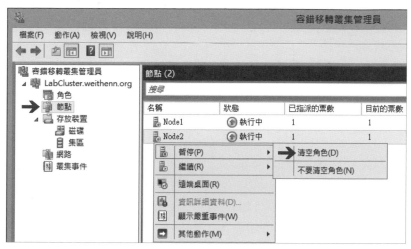

圖8-4　Node 2 主機進入維護模式

 如果選擇「不要清空角色」項目，那麼就只是單純的「暫停（Paused）」叢集節點，並 **不** 會移轉「角色及工作負載」。

　　此時，您將會看到 VM 虛擬主機的狀態，由原本的「**執行中**」轉變為「**移轉已排入佇列**」，VM 虛擬主機排入佇列程序作業完畢之後，便會依照 VM 虛擬主機所設定的「優先順序」即時遷移到其它台叢集節點。

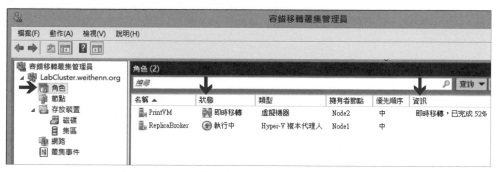

圖8-5　VM 虛擬主機即時遷移到其它台叢集節點

點選到「**節點**」項目後，您可以看到叢集節點 Node 2 主機由「綠色向上」轉變成「**藍色暫停**」圖示，且節點狀態也由「執行中」轉變成「**已暫停**」。

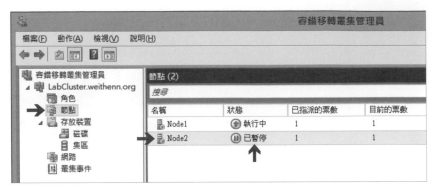

圖8-6　VM 虛擬主機遷移完成

點選至「**磁碟**」項目，因為此容錯移轉叢集中僅有 二台 叢集節點，所以叢集磁碟現在改由 **Node 1** 主機擔任擁有者節點，證明清空角色的動作確實將 Node 2 主機叢集資源也進行遷移。

圖8-7　由 Node 1 主機接手叢集磁碟擁有者節點

我們可以嘗試將 VM 虛擬主機，執行即時遷移回 Node 2 主機，模擬要將工作負載遷移到已清空角色的叢集節點當中。當您選擇「**選取節點**」即時遷移選項，在彈出的叢集節點視窗中看不到進入維護模式的叢集節點，這是因為此叢集運作環境中只有二台叢集節點，所以便沒有其它叢集節點可顯示，證明進入維護模式的叢集節點，並不會接受其它工作負載的遷入。

圖8-8　無法將 VM 虛擬主機遷移至進入維護模式的叢集節點

　　如果選擇「**最佳可行節點**」即時遷移選項，嘗試強制執行即時遷移則會顯示
「無法即時移轉虛擬機器」的錯誤訊息。

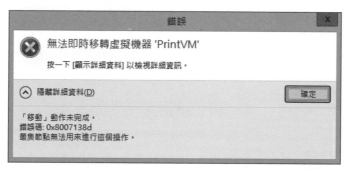

圖8-9　無法將 VM 虛擬主機遷移至進入維護模式的叢集節點

 此錯誤訊息，預設僅會顯示於該台 VM 虛擬主機的「**資訊**」欄位，要查看此詳細
錯誤訊息，請點選 VM 虛擬主機後選擇「**顯示嚴重事件**」即可。

　　確認將 VM 虛擬主機工作負載及叢集資源遷出後，便可以安心將叢集節點 Node 2 主機關機，進行維運事務如：安裝記憶體模組…等的動作。當 Node 2 主機關機完畢進行維運事務時，此時在容錯移轉叢集管理員視窗中，叢集節點 Node 2 主機將會呈現「**紅色下降**」圖示並為「**非執行中**」狀態。

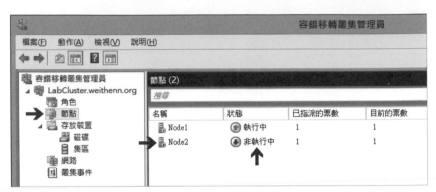

圖8-10　Node 2 主機關機進行維運事務

　　當 Node 2 主機將記憶體模組安裝完畢之後，重新開機完成並確定相關服務啟動正常後，在容錯移轉叢集管理員視窗中，此時主機圖示將會呈現「**藍色暫停**」圖示及「**已暫停**」狀態，表示 Node 2 主機仍維持在維護模式。

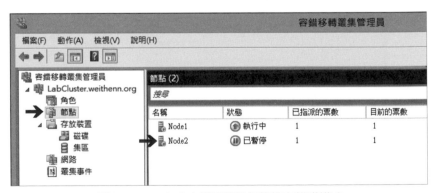

圖8-11　Node 2 主機開機後仍維持在維護模式

因為，此容錯移轉叢集環境中只有二台叢集節點，所以當 Node 2 主機執行清空角色動作時，一定會遷移角色及工作負載到 Node 1 主機上，若是叢集當中有多台叢集節點時則會進行最佳可用節點判斷機制，或是依據 VM 虛擬主機的慣用擁有者組態來決定遷移順序。

圖8-12　調整 VM 虛擬主機慣用擁有者順序

8-1-2　叢集節點離開維護模式（容錯回復角色）

完成叢集節點歲休維運事務並重新開機後，一切設定檢查無誤便可以準備離開維護模式。在執行「**容錯回復角色（Node Resume with Failback）**」動作以前，我們先來了解一下自動化執行步驟有哪些：

1. 將叢集節點「**退出**」暫停狀態，使叢集節點原本的角色及工作負載可以準備重新遷移回來。

2. 採用「**容錯回復原則（Failback Policy）**」機制，將原本的角色及工作負載移回該叢集節點當中。

▎Node 2 主機執行容錯回復角色

請在容錯移轉叢集管理員視窗中，依序點選「節點 > Node2 > 繼續 > 容錯回復角色」項目，準備將原本運作的 VM 虛擬主機及角色遷移回來。

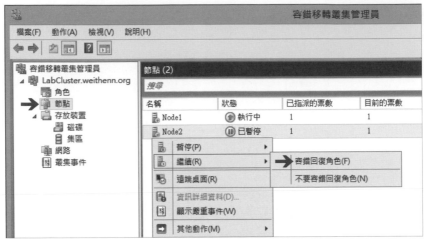

圖8-13　Node 2 主機離開維護模式

 若選擇「**不要容錯回復角色**」項目，那麼就只是單純的狀態「回復 Resume」而已，並「**不**」會移轉角色及工作負載回來。

此時，您會看到 VM 虛擬主機的狀態改變「執行中 > 移轉已排入佇列 > 即時移轉」，也就是 Node 2 主機因為離開維護模式後，開始將原本所擁有的角色及工作負載遷移回來。

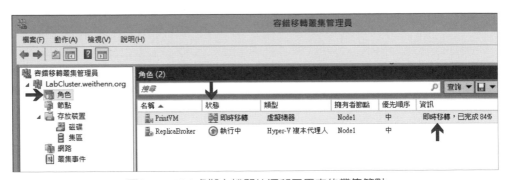

圖8-14　VM 虛擬主機開始遷移回原來的叢集節點

點選「節點」項目後，您可以看到 Node 2 主機由「藍色暫停」轉變回「**綠色向上**」圖示，且節點狀態也由「已暫停」轉變回「**執行中**」。

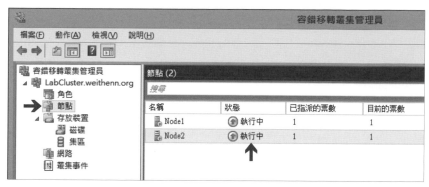

圖8-15　VM 虛擬主機遷移完成

 雖然 VM 虛擬主機的慣用擁有者為 Node 1 主機，但是此台 VM 虛擬主機「原本」是運作在 Node 2 主機上，是因為叢集節點進入維護模式後才遷移出去，所以結束維護模式後便遷移回來。

8-2 叢集感知更新（CAU）

在以往的 Hyper-V 虛擬化平台運作環境中，當叢集節點要進行安全性更新時，必須要管理人員手動介入去處理 VM 虛擬主機，以及叢集節點所擁有的叢集角色及服務。

現在，新一代 Windows Server 2012 R2 雲端作業系統當中，新增了「**叢集感知更新（Cluster-Aware Updating，CAU）**」功能，它能夠讓您自動化的更新叢集節點的安全性更新，並且在安全性更新執行期間採用「**通透模式 (Transparently)**」運作，以及整合上一小節的「清空角色、容錯回復角色」機制，所以並不會影響到叢集節點的可用性。

在建置叢集感知更新機制前，了解如下建置需求資訊：

◆ CAU 叢集感知更新機制，能與 **WUA**（Windows Update Agent）及 **WSUS**（Windows Server Update Services）基礎結構進行整合。

◆ 支援 Windows Server 2012 / 2012 R2 所有版本含 Server Core（包括 Windows 8 / 8.1），但是必須運作在容錯移轉叢集環境中。（**不** 支援舊版 Windows Server 2008 R2 及 Windows 7）。

◆ 在啟用叢集感知更新機制之前，為了避免屆時與其它機制互相干擾造成不可預期的錯誤，請先停用其它安全性更新方法：

- 停用叢集節點 WUA 自動更新機制。
- 停用叢集節點 WSUS 自動套用更新設定。
- 停用叢集節點 SCCM 自動套用更新設定。

▌叢集感知更新（CAU）運作流程：

1. 透過叢集 API 來協調容錯移轉作業，以叢集內部衡量標準搭配智慧型定位啟發學習機制，並且依據叢集節點工作負載情況來自動選擇目標叢集節點。

2. 將目標叢集節點「**進入**」維護模式，也就是執行「清空角色（Node Drain）」的動作，將叢集角色以及工作負載進行遷移。

3. 叢集節點將執行「掃描、下載、安裝」安全性更新的動作，如果有需要會自動重新啟動叢集節點以套用生效。

4. 重新啟動叢集節點後，再次進行「**掃描、下載、安裝**」安全性更新，直到沒有需要下載及安裝安全性更新為止（相依性安全性更新偵測）。

5. 將該台叢集節點「**退出**」維護模式，也就是執行「容錯回復角色（Node Resume with Failback）」，將叢集角色以及工作負載遷移回來。

6. 接著對下一台叢集節點進行一樣的維護動作，直到容錯移轉叢集中所有叢集節點都完成安全性更新為止。

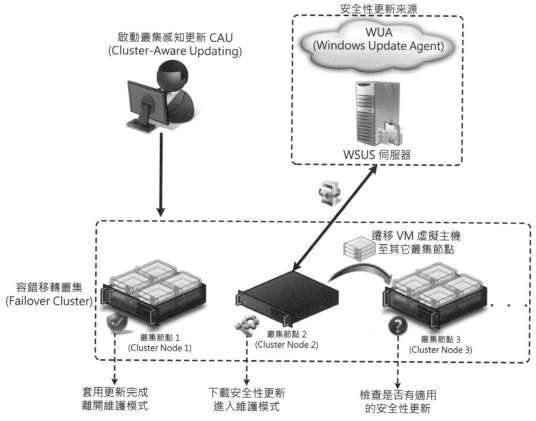

安全性更新來源

WUA
(Windows Update Agent)

WSUS 伺服器

啟動叢集感知更新 CAU
(Cluster-Aware Updating)

遷移 VM 虛擬主機
至其它叢集節點

容錯移轉叢集
(Failover Cluster)

叢集節點 1
(Cluster Node 1)

叢集節點 2
(Cluster Node 2)

叢集節點 3
(Cluster Node 3)

套用更新完成
離開維護模式

下載安全性更新
進入維護模式

檢查是否有適用
的安全性更新

圖8-16 叢集感知更新運作示意圖

▌叢集感知更新支援的二種更新模式

1. **遠端更新模式（Remote-Updating Mode）**

系統預設值，簡單來說就是「**手動更新**」機制，在同一時間只會有 **一台** 叢集節點成為「**安全性更新協調者（CAU Update Coordinator）**」CAU 角色。

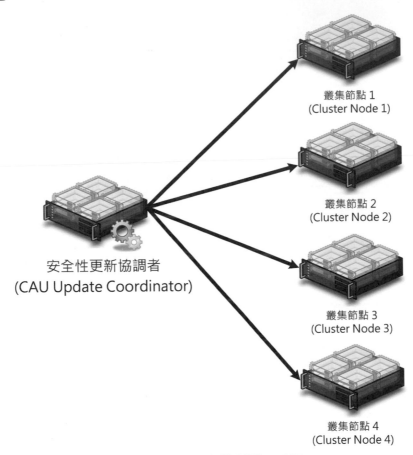

安全性更新協調者
(CAU Update Coordinator)

叢集節點 1
(Cluster Node 1)

叢集節點 2
(Cluster Node 2)

叢集節點 3
(Cluster Node 3)

叢集節點 4
(Cluster Node 4)

圖8-17　遠端更新模式運作示意圖

2. **自行更新模式（Self-Updating Mode）**

需要先新增 CAU 叢集角色，並且依照自行定義的設定檔及排程時間後自動運作，簡單來說為「**自動更新**」機制。

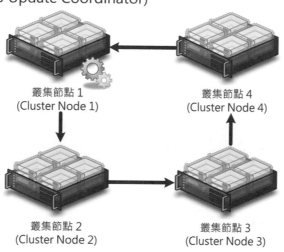

安全性更新協調者
(CAU Update Coordinator)

叢集節點 1
(Cluster Node 1)

叢集節點 4
(Cluster Node 4)

叢集節點 2
(Cluster Node 2)

叢集節點 3
(Cluster Node 3)

圖8-18　自行更新模式運作示意圖

8-2-1　執行叢集感知更新

有經驗的管理人員都深知，線上營運環境的主機不應該冒然安裝安全性更新，而是應該先在測試環境中安裝及測試，確認無誤後才針對線上營運環境主機進行安裝的動作。因此，並不建議採用自動化安全性更新機制，而是採用「**遠端更新模式（Remote-Updating Mode）**」，也就是管理人員測試安全性更新沒問題之後，排定維護時間以「手動」方式為叢集節點安裝安全性更新的動作。

本章節的實作演練中，也將會以遠端更新模式進行說明。此外，由於目前運作環境中並沒有建置 WSUS 更新伺服器，因此將以搭配「WUA（Windows Update Agent）」的更新方式進行說明及操作。

▌確認是否具備叢集感知更新模組

在執行叢集感知更新的動作以前，可以先用 PowerShell 指令確認運作環境是否已經具備叢集感知更新模組。

```
Get-Command    - Module    ClusterAwareUpdating
```

```
系統管理員: Windows PowerShell                                    _ □ X

[Node1.weithenn.org]: PS C:\> Get-Command -Module ClusterAwareUpdating

CommandType     Name                            ModuleName
-----------     ----                            ----------
Cmdlet          Add-CauClusterRole              ClusterAwareUpdating
Cmdlet          Disable-CauClusterRole          ClusterAwareUpdating
Cmdlet          Enable-CauClusterRole           ClusterAwareUpdating
Cmdlet          Export-CauReport                ClusterAwareUpdating
Cmdlet          Get-CauClusterRole              ClusterAwareUpdating
Cmdlet          Get-CauPlugin                   ClusterAwareUpdating
Cmdlet          Get-CauReport                   ClusterAwareUpdating
Cmdlet          Get-CauRun                      ClusterAwareUpdating
Cmdlet          Invoke-CauRun                   ClusterAwareUpdating
Cmdlet          Invoke-CauScan                  ClusterAwareUpdating
Cmdlet          Register-CauPlugin              ClusterAwareUpdating
Cmdlet          Remove-CauClusterRole           ClusterAwareUpdating
Cmdlet          Save-CauDebugTrace              ClusterAwareUpdating
Cmdlet          Set-CauClusterRole              ClusterAwareUpdating
Cmdlet          Stop-CauRun                     ClusterAwareUpdating
Cmdlet          Test-CauSetup                   ClusterAwareUpdating
Cmdlet          Unregister-CauPlugin            ClusterAwareUpdating

[Node1.weithenn.org]: PS C:\> _
```

圖8-19　查看是否已經具備叢集感知更新模組

▌執行叢集感知更新

請在 DC 主機開啟容錯移轉叢集管理員，開啟後依序點選「LabCluster. weithenn.org > 其他動作 > 叢集感知更新」項目，準備執行叢集感知更新機制。

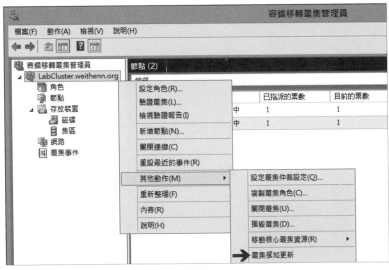

圖8-20　準備執行叢集感知更新機制

在彈出的叢集感知更新視窗中,您可以看到相關的「叢集動作」選項,在操作以前我們先大致說明每個項目的功用:

◆ **套用更新至此叢集**:以「手動」方式,啟動叢集感知更新機制。

◆ **預覽此叢集的更新**:立即檢查叢集節點,是否有需要下載並安裝的安全性更新(透過 WUA 或 WSUS)。

◆ **建立或修改「更新執行」設定檔**:採用自行更新模式,並建立或修改叢集感知更新設定檔,也就是「自動化更新」模式。

◆ **產生過去更新執行的報告**:建立叢集感知更新執行期間的報告。

◆ **設定叢集自行更新選項**:啟用自行更新模式後,設定及排程叢集感知更新。

◆ **分析叢集更新整備**:啟用自行更新模式後,分析叢集和角色確認叢集感知更新期間並沒有發生停機事件。

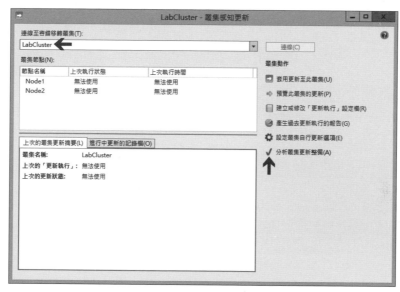

圖8-21　叢集感知更新視窗及叢集動作選項

請在叢集感知更新視窗中點選「**預覽此叢集的更新**」項目,準備為叢集節點執行更新動作選擇所使用的「外掛程式(Plug-in)」。請在彈出的預覽更新視窗選取外掛程式下拉式選單當中,選擇「**Microsoft.WindowsUpdatePlugin**」項目後,按下「**產生更新預覽清單**」鈕,此時將會「分析、掃描」叢集節點當中,是

否有所需下載並安裝的安全性更新項目後以清單的方式呈現，當您點選更新項目時還可以查看該更新的說明內容，查看完畢後請按下「關閉」鈕即可。

圖8-22　分析及掃描叢集節點所需要的安全性更新項目

回到叢集感知更新視窗中，請點選「**套用更新至此叢集**」項目以執行叢集感知更新動作。在彈出的叢集感知更新精靈視窗中，請按「下一步」鈕繼續叢集感知更新程序。

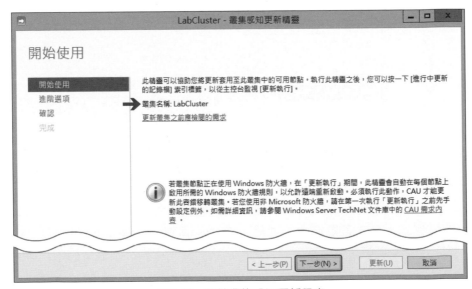

圖8-23　繼續叢集感知更新程序

在進階選項頁面中，您可以視環境需求進行相關參數值的調整如：使用的外掛程式…等，此實作中使用預設值即可，請按「下一步」鈕繼續叢集感知更新程序。

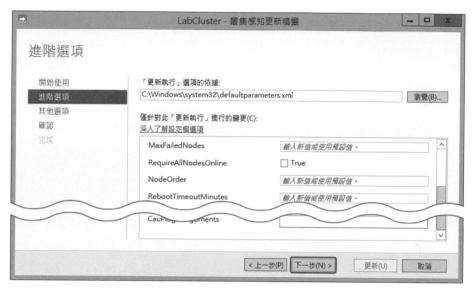

圖8-24　查看及調整叢集感知更新參數值

在其他更新選項頁面中，請確認勾選「依照接收重要更新的方式提供建議的更新」項目後，按「下一步」鈕繼續叢集感知更新程序。

圖8-25　勾選依照接收重要更新的方式提供建議的更新項目

在確認頁面中，再次檢視並確認相關的組態設定值是否正確後，按下「**更新**」鈕便立即執行叢集感知更新程序。在完成頁面中，系統會提醒您已經開始執行叢集感知更新程序了，您可以按下「關閉」鈕回到主控台觀察更新進度。

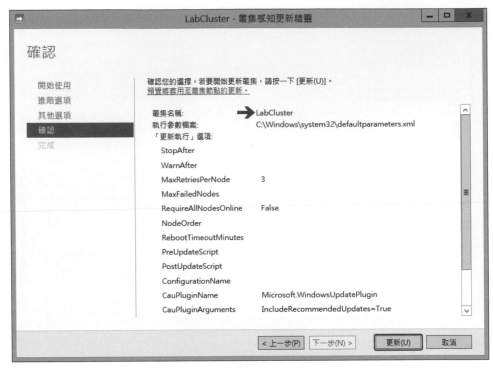

圖8-26　確認執行叢集感知更新程序

8-2-2　叢集節點下載安全性更新

當叢集感知更新程序開始執行後，在叢集感知更新視窗中您可以看到叢集節點，已經透過 WUA（Windows Update Agent）更新方式，自動下載建議的安全性更新以及進度百分比，切換到「進行中更新的記錄檔」頁籤，可以看到詳細的運作資訊。

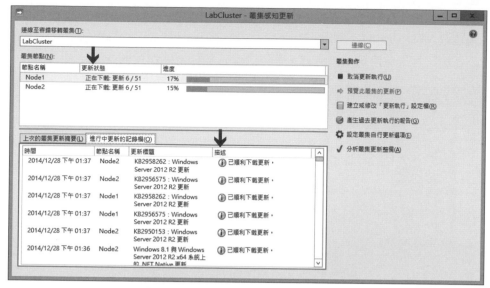

圖8-27　叢集節點開始下載安全性更新

　下載安全性更新的動作，是「所有」叢集節點一同運作，也就是所有叢集節點同時透過 WUA 自行下載安全性更新。

　　在視窗中可以看到，當叢集節點主機下載安全性更新完畢後，叢集資源會自動決定哪台主機「**自動進入維護模式**」。此次實作環境中，叢集資源決定 Node 2 主機先進入維護模式。

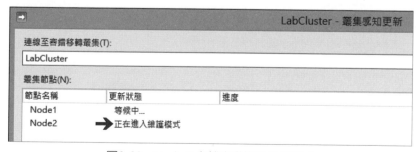

圖8-28　Node 2 主機自動進入維護模式

　　切換至容錯移轉叢集管理員視窗中，您可以看到 **Node 2** 主機正在執行「**清空角色（Node Drain）**」的動作，也就是進入叢集節點主機的維護模式，並且將所擔任的「叢集角色、工作負載、叢集磁碟」進行遷移作業。

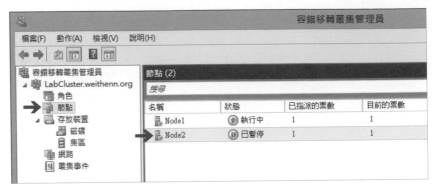

圖8-29　Node 2 主機執行清空角色的動作

8-2-3　叢集節點安裝安全性更新

　　當叢集節點 **Node 2** 主機，順利將「叢集角色、工作負載、叢集磁碟」遷移到其它叢集節點後，此時在叢集感知更新視窗中，可以看到 Node 2 主機正在「**安裝**」安全性更新。

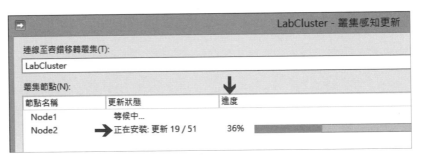

圖8-30　Node 2 主機正在安裝安全性更新

 此時，切換至 Node 2 主機中開啟工作管理員，可以看到執行程序「**Windows Modules Installer Worker**」正佔用大量運算資源（約佔用 **45% ~ 50%** 的 CPU 運作時間），表示此時正在安裝安全性更新當中。

因為所安裝的安全性更新必須要重新啟動後才能套用生效,因此當 Node 2 主機安裝完安全性更新後便「**自動重新啟動**」主機。

圖8-31　Node 2 主機安裝完安全性更新後自動重新啟動

8-2-4　叢集節點下載及安裝相依安全性更新

當 Node 2 主機重新啟動完畢後,在叢集感知更新視窗中可以看到 Node 2 並未離開維護模式,而是「**再次**」執行分析及掃描動作,以確認是否還有需要的「**相依**」安全性更新。

圖8-32　Node 2 主機再次執行分析及掃描動作

當再次執行分析及掃描動作後,發現有相關的相依安全性更新,因此再次進行下載並安裝更新。

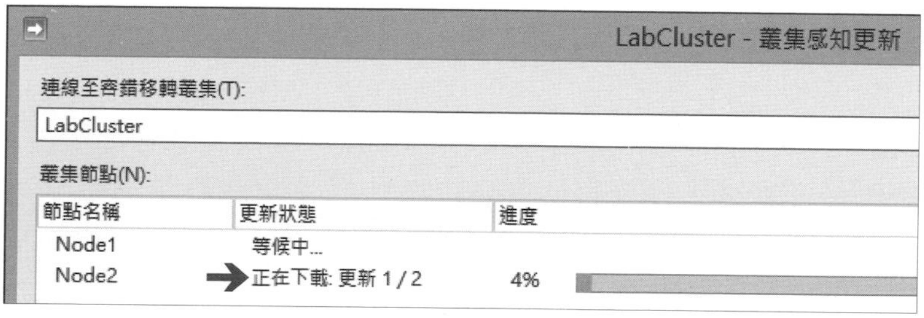

圖8-33　再次下載並安裝更新

　　同樣的，安裝完相依安全性更新之後，提示需要重新啟動主機以套用生效。因此，系統再次將 Node 2 主機自動重新啟動，並且開機完成後再次執行分析及掃描動作，以確認是否仍有相依安全性更新。

　　當分析及掃描作業完成後，發現 Node 2 主機已經不需要下載及安裝任何安全性更新後，便自動執行「**容錯回復角色（Node Resume with Failback）**」機制離開維護模式，也就是將叢集角色及工作負載遷移回來，最後更新叢集節點狀態為「**成功**」。此時，自動為下一台等待中的叢集節點，執行「清空角色（Node Drain）」的動作以進入維護模式。

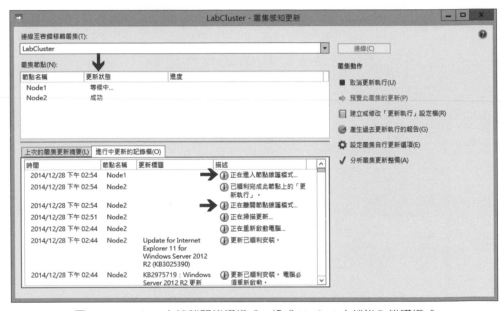

圖8-34　Node 2 主機離開維護模式，換成 Node 1 主機進入維護模式

　　同樣的維運模式，叢集主機 Node 1 進入維護模式，將工作負載及叢集角色遷移至 Node 2 主機後，開始進行相關工作「安裝所下載的安全性更新 > 重新啟動 > 再次執行分析及掃描 > 下載 > 安裝 > 重新啟動 ...」等迴圈作業。

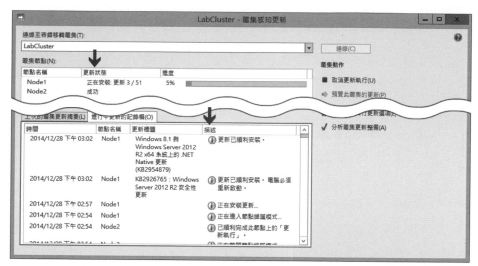

圖8-35　Node 1 主機進入維護模式，下載及安裝安全性更新

最後，當分析及掃描作業完成之後，發現 Node 1 主機已經不需要下載及安裝任何安全性更新後，便自動執行「容錯回復角色（Node Resume with Failback）」機制，將叢集角色及工作負載遷移回來並更新狀態為「成功」。

此時在叢集感知更新視窗中，您可以看到所有的叢集節點已經都「成功」執行更新作業，並且描述欄位中也看到更新執行成功，同時更新報告也成功儲存到叢集節點的資訊。

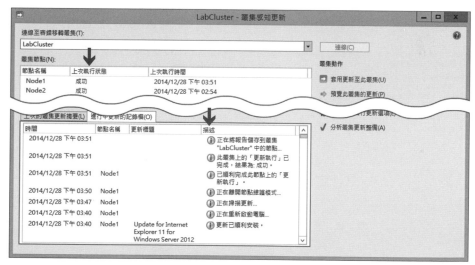

圖8-36　叢集節點成功執行更新作業

8-3 匯出叢集感知更新報表

當叢集感知更新動作執行完成後，切換到「上次的叢集更新摘要」頁籤後，可以看到整個容錯移轉叢集的更新狀態以及時間點。

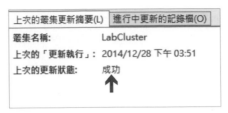

圖8-37　查看叢集更新資訊

請在叢集感知視窗中，點選「**產生過去更新執行的報告**」項目，便能查詢叢集感知更新的歷史記錄並匯出檔案。在彈出的產生更新執行報告視窗當中，選擇開始及結束的時間區段後按下「產生報告」鈕，便會顯示叢集感知更新的歷史記錄及更新資訊，並且可以按下「**匯出報告**」鈕執行報表匯出的動作。

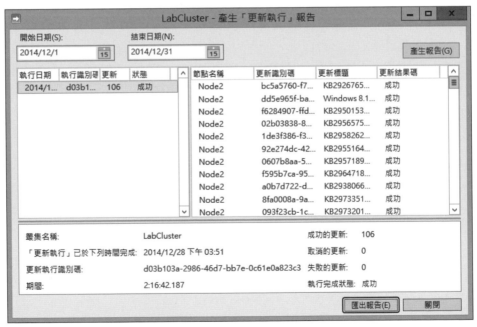

圖8-38　查詢叢集感知更新的歷史記錄及報表匯出

在彈出的匯出報告視窗中，請輸入匯出報表的「檔案名稱」（此實作為
CAU_Report.htm），並選擇「存放路徑」後按下「存檔」鈕即可。點選匯出的報
表檔案後，便會顯示執行叢集感知更新的詳細資訊，包括 叢集名稱、更新完成
時間、更新執行時間、已成功安裝的更新數量、安全性更新說明資訊…等。

圖8-39　叢集感知更新報表內容

CHAPTER 9

VM 虛擬主機
反關聯性

9-1 VM 虛擬主機反關聯性（Anti-Affinity）

在容錯移轉叢集運作環境當中，叢集節點及 VM 虛擬主機數量日益增多時可能會發生一個狀況，舉例來說，在叢集內運作二台高可用性的 SQL 資料庫伺服器，但是這二台 VM 虛擬主機若運作在「**同一台**」叢集節點主機時，當該叢集節點主機發生「**非計畫性故障**」的災難事件時，雖然叢集資源會透過「快速遷移（Quick Migration）」機制，自動將這二台 VM 虛擬主機遷移到其它存活的叢集節點繼續運作。

但是，我們知道快速遷移機制是有「**停機時間（Downtime）**」的，因此雖然建置了二台高可用性 SQL 資料庫伺服器，但是卻因為擺放在同一台叢集節點並發生非計畫性故障災難事件，因此還是造成了高可用性服務產生短暫的停機時間，那麼有沒有簡單又方便實作的機制，可以將 VM 虛擬主機「**自動分開放置**」在不同的叢集點節當中運作呢？ 有的 !! 新一代的 Windows Server 2012 R2 當中的「**VM 虛擬主機反關聯（Anti-Affinity）**」機制，就可以為您解決這樣的困擾。

當您希望所建置的高可用性服務 VM 虛擬主機，不想要放置在同一台叢集節點上運作時，只要在二台 VM 虛擬主機當中定義「**叢集屬性（AntiAffinityClassName）**」參數值，那麼當 VM 虛擬主機在進行遷移作業時，只要判斷到該叢集節點當中擁有「**相同**」的 AntiAffinityClassName 參數值時，便會將 VM 虛擬主機「**自動分散**」到叢集中的其它節點主機，也就是「盡量避免」將 VM 虛擬主機放置在同一台叢集節點當中。

> 何謂盡量避免？ 有時仍然會有例外的狀況，舉例來說 如果叢集節點只有「3台」主機，但是卻有「4台」高可用性 VM 虛擬主機，此時雖然有設定反關聯屬性，但還是會發生重複放置的情況。

在容錯移轉叢集運作環境中，正常情況下 VM 虛擬主機進行自動化遷移作業時，預設會遷移到工作負載較「**低**」的叢集節點，但因為發現負載較低的叢集節點中，有「**相同**」AntiAffinityClassName 參數設定的 VM 虛擬主機，因此便將 VM 虛擬主機遷移到負載較「**高**」的叢集節點當中。

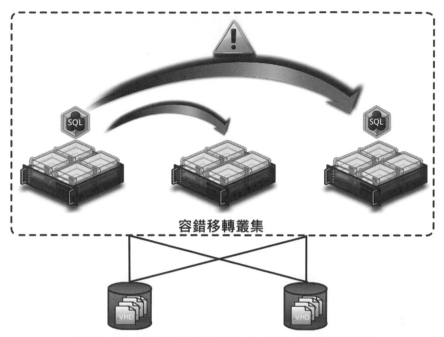

圖9-1　VM 虛擬主機反關聯（Anti-Affinity）運作示意圖

9-2 安裝容錯移轉叢集命令介面功能

若您的虛擬化環境當中有建置 SCVMM 2012 SP1 / R2 的話，那麼您可以在 GUI 圖形介面中，直接設定該台 VM 虛擬主機的「**Availability Sets**」屬性值即可。若是如同本書實作環境，並沒有建置 SCVMM 2012 SP1 /R2 也沒關係，仍然可以使用「Cluster.exe 或 PowerShell」指令來進行參數設定。

只要為叢集節點主機，安裝「**容錯移轉叢集命令介面（Failover Cluster Command Interface）**」伺服器功能，那麼後續便可以用「**Cluster.exe**」指令的方式，來為 VM 虛擬主機設定 AntiAffinityClassName 參數值。

目前在容錯移轉叢集運作環境中，只有「二台（Node 1、Node 2）」叢集節點主機，並無法實作此章節內容（因為只有二台叢集節點，一定會遷移至另一台），所以請建立「**第三台（Node 3）**」叢集節點主機，因為建置叢集節點的過程在前面章節中已經有詳細的說明，所以便不再贅述以避免不必要的篇幅。

　　值得一提的部份是，當您將 Node 3 主機設定好 MPIO 多重路徑之後，請「**不**」要使用磁碟管理員嘗試進行連線的動作，因為這三顆叢集磁碟都「**已經**」被容錯移轉叢集使用中，只要保持「**離線**」狀態即可，嘗試連線的結果將可能造成不可預期的錯誤。

　　順利將 Node 3 主機加入容錯移轉叢集後，請在 DC 主機分別為叢集節點主機安裝伺服器功能，請先為 **Node 1** 主機安裝「**容錯移轉叢集命令介面**」伺服器功能。

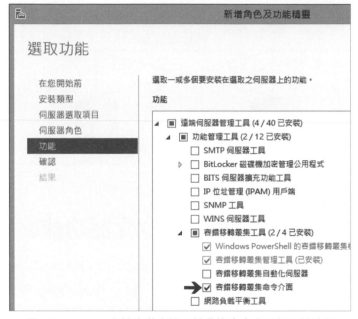

圖9-2　Node 1 主機安裝容錯移轉叢集命令介面伺服器功能

　　確認容錯移轉叢集命令介面伺服器功能，已經安裝成功。

圖9-3　Node 1 主機伺服器功能已經安裝成功

同樣的也請為 **Node 2** 主機安裝「容錯移轉叢集命令介面」伺服器功能，並確認安裝成功。

圖9-4　Node 2 主機伺服器功能安裝成功

最後，也請為 **Node 3** 主機安裝「容錯移轉叢集命令介面」伺服器功能，並確認安裝成功。

圖9-5　Node 3 主機伺服器功能安裝成功

9-3　未設定 AntiAffinityClassName 屬性

為三台叢集節點主機安裝好伺服器功能後，我們可以有二種指令方式來設定 VM 虛擬主機的 AntiAffinityClassName 參數值，第一種方式是使用舊有的「**cluster.exe**」容錯移轉叢集管理指令（以後可能不支援），第二種方式則是使用 PowerShell 的「**Get-ClusterGroup**」指令進行設定，本章將會同時使用二種設定方式進行實作。

> 剛才所安裝的「**容錯移轉叢集命令介面**」伺服器功能，便是為了能使用舊有指令 **cluster.exe**。如果，您只採用 PowerShell 指令進行設定的話，那麼叢集節點可以不用安裝該伺服器功能。

目前容錯移轉叢集環境當中，有二台 VM 虛擬主機分別運作於 Node 1（運作 VM1）及 Node 2（運作 VM2）主機上，請在 Node 1 主機 PowerShell 視窗中鍵入 cluster 指令，在指令執行結果中可以看到「**AntiAffinityClassName**」欄位值是「**空的**」，表示目前尚未設定。

```
cluster  group  vm1  /prop
```

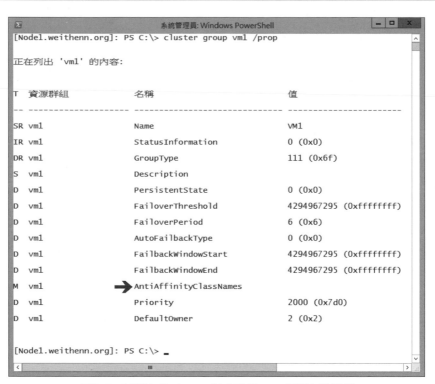

圖9-6　以舊有的 cluster 指令查看 VM 虛擬主機組態

接著，我們在 Node 2 主機 PowerShell 視窗中，以 PowerShell 指令來查看 AntiAffinityClassName 欄位內容，同樣也可以看到 VM1、VM2 是空值。

Get-ClusterGroup | Select-Object Name,AntiAffinityClassNames

圖9-7 以 PowerShell 查看 VM 虛擬主機組態

在容錯移轉叢集管理員視窗中，設定 VM 虛擬主機設定慣用的擁有者。將目前運作於 Node 1 主機上的 VM1 虛擬主機，設定慣用擁有者節點的第一順位為「**Node 2**」主機。

圖9-8 設定 VM1 虛擬主機慣用擁有者節點為 Node 2 主機

 表示 VM1 虛擬主機自動化遷移時，將會最優先考慮遷移到 Node 2 主機上。

接著我們為 Node 1 主機執行「**清空角色**」動作，準備將 Node 1 主機上的工作負載及角色進行清空遷移的動作。

名稱
狀態
已指派的票數
目前的票數
資訊
Node1
執行中
1
1
Node2
執行中
Node3
執行中
暫停(P)
繼續(R)
遠端桌面(R)
資訊詳細資料(D)...
顯示嚴重事件(W)
其他動作(M)
清空角色(D)
不要清空角色(N)

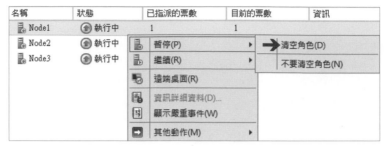

圖9-9　Node 1 主機執行清空角色動作

此時 Node 1 主機上的工作負載及角色，開始執行遷移的動作。

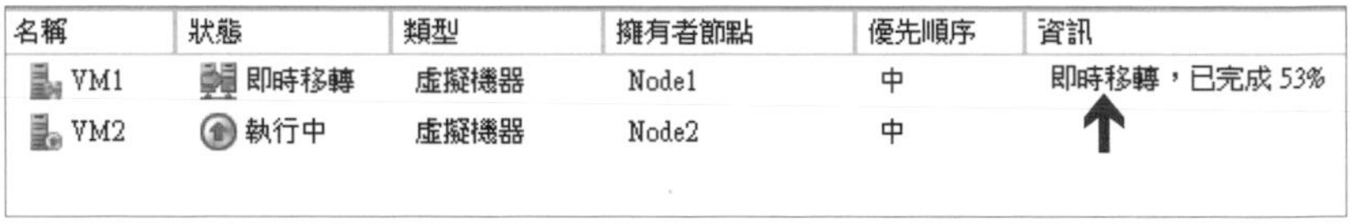

名稱
狀態
類型
擁有者節點
優先順序
資訊
VM1
即時移轉
虛擬機器
Node1
中
即時移轉，已完成 53%
VM2
執行中
虛擬機器
Node2
中

圖9-10　Node 1 主機遷移工作負載及角色

因為我們已經為 VM1 虛擬主機，設定慣用擁有者節點第一順位為 Node 2 主機，因此 VM1 便遷移到已經 **有** 工作負載的 **Node 2** 主機上，而不是目前 **沒有** 任何工作負載的 **Node 3** 主機當中。

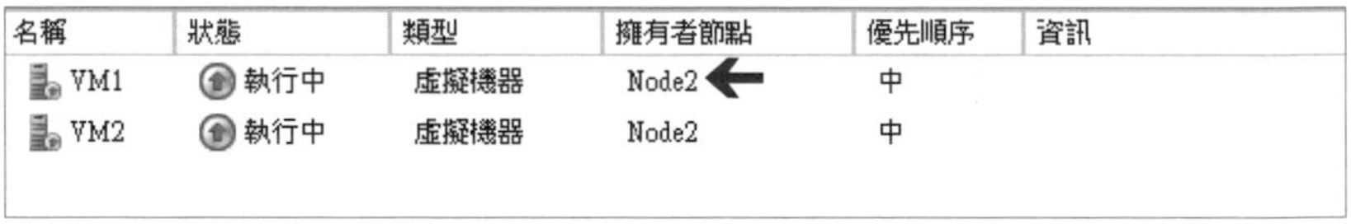

名稱
狀態
類型
擁有者節點
優先順序
資訊
VM1
執行中
虛擬機器
Node2
中
VM2
執行中
虛擬機器
Node2
中

圖9-11　VM1 虛擬主機遷移到慣用擁有者節點 Node 2 主機

當我們為 Node 1 主機執行「**容錯回復角色**」的動作後，您會發現 VM1 虛擬主機也不會自動遷移回到 Node 1 主機上？ 這是因為 VM1 虛擬主機，已經身處於第一順位慣用擁有者節點上了。

圖9-12 Node 1 主機離開維護模式後 VM1 虛擬主機未遷回

請「**手動**」為 VM1 虛擬主機執行即時遷移的動作，以便將 VM1 遷移回到叢集節點 Node 1 主機中。

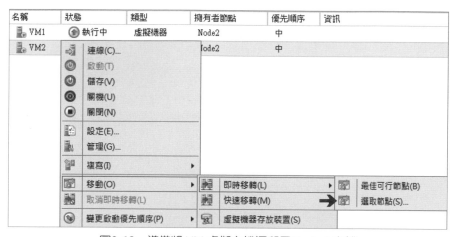

圖9-13 準備將 VM 虛擬主機遷移回Node 1 主機

 請以「**選取節點**」的方式進行遷移，因為選擇「**最佳可行節點**」方式的話，叢集服務可能會將 VM1 虛擬主機，遷移到目前無任何工作負載的叢集節點 Node 3 主機當中。

確認 VM 虛擬主機遷移回 Node 1 主機後，便可以準備測試 VM 虛擬主機
「反關聯（Anti-Affinity）」機制。

名稱	狀態	類型	擁有者節點	優先順序	資訊
VM1	執行中	虛擬機器	Node1 ←	中	
VM2	執行中	虛擬機器	Node2	中	

圖9-14　確認 VM 虛擬主機遷移回到 Node 1 主機

9-4　設定 AntiAffinityClassName 屬性

首先，我們使用舊指令 cluster.exe 方式，為 VM1 虛擬主機設定
AntiAffinityClassName 參數值，然後再次查看便能看到已經套用設定值「SQL」。

```
cluster group vm1 /prop AntiAffinityClassNames = "SQL"
cluster group vm1 /prop
```

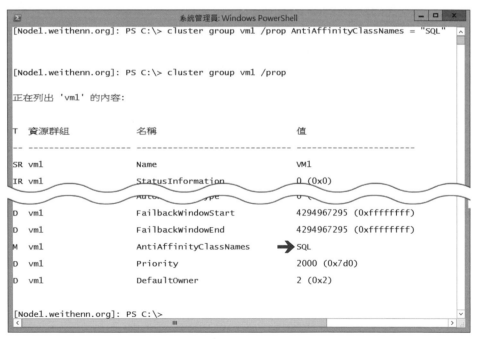

圖9-15　設定 VM1 虛擬主機的 AntiAffinityClassName 參數值

如果您想要給予二筆 AntiAffinityClassName 參數值，請輸入「"SQL", "DHCP"」的格式（逗號後要**空一格**）。此外，若日後想要清空 AntiAffinityClassName 參數值的話，請輸入「" "」的格式（雙引號中間**空二格**）。

接著我們使用 PowerShell 指令，為 VM2 虛擬主機設定 AntiAffinityClassName 參數值。

```
(Get-ClusterGroup VM2).AntiAffinityClassNames = "SQL"
Get-ClusterGroup | Select-Object Name,AntiAffinityClassNames
```

圖9-16　設定 VM2 虛擬主機的 AntiAffinityClassName 參數值

 如果您想要給予二筆 AntiAffinityClassName 參數值，請輸入「"SQL","DHCP"」的格式（逗號後**不用空格**）。此外，若日後想要清空 AntiAffinityClassName 參數值的話，請輸入「""」的格式（雙引號中間**不用空格**）。

確認 VM1 及 VM2 虛擬主機，都設定好同樣的 AntiAffinityClassName 參數值之後，再次為 Node1 主機執行清空角色的動作。此時，您將會發現 VM1 虛擬主機，並沒有遷移到第一順位的慣用擁有者節點 Node 2 主機，而是另外一台叢集節點 **Node 3** 主機。

名稱	狀態	類型	擁有者節點	優先順序	資訊
VM1	執行中	虛擬機器	Node3	中	
VM2	執行中	虛擬機器	Node2	中	

圖9-17　VM1 虛擬主機改為遷移到 Node 3 主機

 這是因為當 VM1 虛擬主機，準備遷移至 Node 2 主機時，發現有一台 VM2 虛擬主機，擁有一模一樣的 AntiAffinityClassNames 參數值。因此，便改為自動遷移至 Node 3 主機。

　　同樣的，當 Node 1 主機離開維護模式之後，VM1 虛擬主機還是遷移回 Node 1 主機，而非慣用擁有者節點 Node 2 主機。

名稱	狀態	類型	擁有者節點	優先順序	資訊
VM1	執行中	虛擬機器	Node1 ←	中	
VM2	執行中	虛擬機器	Node2	中	

圖9-18　VM1 虛擬主機改為遷移回 Node 1 主機

因為當 VM1 虛擬主機準備遷移至 Node 2 主機時，發現有一台 VM2 虛擬主機，擁有一模一樣的 AntiAffinityClassNames 參數值。因此，便改為自動遷移回 Node 1 主機。

　　雖然，在 Windows Server 2012 R2 版本中，並未內建 GUI 圖形介面可以設定 VM 虛擬主機的 AntiAffinityClassNames 參數值。但是，透過本節的實作演練之後，相信您也可以輕鬆的為 VM 虛擬主機設定「反關聯（Anti-Affinity）」機制，以便有效的將 VM 虛擬主機平均分散在叢集節點主機當中，避免相同屬性的 VM 虛擬主機放置於同一台叢集節點主機上，減少因發生災難事件而導致的停機時間。

讀者回函

讀者回函

感謝您購買本公司出版的書，您的意見對我們非常重要！由於您寶貴的建議，我們才得以不斷地推陳出新，繼續出版更實用、精緻的圖書。因此，請填妥下列資料(也可直接貼上名片)，寄回本公司(免貼郵票)，您將不定期收到最新的圖書資料！

購買書號： 書名：

姓　　名：＿＿＿＿＿＿＿＿＿＿＿＿＿＿＿＿＿＿＿＿＿＿＿＿

職　　業：□上班族 □教師 □學生 □工程師 □其它

學　　歷：□研究所 □大學 □專科 □高中職 □其它

年　　齡：□10~20 □20~30 □30~40 □40~50 □50~

單　　位：＿＿＿＿＿＿＿＿＿＿＿＿ 部門科系：＿＿＿＿＿＿＿

職　　稱：＿＿＿＿＿＿＿＿＿＿＿＿ 聯絡電話：＿＿＿＿＿＿＿

電子郵件：＿＿＿＿＿＿＿＿＿＿＿＿＿＿＿＿＿＿＿＿＿＿＿

通訊住址：□□□ ＿＿＿＿＿＿＿＿＿＿＿＿＿＿＿＿＿＿＿＿＿
＿＿＿＿＿＿＿＿＿＿＿＿＿＿＿＿＿＿＿＿＿＿＿＿＿＿＿

您從何處購買此書：

□書局＿＿＿＿ □電腦店＿＿＿＿ □展覽＿＿＿＿ □其他＿＿＿＿

您覺得本書的品質：

內容方面： □很好 □好 □尚可 □差

排版方面： □很好 □好 □尚可 □差

印刷方面： □很好 □好 □尚可 □差

紙張方面： □很好 □好 □尚可 □差

您最喜歡本書的地方：＿＿＿＿＿＿＿＿＿＿＿＿＿＿＿＿＿＿＿

您最不喜歡本書的地方：＿＿＿＿＿＿＿＿＿＿＿＿＿＿＿＿＿＿

假如請您對本書評分，您會給(0~100分)：＿＿＿＿ 分

您最希望我們出版那些電腦書籍：

請將您對本書的意見告訴我們：

您有寫作的點子嗎？□無 □有 專長領域：＿＿＿＿＿＿＿＿＿

歡迎您加入博碩文化的行列哦！

✂ 請沿虛線剪下寄回本公司

Give Us a Piece Of Your Mind

博碩文化網站 http://www.drmaster.com.tw

廣　告　回　函
台灣北區郵政管理局登記證
北 台 字 第 4 6 4 7 號
印 刷 品 ・ 免 貼 郵 票

221

博碩文化股份有限公司　產品部

台灣新北市汐止區新台五路一段112號10樓Ａ棟

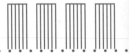

博碩文化

博碩文化